世纪计算机化学丛书

化学数据
挖掘方法与应用
Chemical Data Mining and Applications

陆文聪　李国正　刘　亮　包新华　著

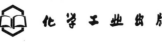

化学工业出版社

·北京·

本书主要介绍了化学常用数据挖掘方法和技术的基本原理，并重点介绍了模式识别、支持向量机、集成学习方法在材料设计、工业优化、构效关系、生物信息学等领域的应用研究实例。书中所有应用研究实例全部取自作者的应用研究课题，有关算法程序可采用作者开发的应用软件 HyperMiner（见附录 1）。

本书可供化学、化工及相关领域的科研人员和工程技术人员阅读，亦可作为高等学校的教学参考书。

图书在版编目（CIP）数据

化学数据挖掘方法与应用/陆文聪等著. —北京：
化学工业出版社，2011.12
（21 世纪计算机化学丛书）
ISBN 978-7-122-12708-2

Ⅰ. 化… Ⅱ. 陆… Ⅲ. 数据采集-计算机应用-
化学 Ⅳ. O6-39

中国版本图书馆 CIP 数据核字（2011）第 220771 号

责任编辑：成荣霞 文字编辑：林 媛
责任校对：边 涛 装帧设计：王晓宇

出版发行：化学工业出版社（北京市东城区青年湖南街 13 号 邮政编码 100011）
印 刷：北京永鑫印刷有限责任公司
装 订：三河市万龙印装有限公司
710mm×1000mm 1/16 印张 16¼ 字数 289 千字 2012 年 2 月北京第 1 版第 1 次印刷

购书咨询：010-64518888（传真：010-64519686） 售后服务：010-64518899
网 址：http://www.cip.com.cn
凡购买本书，如有缺损质量问题，本社销售中心负责调换。

定 价：**68.00** 元

21世纪
计算机化学丛书

序

　　计算机化学的兴起与发展是与化学知识创新的迫切需要紧密联系的。十年前化学家使用计算机的还不多，现在却已十分普及；十年前对化学计算的要求主要是化学信息的采集、加工、储存和利用，而如今除了以上的基本要求之外，更强调了由化学信息发现新知识和化合物物性的定量预测。计算机网络技术的飞速发展与普及，对计算机化学来说是一个发展的机遇，而愈来愈高的计算要求是计算机化学发展面临的新挑战。今天，以计算机及其网络深入到社会的各个层面为标志的数字化新世纪的到来，将使传统化学发生深刻的变化：以计算机及其网络系统为工具，建立由化学化工信息发现新知识和实现知识传播的理论和方法；认识物质、改造物质、创造新物质，认识反应、控制反应过程，创造新反应、新过程，将成为计算机化学研究的主体。化学数据挖掘、知识发现、计算机辅助结构解析、分子设计和合成路线设计等是当前计算机化学的主要研究方向。可以深信，在21世纪，数字化新世纪的化学不仅要靠"湿"实验室来发展，同时也要依赖于"干"实验室。所谓"干"化学实验室就是指数字化虚拟化学实验室。"干"、"湿"相结合才能更高效地孕育出新的化学实体，才能促进化学由实验科学向严密科学转化，才能大大提高化学非凡的创造力。

　　为了推广计算机化学的新理论、新技术和新方法，促进科技进步，我们策划了这套《21世纪计算机化学丛书》，主要介绍计算机化学近5年间的新理论、新技术和新方法。希望这套丛书不仅能够大大推动我国科技水平的进步，更能对我国生产力水平的提高产生巨大的影响。

陈凯先

2010 年 3 月

前 言
FOREWORD

计算机在理论化学和应用化学各个领域的广泛应用，极大地促进了化学学科的发展，并产生了一系列交叉学科，如计算（机）化学、化学计量学、化学信息学等。

化学化工领域积累了大量的科学实验和生产实际数据，如何总结这些数据中的规律性，进而用以指导以后的科学实验和生产操作，这是一项非常有意义的工作，这项工作的实施需要数据挖掘技术与化学化工知识和科学实践的结合。

所谓化学数据挖掘（Chemical Data Mining），就是利用机器学习方法对化学化工（或相关学科）中有关数据样本进行采集、整理、分析、建模等，试图归纳和总结数据中蕴含的规律性，进而利用所建定性或定量的数学模型预报未知样本的性质。化学数据挖掘的应用研究内容涉及材料设计、分子设计、化工过程优化等领域。化学数据挖掘方法和技术已成为化学信息学、生物信息学的主要研究工具。

利用化学数据挖掘方法和技术，可以总结药物分子的构效关系，即药物的生物活性与其结构特征参数（分子描述符）之间的定量或定性关系，在此基础上可以设计和预测新的高活性化合物。利用化学数据挖掘方法和技术，可以总结新材料的物理化学性质与其组成元素的原子参数、化学配方、制备工艺等参数之间的定性或定量关系，在此基础上可以辅助新材料研制和新产品开发，达到事半功倍的效果。利用化学数据挖掘方法和技术，对大型现代化工厂（特别是炼油厂、化工厂和炼钢厂）的生产操作过程作"工业诊断"，找出优化生产的"瓶颈"问题，建立解决"瓶颈"问题的数据挖掘模型，在此基础上可以实现低成本、高收率、低能耗、高质量地生产和制备各种化学产品。因此，利用化学数据挖掘所得研究对象的统计规律，可以指导我们更好地开展下一步的科学实验和生产实践，达到"事半功倍"的目的。化学数据挖掘方法和技术的应用成本低，却可能在科学实验中节省人力物力，甚至在工业生产中产生可观的经济效益，因而化学数据挖掘方法和技术有广泛的应用背景。

笔者长期从事化学数据挖掘方法在化学化工领域的应用研究工作，在该研究领域积累了大量成功应用实例，我们开发的化学数据挖掘软件 HyperMiner 和基于数据挖掘的工业优化控制系统已在国内若干大型企业得到实际应用，达到了增产降耗的目的。本书从化学工作者易于理解的角度介绍常用数据挖掘方法的基本原理，并重点介绍作者近年来在材料设计、工业优化、构效关系、生物信息学等领域的数据挖掘工作。

笔者曾与我国已故著名化学家陈念贻先生长期合作研究，很多工作曾得益于陈念贻先生的指导和帮助。笔者曾作为合作者协助陈念贻先生出版过两本学术专著，即《模式识别方法在化学化工中的应用》（科学出版社，2000）和《Support Vector Machine in Chemistry》（World Scientific Publishing Co. Pte. Ltd.，2004），本书的出版是笔者对于恩师陈念贻先生的化学数据挖掘工作在上海大学的继承和发展。本书有关科研工作得到了国家自然科学基金委员会、上海市科学技术委员会、上海宝山钢铁集团、云南省科技厅、北京石油化工设计院等单位的资助；有关学术研究和技术开发工作得到了笔者的研究生们的大力配合，其中刘旭和顾天鸿博士等在算法程序方面做了较多工作，杨善升和钮冰博士等在化学数据挖掘应用方面做了较多的工作；本书的出版得到了化学工业出版社的支持，在此一并致谢。

为方便读者学以致用，笔者为读者提供了化学数据挖掘应用软件 HyperMiner，读者下载后可免费使用 30 天（附录 1 含该软件简介和下载方法），希望广大读者能通过具体应用案例学习和受益。本书可供化学、化工及相关领域的科研人员和工程技术人员阅读，亦可作为高等学校的教学参考书。

化学数据挖掘涉及的研究领域很广，本书只是介绍了部分常用方法在笔者涉猎的研究领域中的工作，有关数据挖掘方法包括变量相关分析和多元统计、模式识别、人工神经网络、遗传算法、支持向量机、集成学习、特征筛选等；有关数据挖掘方法的综合应用案例涉及材料设计、工业优化、构效关系和生物信息学等领域。由于笔者的学识和工作所限，疏漏和不足之处在所难免，欢迎各位读者和研究同行提出宝贵意见。

陆文聪
2011 年 8 月于上海大学

目 录
CONTENTS

1 化学数据挖掘综述

1.1 化学数据挖掘的目的和意义

化学、化工是以实践为主的学科，其理论的发展往往落后于实践。认识物质、改造物质、创造新物质和认识反应、控制反应过程和创造新反应是化学、化工研究的主体。在长期的化学、化工实践中，人类积累了海量的化学、化工信息，这类信息散布在浩如烟海的各类化学、化工文献中，虽然这些化学信息为人们探索自然界的奥秘提供了基础，但由于数据量的迅猛增加却造成了使用上的困难，常规手段已无法满足化学、化工专家的需要，因此众多的化学、化工数据库应运而生。近年来，人们在利用数据库对化学、化工问题进行研究时，逐渐认识到海量数据的处理十分困难，有价值的规律性信息和知识还隐藏在数据内部。如何从化学、化工数据中发现更多、更有价值的化学、化工规律正逐步成为化学、化工专家关注的焦点，正如徐光宪先生在国家自然科学基金委员会成立十五周年庆祝大会上的讲话中所指出的那样[1]："从科学发展史看，科学数据的大量积累，往往导致重大科学规律的发现。……19 世纪 60 年代的化学积累了数十种元素和上万种化合物的数据，门捷列夫把这些元素按原子量的大小次序排序，发现它们化合物的性质有周期性变化，因而在 1869 年提出了元素周期律，为以后发现新元素和波耳建立原子模型指明了方向。20 世纪 30 年代，积累了 100 多万种化合物的数据，结合量子化学的发展，导致鲍林提出共价、电价和氧化值的定义，以及 σ 键、π 键、杂化轨道、电负性、共振结构等概念，总结出化学键理论，发表《论化学键本质》这本经典著作，对 20 世纪化学的发展起了非常重要的作用。现在截至到 1999 年 12 月 31 日，美国《化学文摘》登记的分子、化合物和物相的数目已超过 2340 万种，比鲍林总结化学键理论时扩大了十余倍，但全世界的化学家似乎还没有充分利用这一化学文选宝库来总结规律。这是世纪之交的难得机遇，不可交臂失之"。

一般说来，数据库里的知识发现（Knowledge Discovery in Database，KDD），是指从大量的数据中提取出有效模式的非平凡过程，该模式是新颖的、可信的、有效的、可能有用的和最终可以理解的[2]。而数据挖掘（Data Mining，DM）被认为是 KDD 中的一个步骤，是指利用某些特定的知识发现算法，在一定的运算效率限制下，从数据库中提取出感兴趣的模式[3]。数据挖掘技术无论在理论上，还是在实用技术上，都已取得了较大的进展[4~11]，同时也开发出了各种专用或通用的商业数据挖掘软件[12~16]。

化学化工领域积累了大量的科学实验和生产实际数据，如何总结这些数据中的规律性，进而用以指导以后的科学实验和生产操作，这是一项非常有意义的工作，这项工作的实施需要数据挖掘技术与化学化工知识和科学实践的结合。化学化工数据的不断积累是化学数据挖掘方法和技术应用的基础，而数据挖掘方法和技术的成功应用，一方面使我们更加认识到数据及其数据库的宝贵价值，促进数据采集和数据库技术的发展；另一方面对数据挖掘理论和算法不断提出新课题，促进计算机化学、化学计量学和化学信息学等新学科的发展。

化学数据挖掘方法和技术的应有领域非常广泛，下面结合我们在材料设计、构效关系和工业优化等方面的工作探讨化学数据挖掘的目的和意义。

1.1.1　数据挖掘与材料设计

新材料、新物质的探索和研制历来都是用经验方法，或称为"炒菜"（Trial and Error Method）式方法。即当要求提出后，凭经验决定材料制备的配方和工艺，制备一批样品，分析其成分和组织结构，测定其性能，若不合乎要求，则另行试制，一般要求反复多次才能获得成功。成功以后，还要摸索批量生产的技术和工艺条件，以实现廉价、批量生产的目的。这种"咸则加水，淡则加盐"的摸索方式虽然有效，但是终究事倍功半，费时费力。

为了摆脱这种较为盲目的研制方式，科学家们于 20 世纪提出了"材料设计"（Materials Design）的设想。所谓的"材料设计"，是指通过理论与计算预报新材料的组分、结构与性能，或者说，通过理论设计来"定做"具有特定性能的新材料。

1995 年，美国国家科学研究委员会（National Research Council，NRC）邀请众多专家进行调查分析，编写了《材料科学的计算与理论技术》这一专门报告，其中说："Materials by Design"（设计材料）一词正在变为现实。日本学者在 1985 年提出了"材料设计学"一词。我国 1986 年开始实施"863 计划"时，对新材料领域提出了探索不同层次微观理论指导下的材料设计这一要求，从那时起，在"863 计划"材料领域便设立了"材料微观结构设计与性能预测"研究专题。所以，虽然用语有所差别，但关于材料设计的基本含义是共同的。

材料设计可按研究对象的空间尺度不同而划分为三个层次：微观设计层次，空间尺度约在 1nm 量级，是原子、电子层次的设计；连续模型层次，典型尺度约在 $1\mu m$ 量级，这时材料被看成连续介质，不考虑其中单个原子、分子的行为；工程设计层次，尺度对应于宏观材料，涉及大块材料的加工和使用性能的设计研究。这三个层次的研究对象、方法和任务是不同的。

由于材料设计的研究对象多为由众多原子组成的复杂体系，原子间的作用复杂多样，难以用简单的解析方程求解，虽然原则上可以通过量子力学、统计力学的方程求解，但是仅从"第一原理"推算来把握复杂的材料设计体系和过程，在可以预见的未来尚难办到。与此同时，伴随着人类对新材料的开发和研制，积累了大量的数据，特别是近几十年来，随着信息技术的发展，各种有关材料性能和研制的数据库应运而生，互联网技术使得这些数据的获得也更为方便快捷。在这些海量的数据中隐藏着一条规律：何种原子或配方，按何种方式堆积或搭配，具有何种特定的物理和化学性质，即结构（或配方）-性质（性能）的关系。若能利用"第一原理"或者基础实验，根据已知的实验结果，找出目标值（性质或性能）与相关参数（原子参数、分子参数、工艺参数、成分含量等）的关系，总结出经验或半经验规律，并用于指导实验开发和提供材料设计的线索，即可以达到减少工作量，减少盲目性，解决实际问题的目的。

运用数据挖掘方法，对材料设计的相关数据加工处理，建立辅助新材料、新物质研制的专家系统，正在成为新材料设计的主流。有些专家系统已经用于新材料、新物质生产的优化控制，"材料智能加工系统"（Intelligent Processing of Materials）也在若干材料的研制和优化控制中试用成功。今天，材料设计不仅仅是科研院所的重点研究项目，也成为企业界的关注对象。计算机辅助材料设计大致可分为三个层次：

（1）材料、药物、染料、催化剂等的微观结构与性能的关系，从量子化学、固体物理、结构化学等角度探索研制新材料、新物质的新思想和新概念；

（2）从相图、热力学和动力学性质出发，探索新型合金、陶瓷等材料及其制备方法的革新；

（3）运用模式识别、人工神经网络、遗传算法、支持向量机等数据挖掘方法，结合数据库和知识库，总结材料结构与性能（性质）的关系、配方及工艺条件与材料性能或生产技术指标（成品率、能耗等）的关系等规律，用于材料制备和加工的优化。

利用化学数据挖掘方法和技术，可以总结新材料的物理化学性质与其组成元素的原子参数、化学配方、制备工艺等参数之间的定性或定量关系，在此基础上可以辅助新材料研制和新产品开发，达到"事半功倍"的效果。

定量结构-性能关系研究（QSPR）为材料学的重要组成部分。研究者从材料的组成、结构特征和加工条件入手，利用数据挖掘方法可以总结和预测材料的具体性能。在实际应用中定量结构-性能关系的一些研究成果，可以指导材料的设计与生产流程，控制产品的合成路线，最终得到令人满意的结果。图 1.1 为现代材料设计与制备的基本流程。

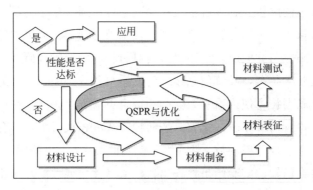

图 1.1　现代材料设计与制备的基本流程

1.1.2　数据挖掘与构效关系

化合物的性质/活性是化学的基本研究内容之一。化学家们普遍认为，化合物所表现出来的各种性质/活性与化合物的结构密不可分，即性质/活性是结构的函数。这也是结构-性质/活性关系（Structure Property/Activity Relationship，SPR/SAR）的基本假设，它们之间的关系如图 1.2 所示。结构-性质/活性关系也是化学的一个研究热点。1842 年，德国化学家 Koop 认为一系列相关化合物的物理化学性质可以由它们在一个矩阵中的位置得到预测，进而人们发现化合物拓扑结构是决定其化学性质的重要因素。1863 年，法国斯特拉斯堡大学的 A. F. A Cros 观察到，醇类物质对哺乳动物的毒性随着其水溶性的降低而增加。19 世纪 80 年代，德国马尔堡德大学的 Hans Horst Meyer 和苏黎世大学的 Charles Ernest Overton 分别独立地指出，有机物质的毒性与其亲油性相关。

20 世纪 40 年代起，化学家开始发现分子和其它化学物质可以很方便地用多种不同的矩阵表示[17,18]，化学图的概念及拓扑指数（图论指数）[19,20]的引入使表征分子结构并进行化合物的构效关系研究有了一个基本工具。

1964 年，Hansch 等从取代基与活性的关系出发，建立了线性自由能关系模型（Linear Free Energy Relationships，LFER），从而使定性研究定量化。Hansch 是该领域一系列概念和方法的提出者，对 QSPR/QSAR 研究的发展做出了重要贡献。

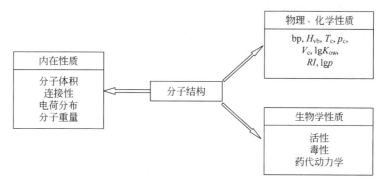

图 1.2 分子的构效关系

与此同时，Free 和 Wilson 提出了取代基贡献模型。近年来，随着化学计量学的发展，SPR/SAR 的研究提高到了一个新的水平。一方面，表征分子的结构参数不断丰富[21]；另一方面，一些新的建模方法也被引入到 SPR/SAR 的研究中[22,23]。结构-活性（性质）关系研究已成为化学、药物化学、环境化学中的一个前沿课题。

随着对分子结构的深入认识，以及适用的数理统计方法和计算机技术的引入，QSPR/QSAR 研究开始向三维发展，先后提出了 QSPR/QSAR 的位穴模型和比较分子场方法等，不仅取得了令人欣慰的成果，而且开辟了更为广阔的应用前景。

QSPR/QSAR 的研究同时渗透和推动了分子结构研究的深入，并取得了一系列重要突破，先后引出了很多新的结构参数。如拓扑结构指数中，除早期的 Wiener 径数（1947）和 Gordon-Scantlebury 指数（1964）等外，20 世纪 70 年代又提出了 Hosoya Z 指数（1971）、Balaban B 指数（1979）和 Kier 分子连接性指数 χ（1976）。80 年代 Simon、Crippen 等人又引入了一系列三维结构参数。这些参数大大丰富和促进了 QSPR/QSAR 的发展。因此，从分子结构出发，运用多元回归、人工神经网络、支持向量机等数据挖掘方法，可以总结分子的生物活性（或性质）与分子描述符（如物理化学参数、拓扑参数、几何参数以及量子化学参数）之间的关系，在此基础上可以设计和预测新的高活性化合物，然后再对预测的化合物进行化学合成，提高所需新化合物的命中率。

1.1.3 数据挖掘与工业优化

石油和化工企业是我国的基础支柱产业，在我国国民经济中占有举足轻重的地位。但与世界石化工业生产水平相比，我国的石油和化学工业还有不小的差距，例如我国乙烯生产的现金操作费用每吨约为 142 美元，比世界先进水平高出 24%，比亚太地区高出 5%。因此，如何利用工业优化技术提高劳动生产率和资源利用率，全面提升我国石油和化学工业的盈利能力和竞争能力，对于我国石油和化学工业的可持续发展有着十分重要的意义。

提升企业的生产水平可以从设备改造、工艺改进等方面着手，实践证明虽然这些措施可以取得非常好的效果，但周期长、投资大。与此相比，利用控制技术和化学数据挖掘技术对生产操作进行优化，实施简便、见效快、投资回报率高，正越来越得到业界的重视。近年来，分布式控制系统（DCS）已经广泛应用于我国大中型石化装置，为试点和推广国内外新技术打下了基础。目前世界上已有20多家公司推出了30余种石化优化软件，应用领域遍及主要石化装置，其中先进控制（Advanced Process Control，APC）技术已经在我国几十个生产装置实施，如常减压、催化裂化、催化重整、加氢裂化、聚丙烯、聚乙烯等。根据Chemshare公司的调查结果，在已有DCS系统基础上实施先进控制的投资收益比为1∶4，在先进控制基础上实现装置实时优化的投资收益比也为1∶4。因此，先进控制和实时优化控制挖潜增效的效果非常明显。

为了从生产机理上建立描述过程的精确模型，以谋求更好的优化效果，基于机理模型的石化优化软件应运而生。这类软件主要用于过程模拟、装置设计及实时优化控制。过程模拟软件通常利用物理化学原理进行工艺计算、物性计算、能量和质量平衡计算等，软件中采用了回归分析、数据拟合等数理统计方法。机理模型通常有较高的精度，可以在计算机上模拟实际生产装置的某些特性，是设计人员在生产装置没有建立之前预测或验证设计的重要工具。

近年来，基于数据挖掘的工业优化技术已在国外受到高度重视，应用的案例日益增多。数据挖掘技术用于生产优化可与先进控制、实时优化控制互为补充，相得益彰。化工生产过程涉及许多复杂的物理、化学变化，常常很难通过机理来建立模型，即便建立了模型，其精度也很低，模型只能用来表明生产的大体变化趋势，而无法用来指导生产。此外，工业生产过程中存在许多可变因素和干扰（原料性质、设备状态、操作工况的变化，生产环境和生产系统自身的干扰），数学模型通常是在某一特定条件下建立的，因而仅仅在小范围内适用，在实际复杂多变的生产中难以使用。随着计算机科学和过程系统工程的发展，工业生产过程自动化程度越来越高，工业生产数据采集和存储越来越经济便利，对于一个中等规模的石化生产装置，其DCS系统的仪表位号点数约500点，如果每分钟保存一个生产数据，那么，每天就有70万个生产数据，一年可达2.5亿个数据。这些数据记录了工业生产过程的特征、性能、变化等，是生产装置的本质反映。利用数据挖掘技术，可以从工业生产数据中寻找规律和发现知识，并用这些知识指导企业的生产过程，从而达到优化生产过程，使企业效益最大化。

传统上，研究者用统计图表总结生产数据，但这种统计图表不能提供有关生产过程的关键控制变量。20世纪70年代初，Isenhour和Kowalski开创性地将模式识别方法引入化学领域，处理谱分析数据获得成功[24,25]。20世纪80年代以来，陈念贻等将计算机模式识别优化技术应用于化工、炼油生产过程，即用数据挖掘技术处理化工、炼油生产过程的数据，从中找出节能、节约原料、提高质量、增加产量的优化途径，该技术已成功用于顺丁橡胶项目优化[26]、乳液法聚氯乙烯聚合反应过程优化[27]、合成氨反应的数据分析及丁二烯聚合反应的数据分析和优化[28]等。在炼油工业中，陈念贻等[29]将模式识别优化技术用于炼油工业并在许多工序取得实效，将该技术用于常减压蒸馏，可使汽油收率增加；用于铂重整，可提高溶剂油、乙苯回收率；用于延迟焦化，可提高汽油、柴油收率；用于加氢裂化，可提高航空煤油的收率并改善其质量；用于重油加氢裂化，可提高液体产物收率；用于催化裂化，可提高汽油收率等。近年来，我们又尝试将支持向量机算法应用于化工生产优化过程[30]。国外也有学者将人工神经网络用于化工过程的稳态、动态建模及生物传感器数据解释[31]；利用分类和回归树算法处理单丝尼龙纤维过程的数据，从而提高产品质量[32]；Nascimento等人成功地将基于人工神经网络的优化算法应用于双螺杆挤压反应器中尼龙66聚合反应过程的优化及乙酸酐生产过程的优化[33]；Yu等人用增强人工神经网络方法模拟实时多变量化工过程并取得明显效果[34]；Irizuki等[35]报道了将基于神经网络和模糊集控制技术的混合控制系统用于石油炼制厂的转化过程，从中总结操作工的丰富控制经验，使生产过程更加平稳，再沸器耗能明显下降。Abou-Jeyab等[36]运用简化的模拟和预报控制算法优化限值响应的多变量精馏过程，提高了产品的产量，明显提高了经济效益。Schmuhl等[37]将结构参数方法和多目标优化技术用于石油加氢裂化过程设计，基本解决了多目标设计和复杂体系的系统分析问题。使用人工神经网络进行化工过程危险状态早期检测及确认和对批量化工生产过程进行故障诊断也有报道[38~40]，还有学者[41]将数据挖掘技术用于石油炼制过程（流化床催化裂化）的故障诊断。因此，利用化学数据挖掘方法和技术，对大型现代化工厂（特别是炼油厂、化工厂和炼钢厂）的生产操作过程作"工业诊断"，找出优化生产的"瓶颈"问题，建立解决"瓶颈"问题的数据挖掘模型，在此基础上可以实现低成本、高收率、低能耗、高质量地生产和制备各种化学产品。

1.2 化学数据挖掘方法概要

1974年，由美国的Kowalski和瑞典的Wold等发起成立了国际化学计量学学会，此后开展了一系列的学术交流活动，促进了数学、人工智能、机器学习和计算机科学在化学、化工领域的广泛使用。至 20 世纪 90 年代中后期，由于数据挖掘概念的形成和数据挖掘技术的发展，相继出现了许多新的数据挖掘方法，如支持向量机方法和集成学习算法等，这些方法在化学、化工领域得到了广泛的应用，并取得了良好的结果。

计算机和人工智能的发展极大地促进了数据挖掘方法和应用的发展。化学数据的积累导致数据挖掘的需求激增，这种需求促进了数据挖掘方法的改进，例如偏最小二乘（PLS）方法就是传统多元线性回归方法的改进，该方法的成功应用在化学计量学领域产生了广泛的影响[42]。我们相信 Vapnik 提出的支持向量机方法的成功应用也将在化学、化工领域产生深远的影响。

最常用的数据挖掘方法当然是传统的数理统计方法，特别是多元统计分析方法，它在计算机发明以前就得到了成功应用，至今仍然是科学工程领域应用最广的数据处理方法。多元统计分析方法理论完整，计算过程简单，所得统计分析表达式容易理解，所以该方法是应用最广泛的定量建模方法。数理统计原理和方法的参考书很多，本书不再介绍，但我们开发的数据挖掘软件中自然要包括多元统计分析方法，特别是多元线性回归（Multiple Linear Regression，MLR）方法。

模式识别方法（本书特指统计模式识别方法，句法模式识别不作讨论）能将在多维空间中难以理解的"高维图像"经模式识别投影方法转换为二维图像，利用二维图像包含的丰富信息以及二维图像与原始的"高维图像"的映射关系，可以得到多维数据变量间的复杂关系和内在规律，因而该方法是本书最常用的数据挖掘方法。特别是对于工业数据的优化建模，模式识别方法是最有效的方法。本书第 2 章展开化学模式识别方法和应用的讨论，内容包括文献报道的最常用的经典方法如主成分分析、偏最小二乘法、多重判别矢量法、Fisher 判别分析法、最近邻法、非线性映照等，还有我们开发的模式识别实用方法或技术如模式识别最佳投影识别法、逐级投影法、超多面体模型、最近投影回归、逆投影方法等。

人工神经网络方法和应用的发展与计算机的发展密切相关，在 20 世纪 80 年代各种人工神经网络算法相继得到成功应用，其中最著名和最成功的就是逆传播人工神经网络（Back Propagation Artificial Nueral Network，BP-ANN）方法。数学家证明了任意的多元非线性函数关系可以用一个三层的 BP-ANN 来拟合，故大量"黑箱"问题的机器学习方法采用了 BP-ANN 方法，该方法是近二十年以来在数据挖掘领域应用最广泛的重要方法。遗传算法（Genetic Algorithm）是一种模拟自然选择的启发式搜索算法。它借助于对经过编码的字符串进行选择、杂交和变异等操作解决复杂的全局寻优问题。人工神经网络方法和遗传算法是人工智能发展的重要成果，本书第 3 章简要介绍它们的原理和算法步骤。

支持向量机（Support Vector Machine，SVM）是数学家 Vladimir N. Vapnik 等建立在统计学习理论（Statistical Learning Theory，SLT）基础上的机器学习新方法，包括支持向量分类（Support Vector Classification，SVC）算法和支持向量回归（Support Vector Regression，SVR）算法。该方法有坚实的理论基础，较好地分析了"过拟合"和"欠拟合"问题，并提出了相应的解决方法。SVM 方法提供了丰富的核函数方法，特别适用于小样本集情况下的数据建模，能最大限度地提高预报可靠性。我们认为支持向量机方法是机器学习（或模式识别）的重要进展方法，近十年来我们重点研究了该方法的原理、算法和应用，本书第 4 章介绍了该方法的原理和算法。

集成学习（Ensemble Learning）是一种新的机器学习范式，它使用多个（通常是同质的）学习器来解决同一个问题。由于集成学习可以有效地提高学习系统的泛化能力，因此它成为国际机器学习界的研究热点。本书第 5 章讨论了集成学习方法的原理。

特征选择问题是数据挖掘成败的关键，有关方法包括滤波式、卷积式和嵌入式等，为此，本书第 6 章专门讨论特征选择方法和应用的案例。

除上述重要数据挖掘方法以外，在化学、化工中应用的数据挖掘还包括粗糙集方法、决策树方法、模糊逻辑、聚类分析、可视化技术等，限于本书篇幅和我们工作的局限性暂不讨论。

1.3 化学数据挖掘应用进展

化学化工科学实验中存在大量我们尚无法准确认识但却可以进行观测的事物，如何从一些观测到的实验或生产数据（样本）出发得出目前尚不能通过原理分析得到的规律，进而利用这些规律预测未知，用以指导下一步的科学实验，这是化学数据挖掘需要解决的问题。化学数据挖掘是我们面对化学数据而又缺乏化学理论模型时最基本的（也是唯一的）分析手段。

现代化工、炼油、钢铁等大、中型企业的生产过程包括复杂的物理、化学变化，这些变化必须靠多种数据指标的监控，才能使生产的综合效益达到最优。现代企业的集约经营也要以多种数据为基础才能正确决策。这都需要从大批复杂数据中抽提有用信息，建立反映客观规律的数学模型。采用计算机数据处理技术，进行"机器学习"（Machine Learning），是建立数学模型的必要手段。

新产品开发是现代企业活力的重要源泉。新品试制通常需要作大批实验。如能缩短新产品的研制周期，常能给企业带来重大经济效益。通过在试制过程中建立数学模型，进行试验设计，常能较快地达到研制目标，使新产品能更快投产。

生产过程难免有时出现故障，在出现故障时能及时发现，正确诊断其原因从而消除故障，也要靠总结故障出现的规律，建立发现、诊断故障的数学模型，从而顺利处理故障，恢复正常生产。

产品质量和信誉是现代企业的生命线，许多产品的质量要在长期使用中才能显露出来。为了保证产品质量和可靠性，还必须把好产品检验关。如何能从短期测量察觉产品长期性能？这也需要通过数据处理，找出短期测试指标和长期使用特性的关联，建立数学模型，使产品检验更加有效。

必须强调指出：虽然上述几个方面都需要通过机器学习建立数学模型，但各个方面供应的数据特点各异，数据处理的难点也不同，不可能千篇一律用统一的计算策略去解决。比如企业管理和经营需要的数学模型要从极大量数据资料中总结规律，而新产品开发与此相反，希望从尽量少的实验数据中就能总结出下一步应该作什么条件实验效果最好。又如工业生产记录难免有较多的"信息垃圾"（包括物料不平衡、生产不稳定、仪表出错等造成的不反映问题本质的数据），因此"去噪"就成为大问题。而试验设计一般不需要去噪。如此等等。这就要求我们建立一个能应付各种不同要求的"算法库"和"软件模块库"，以应付各种不同的需要。

所有这些都说明：各种数据处理方法和各种数学模型的建立与正确运用，是现代企业生存和发展不可或缺的重要环节。

我国大中型企业的信息管理经历着一个从粗放到精细的过程。多数企业迄今的信息管理系统及其运用与国际上的现代企业尚有差距。在国际竞争日益加剧的今天，加强包括数据处理在内的信息管理，已经是刻不容缓之举[43]。另一方面，今天许多国内大中型企业纷纷建立信息网络和数据库，安装 DCS 系统，实现了先进控制，又已为我国企业采用更先进的优化控制技术创造了有利条件。

我国化工、炼油企业开展优化工作的历史，可以追溯到三十余年前。当时我国化工界曾用线性回归法总结生产规律以改进操作，在若干化工、炼油厂取得了改进生产的显著效果。多年来，线性回归、正交设计等传统优化技术在我国工业界深入人心，广泛采用，起到了对原来较粗放的生产技术相当大的改进作用。但是多数化工、炼油、冶金等生产过程都或多或少带有非线性，都将其当成线性问题处理难免有偏差，其优化效果也就受很大限制。从 20 世纪 80 年代开始，能处理非线性的人工神经网络和多种模式识别分类方法出现在优化领域，使优化控制效果提高了一步。陈念贻等与我国石化、钢铁、有色冶金等企业合作，也解决了一大批生产优化问题，取得了相当大的经济效益[44,45]。但使用时间一长，也暴露了这些做法的不足之处。首先，当时的多数工作都基于靠人工控制的离线调优，技术管理粗放，优化见效后较难坚持，特别是当原料改变、设备大修、原有的数学模型不再适用以后，优化效果多半难以为继。而近年来一些建模以后建成优化（开环指导或在线控制）专家系统的优化项目则坚持较好。这说明优化工作不能仅仅停留在科研合作的形式中，必须采取工程化的方式才行。这一阶段工作暴露的另一缺点，就是在建模和应用中遇到过拟合问题，其中人工神经网络的过拟合尤其严重。可惜时至今日，尚有不少技术人员只了解人工神经网络能处理非线性数据集的突出优点，而没有注意到它在已知样本较少、数据点分布不均匀、噪声较大时过拟合可能造成预报的严重失误。陈念贻等也曾推行以分类为基础的模式识别优化方法，虽然过拟合相对小些，但单靠分类而不对目标值定量预报，也有其局限性。好在当时我国生产管理本来比较粗放。这种"以粗对粗"的优化方法也有相当成效。在 20 世纪 90 年代期间，受国际合作的影响，陈念贻等又对优化建模及其应用的客观规律作了一些力所能及的总结，提出了"复杂数据处理"的概念，接受了海外专家关于优化工作必须"二次开发"也就是必须"工程化"的思想，并在实践中取得了一批成果[46]。然而，一直到我们学习和掌握了 Vipnik 的"统计学习理论"及其支持向量机方法后[47]，我们才对过去经历过的优化工作的发展过程和今后的发展方向才算从基础理论上有了较系统的理解。在本章节中，我们试图运用我们掌握的新的理论认识，对数据挖掘的理论和应用进展进行分析。

1.3.1 机器学习的数学本质

所谓机器学习，就是从指定函数集 $f(x, \alpha)$ 中选出能最好地逼近训练集数据或对未知样本预报最有效的函数，作为数学模型[47]。由此可见，机器学习的结果，总是囿于原来指定的函数集的范围。例如：如果是线性回归，指定函数集限于线性函数，则数据处理的结果只能是线性方程。即使客观的规律是非线性的，也只能"削足适履"描写成线性规律。其实，化学、化工、冶金等领域的数据集，一般或多或少都带有非线性。以我们过去做过的若干优化项目为例，如果我们以目标值和影响因子间相关系数大于 0.9，或以 PLS 线性回归的预报残差（样本平均归一化值）小于 0.3 为"近似线性"的判据，则"近似线性问题"也只占少数。

应当指出：线性回归方法在数据确实是近线性、数据分布服从高斯分布、且噪声很小时，确是一种有效的回归算法。当数据确实符合这些条件时，用线性回归处理数据是好办法。主张线性回归的人们往往说：当非线性函数限制在不大范围时，就接近线性规律。这在数学上是对的，但许多优化问题的工作范围是由客观需要定的，不能任意划小。因此常常不能忽视非线性特征。用线性模型去拟合非线性数据规律，就产生了机器学习理论中的"欠拟合"（Underfitting）现象。"欠拟合"导致客观存在的规律与指定函数集中所有的函数都不吻合，所建模型的拟合与预报效果都不会好。

由此可见：线性回归在一定情况下是可用的，但不能滥用。必须找到一种有效、可靠的判别算法，以决定一套数据是否可用线性回归处理。我们推荐用 PLS 算法的平均预报残差（归一化值）为判据。例如：小于 0.3 或 0.2（根据计算精度要求定）可判为近线性数据集，可采用线性回归建模。

1.3.2 统计模型的"过拟合"问题

由于认识到工业过程中非线性相当普遍存在和线性优化算法的局限性，近十余年来人工神经网络等非线性算法在化工优化控制、故障诊断等方面已广泛应用[48,49]。但人工神经网络等非线性优化算法也并非十全十美。虽然采用能涵盖一切的指定函数集（至少从理论上说）能将训练集的客观规律"套"进去，可是这样一来又产生了"过拟合"的毛病。这可从几个角度去理解：①既然拟合精度大大提高了，就会不但把训练集中蕴藏的规律拟合进数学模型，而且也会把训练集中数据的测量误差也拟合进了数学模型。这样一来拟合效果虽好，在预报中就难免有较大失误了；②既然指定函数集包括极广，就可能有不止一种函数能相当近似地拟合训练集，其中也可能会有预报能力并不好的函数在内。须知：在多维空间能通过（或近似通过）有限个点的曲线有无穷多个。上述两种情况在训练样本比较少或噪声比较大的情况下特别严重。在这种情况下误报风险比较大，这就是"小样本难题"。

用统计学习理论可以论证"过拟合"产生的根源：在算法设计中忽略了"经验风险"和"实际风险"的差异。传统的统计数学认为：数据处理只要能找到能很好拟合已知数据（训练集）的函数，即令"经验风险"最小，就能保证所得的数学模型预报能力最强。但这一假设并无严格的理论依据。统计学习理论证明："经验风险"最小不等于数学模型的实际预报风险最小。在指定函数集范围扩大，或数据处理算法的复杂度加大的情况下，虽然拟合可以大为改善，但同时预报能力并不一定能改善，有时可能反而变坏，产生"过拟合"。统计学习理论的目的之一就是寻找避免过拟合的规律和途径。

尽管有过拟合的弊病，多项式非线性回归和人工神经网络在工业优化控制、故障诊断和产品检验等方面仍然广泛应用并相当有效。这是因为工业问题往往能提供较多的数据，因而过拟合不太严重，而优化效果常常好于线性算法的缘故。美国软件市场上流行的人工神经网络优化软件如 Process Advisor，Process Insight 等都在包括炼油工业在内的化工、冶金生产过程优化方面广泛应用。但据了解，美国生产芯片的 Intel 公司是采用以非线性回归为基础的软件作优化工作的，据说该软件预报功能较强。这可能是由于多项式项数不很多时，过拟合不如人工神经网络严重之故。但当芯片质量的影响因素太多时，用多项式回归会遇到回归式项数太多的"维数灾难"（Feature Disaster），可见单靠非线性回归也是不够的。

正因为人工神经网络预报不十分可靠，而工业控制在误报时可能造成严重后果，因此，工业应用时常采用保险措施。如美国俄亥俄州某钢铁厂采用产生式专家系统对人工神经网络的预报根据专家知识进行"过滤"，防止不合理的误报。当然这种过滤方法弄不好也会在某种程度上限制了优化控制的效果。我们推荐的方法之一，是将模式识别分类和人工神经网络结合，以限制过拟合的危害[50]。

1.3.3　模式识别优化算法及其改进

模式识别优化算法追求将模式空间分成"优区"和"劣区"，要求生产控制在"优区"，并利用投影方法界定优区，有关方法于 20 世纪 80 年代在我国以离线调优的形式广泛推广。从机器学习理论对这种方法分析看，这些优化方法需要改进和提高。

与上面叙述的对训练集定量建模预报的算法相反，20 世纪 80 年代陈念贻等在石油化工、钢铁等行业推广的"模式识别调优技术"以"优"、"劣"两类样本在多维空间的分区分布为依据，求出保证生产工况维持在优区的两类样本点分布区间的分界面的方程，据以优化生产。在推广初期，主要靠 Fisher 法、PCA、PLS 等算法作二维投影图，根据投影图上两类点分布区分界线确定分类数学模型，据以优化生产。陈念贻等的工作表明：虽然此种优化做法确有一定效果，但从原理上看，此种做法尚需要改进与提高，因为：①采用一张两类点分类比较好的投影图上的分界线方程为优化判据，虽然常可将两类点分开，但这和多维空间中的两类点分布区之间的"最佳分界面"并不一致，因而难免使优化结果偏离最佳工况；②当有时优化目标只能定性地区别为两类，而无法定量表征时，采用 0、1 或 1、2 两种目标值，模式识别只作分类而不作定量预报是很自然的，甚至可算是一个优点。但对于有连续目标值的优化项目，用"1"、"2"两类信息代替信息量更大的目标值，显然造成有用信息的流失。而且在两类分界附近，硬将分界两侧差别极小的点划成两类也未免勉强。为了弥补上述缺点，我们提出了一些模式识别应用方法和技术，如逐级投影方法和最佳投影回归方法等，试图改进模式识别的定性正确率和定量回归的准确率。随着模式识别优化技术的不断改进，为我们建立各种模式识别优化算法与其它机器学习算法互相取长补短的数据处理平台创造了条件[50]。

1.3.4 支持向量机算法的应用效果

我们的研究工作已经证明：在处理噪声不大的实验或观测数据方面，特别是小样本数据集的机器学习方面，支持向量分类和支持向量回归与传统算法相比，都常能显示明显的优越性，在工业生产过程的优化建模方面支持向量机算法的应用前景如何呢？初步计算实践表明：支持向量机用于规模不大的工业数据集，例如样本数百个、影响因子数十个的数据文件，即使噪声较大，用 SVC 或 SVR 也能得到很好的数学模型。非但如此，用 SVR 留一法还能起去噪声的作用：用留一法预报时，离群点（Outlier）往往是预报误差最大的样本。据此可通过删去离群点的方法改进建模。至于新产品试制和故障诊断等工作，因是小样本问题，应用支持向量机的好处是显而易见的。

1.3.5 建立综合运用多种算法的数据处理平台

综合运用多种算法，针对复杂数据的不同特点，把各种算法组织成统一的信息处理流程，这是我们处理数据、建立预报能力强的数学模型的关键。

如上所述，已有的各种数据处理算法各有其特有的长处和短处，根据它们的特点适合于处理不同类型的数据。因此，正确的做法是将多种算法组合起来，取长补短，组成一套完整的数据处理流程，以适应不同性质的数据处理的需要。这里所说的多种算法的综合运用，包含下列两方面内容。①建立一系列初步判别算法，测试数据集的某些特性并据此判别它适合于何种算法。例如：用 PLS 法预报残差判别是否适合于线性回归处理。又如：设计了专门的算法将数据文件按数据结构分为"偏置型"和"包容型"两大类，规定各用不同算法作自变量筛选等。②将不同算法组合在一起成为有特色的新算法。例如：将最佳投影法和多项式逐步回归法结合起来，将少数最能描述数据结构的原始自变量线性组合代替原有自变量作多项式逐步回归，可以用较少的可调参数更确切地拟合训练数据集。这种类似于"投影寻踪回归"的算法能减少经验风险和避免因可调参数太多造成的过拟合。

由多种算法模块组成的信息处理流程大致分下列几个主要数据处理步骤。

① 数据文件有用信息量的评估。拿到要建模的数据后，先要评估一下它是否含有足够多的有用信息，是否有从中建模的可能。在以前的工作中，我们主要通过考察样本点在多维空间的可分性来作判别。现在根据统计学习理论，我们改用留一

法建模预报的正确率或 KNN 法（带有留一法预报考察性质）预报正确率来判别数据文件是否蕴藏了足够的有用信息。

② 数据文件的自变量筛选。传统的模式识别采用各个自变量对两类样本分类的贡献为判据决定各自变量的取舍。我们改用各自变量对留一法预报正确率的贡献为判据决定各自变量的取舍。

③ 数据文件的样本筛选。在数据文件噪声较大，分类不清或离群点（Outliers）较多时，可试用 KNN 或 SVR 等算法将留一法误报或误差特别大的样本剔除，以利建模。

④ 数据文件的简单统计分析。通过目标值与各自变量的相关分析，双自变量投影图等简单算法，求得对数据集结构的初步了解，为选择合适的建模算法提供参考。

⑤ 参照简单统计分析结果和优化对象的专业领域知识，从投影分类开始，在有优化目标的课题中继以定量建模，得出能满足优化需要的数学模型，并拿到实际中应用。

总之，化学数据挖掘方法在化学、化工领域的成功应用将形成一个良性循环，促进化学家与数学家和计算机科学家的紧密合作，进一步研究和开发化学数据挖掘新方法及其应用。可以预计，将来在分析化学的数据处理、化学数据库的智能化、有机分子的构效关系（QSAR，QSPR）、分子和材料设计、试验设计、化工生产优化以及环境化学、临床化学、地质探矿等多方面都有将进一步展开化学数据挖掘应用研究，并不断取得令人鼓舞的应用效果。

参 考 文 献

[1] 徐光宪. 21 世纪的化学是研究泛分子的科学. 化学科学部基金成果报告会文集［庆祝国家自然科学基金委员会成立十五周年（1986—2001）］，北京：2001，11：3-9.

[2] Fayyad U，Piatetsky-Shapiro G，Smith P，Uthurusamy R，eds. Advances in knowledge discovery and data mining. Cambridge：AAAI/MIT Press，1996.

[3] Fayyad U，Stolorz P. data mining and KDD：promise and challenges. Future Generation Computer Systems，1997，13：99-115.

[4] Agrawal R，Imielinski T，Swami A. Database mining：a performance perspective. IEEE Transactions on Knowledge and data Engineering，1993，5 (6)：914-925.

[5] Han J，Nishio S，Kawano H，Wang W. Generalization-based data mining in object-oriented databases using an object cube model. Data & Knowledge Engineering，1998，25：55-97.

[6] Chen M S，Han J，Yu P S. Data mining：an overview from a data base perspective. IEEE Transactions on Knowledge and data Engineering，1996，8 (6)：866-883.

［7］ Clifton C，Thuraisingham B. Emerging standards for data mining. Computer Standards & Interfaces，2001，23：187-193.

［8］ Feelders A，Daniels H，Holsheimer M. Methodological and practical aspects of data mining. Information & Management，2000，37：271-281.

［9］ Han Jiawei，Kamber Micheline. Data mining：concepts and techniques. Morgan Kaufmann Publishers，2000.

［10］ Agrawal R，Srikant R. Searching with numbers. IEEE Transactions on Knowledge and data Engineering，2003，15（4）：855-870.

［11］ Evfimievski A，Srikant R，Agrawal R，Gehrke J. Privacy preserving mining of association rules. Information Systems，2004，29：343-364.

［12］ Brunk C，Kelly J，Kohavi R. Mineset：an integrated system for data access，visual data mining，and analytical data mining. Proc. of KDD 97. http：//www. sgi. com/products /software/Mineset.

［13］ Oatley G. ，Intyre J M，Ewart B，Mugambi E. SMART software for decision makers KDD experience. Knowledge-Based Systems，2002，15：323-333.

［14］ Fan W，Lu H，Mdanick S E，Cheung D. DIRECT：a system for mining data value conversion rules from disparate data sources. Decision Support Systems，2002，34：19-39.

［15］ Embrechts M J，Arciniegas F，Ozdemir M，Momma M. Scientific data mining with StripMiner™. Proceedings of the 2001 IEEE Mountain Workshop on Soft Computing in Industrial Applications，2001，13-16.

［16］ 恽爽，胡南军，董浚，陈道蓄. 数据挖掘软件现状研究. 计算机工程与应用，2003，8：189-221.

［17］ Balandin A A. Acta Physicochim. U. R. S. S. ，1940（12），447.

［18］ Meyer E. Angew. Chem，1970（82），605.

［19］ Rouvray D. Chemical Society Review. London，1974（3），335.

［20］ Wiener H J. Structural determination of paraffin boiling points. Journal of American Chemical Society，1947（69），17-20.

［21］ Gupta S，Singh M，Madan K A. Connective eccentricity index：a novel topological descriptor for predicting biological activity. Journal of Molecular Graphics and Modelling，2000，18：18-25.

［22］ Burbidge R，Trotter M，Buxton B，Holden S. Drug design by machine learning：support vector machines for pharmaceutical data analysis. Comput Chem，2001，26（5）：5-14.

［23］ Yang S S，Lu W C，Chen N Y，Hu Q N. Support vector regression based QSPR for the prediction of some physicochemical properties of alkyl benzenes. Journal of Molecular Structure：THEOCHEM. ，2005，719（1-3）：119-127.

［24］ Isenhour T L，Jurs P C. Anal. Chem. ，1971，43：20A.

［25］ Kowalski B R. Anal. Chem. ，1975，47：1152A.

［26］ 张未名，陈念贻，李再综. 自动化学报，1989，15（1）.

［27］ 程兆年，汤锋潮，罗学才，张未名，陈念贻. 模式识别法在化工调优中的应用. 化工学报，1990，5：568-574.

［28］ 陈念贻，李重河，钦佩. 化学模式识别优化方法及其应用. 科学通报，1997，42（8）：792-796.

［29］ 陈念贻. 模式识别优化在化工中的应用. 化工进展，1987，2：7.

[30] 陈念贻，陆文聪. 支持向量机算法在化学化工中的应用. 计算机与应用化学，2002，19（6）：673-676.

[31] Bhat N V, Minderman P A, McAvoy Jr. , T, Wang N S. Modeling chemical process systems via neural computation. IEEE Control Systems Magazine, 1990, 10 (3): 24 -30.

[32] Mastrangelo C M, Porter J M. Data mining in a chemical process application. IEEE International Conference on Systems, Man, and Cybernetics, 1998, 3: 2917 -2921.

[33] Nascimento C A O, Giudici R, Guardani T. Neural network based approach for optimization of industrial chemical process. Computers and Chemical Engineering, 2000, 24: 2303-2314.

[34] Yu D L, Gomm J B. Enhanced neural network modeling for a real multivariable chemical process. Neural Computing & Applications, 2002, 10: 289-299.

[35] Irizuki Y, Tsutaki S, Tani T, Furuhashi T. Extraction of operating know-how of experienced operators using neural networks and its application to PID and neuro-fuzzy hierarchical controller. IEEE International Conference on Systems, Man, and Cybernetics, 1999, 3: 274 -279.

[36] Abou-Jeyab R A, Gupta Y P, Gervais J R, Branchi P A, Woo S S. Constrained multivariable control of a distillation column using a simplified model predictive control algorithm. Journal of Process Controll, 2001, 11: 509-517.

[37] Schmuhl J, Hartmann R, Muller H, Hartmann K. Structural parameter approach and multicriteria optimization techniques for complex chemical engineering design. Computers chem. Engng. , 1996, 20 (Suppl.): S327-S332.

[38] Neumann J, Deerberg G, Schluter S. Early detection and identification of dangerous states in chemical plants using neural networks. Journal of Loss Prevention in the Process Industrial, 1999, 12: 451-453.

[39] Ruiz D, Nougues J M, Calderon Z, Espuria A, Puigjaner L. Neural network based framework for fault diagnosis in batch chemical plant. Computers and Chemical Engineering, 2000, 24: 777-784.

[40] Gomm J B, Wiiliams D. An adaptive neural network for on-line learning and diagnosis of process faults. IEEE Colloquium on Qualitative and Quantitative Modelling Methods for Fault Diagnosis, 1995, 9/1-9/5.

[41] Mylaraswamy D, Venkatasubramanian V. A hybrid framework for large scale process fault diagnosis. Computers chem. Engng. , 1997, 21 (Suppl.): S935-S940.

[42] Svante Wold, Michael Sjostrom, Lennart Eriksson, PLS-regression: a basic tool of chemometrics, Chemometrics and Intelligent Laboratory Systems, 2001, 58: 109-130.

[43] 鲍斐. 试论燕化公司信息技术发展的战略方向. 石化技术，2001，8（3）：133.

[44] 陈念贻. 模式识别优化在化工中的应用. 化工进展，1987，2：7.

[45] 陈念贻. 模式识别优化技术及其应用. 北京：中国石化出版社，1997.

[46] Chen Nianyi, Lu Wencong, Chen Ruiliang, Li Chonghe, Qin Pei. Hemometric methods applied to industrial optimization and materials optimal design, Chemometrics and Intelligent Laboratory Systems, 1999, 45: 329.

[47] Vapnik V N. The nature of statistical learning theory (second edition). New York: Springer-Verlag, 1999.

［48］ Mujtaba I M，Hussain M A. Application of neural networks and other learning technology in process engineering，London，Imperial College Press，2001.

［49］ Russel E，Chiang L H，Bratz R D. Data-driven models for fault detection and diagnosis in chemical process. Berlin：Springer-Verlag，2000.

［50］ 陈念贻，钦佩，陈瑞亮，陆文聪. 模式识别在化学化工中的应用. 北京：科学出版社，1999.

2 模式识别基本原理和方法

2.1 模式识别方法的基本原理和预备知识

模式识别方法可分为统计模式识别和句法模式识别，句法模式识别是以模式结构信息为对象的识别技术，在遥感图片处理、指纹分析、汉字识别等方面已有广泛应用。化学数据挖掘所用模式识别方法主要是统计模式识别，因此，本书所用模式识别方法属统计模式识别范畴。所有统计模式识别方法的原理都可归结为"多维空间图像识别"问题，即将特征变量的集合张成多维样本空间，将各类样本的代表点"记"在多维空间中，根据"物以类聚"的原理，同类或相似的样本间的距离应较近，不同类的样本间距离应较远。这样，就可以用适当的计算机模式识别技术（通常为一次线性或非线性投影）去"识别"各类样本分布区的形状，试图得到描述各类样本在多维空间中分布范围的数学模型。比如，在有关机动车排放性能的数据处理中，可将与机动车排放性能有关的参数作为特征变量，张成多维样本空间，将已知不同排放性能的机动车样本的代表点"记"在该多维空间中，然后用适当的模式识别方法处理该样本集，试图得到描述各类样本在多维空间中分布范围的数学模型。

统计模式识别的首要目标，是样本及其代表点在多维空间中的分类。模式识别分类方式可以是"有人管理"或"无人管理"，通常采用的是"有人管理"的方式，即事先规定分类的标准和种类的数目，通过大批已知样本的信息处理（称为"训练"或"学习"）找出规律（数学模型），再利用建立的数学模型预报未知。

传统的模式识别方法是基于投影分类图的，但考虑到数据结构的复杂性，有时候投影图不能得到满意的模式分类图。比如，试想某一类样本在多维空间完全被另一类样本所"包围"的情形，这时无论往哪个方向投影，投影图的中心区域总是分类不清的。因此，模式识别工作也需要基于不作投影图的方法。本章介绍的决策树方法和超多面体建模方法就是不作投影图的模式识别方法。

在学习常用模式识别方法以前，有必要了解下面的预备知识及其约定表示。

(1) 样本 (Sample)

研究对象的性能 E 受 M 个因素 $x_1, x_2, \cdots, x_M$ 控制，由此而确定的一组同源离散数据集 $\{P_i\}$ 称为该对象的一个描述样本集。其中 $P_i = \{x_{i1}, x_{i2}, \cdots, x_{iM}, E_i\}$ $(i=1,2,\cdots,N)$ 称为一个样本，其中 i 为样本的序号，N 为样本总数。

(2) 样本的类别 (Class)

根据对性能 E 的评判赋予样本的一种属性，以"1"、"2"、"3"等表示；同一类别的样本有相近的性能，根据样本性能分布范围的不同可将样本分类。对样本分类的目的是为了便于对数据作定性或半定量分析。

样本的分类可以是两类或两类以上，研究方法相近。在本文中，除非特别指出，分类问题一般均指两类问题，即研究样本被分为优类（记为"1"类）和劣类（记为"2"类）。通常多类别问题可简化为各类别彼此区分或逐类区分的两类问题。

(3) 样本空间 (Sample Space)

决定样本性能的 M 个特征参数（因素）可构成一个 N 维空间，称为研究对象的特征空间 (Feature Space)，记为 R^N，每个样本可表示为该空间的一个点，包含了样本集 $\{P_i\}$ 的特征空间称为研究对象的一个样本空间。

(4) 映射（映照、投影）图 (Projection Map)

模式识别分析（分类）结果的一种直观表示，样本空间中所有样本以适当方式（线性或非线性）投影到二维平面即成映射图，用于从全局上观察各类样本的分布情况。

(5) 因素矩阵 (Standard Matrix of Factors) 及其标准化

需作模式识别处理的样本集的因素矩阵 $\boldsymbol{X}$ 可表示如下：

$$\boldsymbol{X} = (x_{ij})_{N \times M} = \begin{bmatrix} x_{11} & x_{12} & \cdots & x_{1M} \\ x_{21} & x_{22} & \cdots & x_{2M} \\ \vdots & \vdots & \vdots & \vdots \\ x_{N1} & x_{N2} & \cdots & x_{NM} \end{bmatrix}$$

矩阵中每一行表示一个样本点对应的 M 个因素（亦称特征变量或特征参数），N 为样本数，M 为特征变量数，故 $\boldsymbol{X}$ 为 $N \times M$ 阶矩阵，x_{ij} 为第 i 个样本的第 j 个特征参数。由于 M 个特征变量的量纲和变化幅度不同，其绝对值大小可能相差许多倍。为了消除量纲和变化幅度不同带来的影响，原始数据应作标准化处理，即：

$$x_{ij} = \frac{x_{ij} - \overline{x_j}}{\sqrt{s_j}} \qquad i=1,2,\cdots,N; j=1,2,\cdots,M$$ ，

其中 $\overline{x}_j = \dfrac{1}{N}\sum_{i=1}^{N} x_{ij}$, $s_j = \dfrac{1}{N-1}\sum_{i=1}^{N} (x_{ij} - \overline{x}_j)^2$

标准化因素矩阵 $\boldsymbol{X}'$ 即为：

$$X' = (x'_{ij})_{N \times M}$$

为符号表示上的简洁起见，以下在用到标准化因素矩阵时仍用 $\boldsymbol{X}$ 表示。

2.2 模式识别经典方法

2.2.1 最近邻方法

最邻近（K-Nearest Naighbour，KNN）法[1]是最常用的统计模式识别方法，该方法预报未知样本的类别出其 K 个（K 为单数整数）近邻的类别所决定。若未知样本的近邻中某一类样本最多，则可将未知样本判为该类。在多维空间中，各点间的距离通常规定为欧几里得距离。样本点 i 和样本点 j 间的欧几里得距离 d_{ij} 可表示为：

$$d_{ij} = \Big[\sum_{k=1}^{M} (X_{ik} - X_{jk})^2\Big]^{1/2}$$

一种简化的算法称为类重心法，即先将训练集中每类样本点的重心求出，然后计算未知样本点与各类的重心的距离。未知样本与哪一类重心距离最近，即将未知样本判为哪一类。

与 KNN 法很接近的是势函数法，它将每一个已知样本的代表点看作一个势场的源，不同类的样本的代表点的势场可有不同的符号，势场场强 $Z(D)$ 是对源点距离 D 的某种函数，即：

$$Z(D) = \frac{1}{D}$$

或

$$Z(D) = \frac{1}{1 + qD^2}$$

此处 q 为可调参数。

所有已知样本点的场分布在整个空间并相互重叠，对未知样本点，可判断它属于在该处造成最大势场的那一类，在两类分类时，可令两种样本的势场符号相反，势场差的符号即可作为未知点的归属判据，此时判别函数 V 为：

$$V = \sum_{i=1}^{N} \frac{K_i}{D_i}$$

此处，$K_i=1$ 或 -1，代表两类点的符号。

最近邻方法通常可以作为研究对象（样本集）数据质量初步考察方法，比如一个样本集的 KNN 分类的正确率在 90％ 左右就可初步得出该样本集的类别预测情况较好的结论。我们在以往的工作中曾将 KNN 方法应用到变量筛选方法上，即将一个样本集的变量依次去除，分别考察去除某一变量之后的样本集的 KNN 分类的正确率 P_c，将 P_c 上升相应的去除变量作为冗余变量，将 P_c 下降最少相应去除的变量作为最不重要的变量，反之则为较重要的变量，由此得到各变量的重要性排序，并将此作为变量筛选的依据。

KNN 作为一种经典的模式识别方法，对于有些样本和变量很多的复杂模式识别问题，若能结合一些新的变量筛选技术，往往能得到比较理想的模式识别分类结果。比如我们曾用 mRMR-KNN 方法，即在 mRMR（最大相关最小冗余）变量筛选的基础上应用最近邻（KNN）方法，对有关艾滋病病毒的 HIV-1 蛋白酶特异性位点进行模式识别预测，结果取得令人满意的结果。这一综合性的研究工作细节，将在第 12 章中详细介绍。

2.2.2　主成分分析方法

主成分分析法（Principal Component Analysis，PCA）[2,3] 是一种最古老的多元统计分析技术。Pearcon 于 1901 年首次引入主成分分析的概念，Hotelling 在 20 世纪 30 年代对主成分分析进行了发展，现在主成分分析法已在社会经济、企业管理以及地质、生化、医药等各个领域中得到广泛应用。主成分分析的目的是将数据降维，以排除众多化学信息共存中相互重叠的信息，把原来多个变量组合为少数几个互不相关的变量但同时又尽可能多地表征原变量的数据结构特征而使丢失的信息尽可能地少。

求主成分的方法与步骤可概括如下。

（1）计算标准化因素矩阵 $\boldsymbol{X}$ 及其协方差阵 $\boldsymbol{C}$：

$$\boldsymbol{C}=(\boldsymbol{X})^T\boldsymbol{X}$$

$(\boldsymbol{X})^T$ 为 $\boldsymbol{X}$ 的转置矩阵。

（2）用 Jacobi 变换求出 $\boldsymbol{C}$ 的 M 个按大小顺序排列的非零特征根 $\lambda_i(i=1,\cdots,M)$ 及其相应的 M 个单位化特征向量，构成如下 $M\times M$ 阶特征向量集矩阵：

$$\boldsymbol{V}=(v_{ij})_{M\times M}=\begin{bmatrix} v_{11} & v_{12} & \cdots & v_{1M} \\ v_{21} & v_{22} & \cdots & v_{2M} \\ \vdots & \vdots & \vdots & \vdots \\ v_{M1} & v_{M2} & \cdots & v_{MM} \end{bmatrix}$$

其中每一列代表一个特征向量。

（3）计算主成分矩阵 Y：

$$Y = XV = \begin{bmatrix} y_{11} & y_{12} & \cdots & y_{1M} \\ y_{21} & y_{22} & \cdots & y_{2M} \\ \vdots & \vdots & \vdots & \vdots \\ y_{N1} & y_{N2} & \cdots & y_{NM} \end{bmatrix}$$

设第 i 个主成分的方差贡献率为 D_c，则

$$D_c = \frac{\lambda_i}{\sum_{j=1}^{k} \lambda_j}$$

设前 q 个（$q \leqslant k$）主成分的累积方差贡献率为 D_{ac}，则

$$D_{ac} = \frac{\sum_{i=1}^{q} \lambda_i}{\sum_{j=1}^{k} \lambda_j}$$

在实际应用中可取前几个对信息量贡献较大（即 D_c 较大）的主成分便可达到空间维数下降而使信息量丢失尽可能少的目的。若取两个主成分构成投影平面即可在平面上剖析数据分布结构。

主成分分析的几何意义是一个线性的旋轴变换，使第一主成分指向样本散布最大的方向，第二主成分指向样本散布次大的方向，余此类推（见图 2.1）。

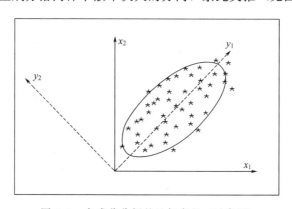

图 2.1　主成分分析的几何意义（示意图）

主成分分析通常用于样本集的散布情况和变量降维分析。虽然主成分分析投影图上的样本散布坐标与样本集分类定义没有关系，但标识了类别的样本若在投影图上按类别相聚在一起，且不同类别间有明显的分界，则主成分分析投影图即可作为模式识别分类图。

取主成分矩阵 Y 中的任意两列投影值作为纵横坐标作图即得主成分投影图。投影图上任一主成分坐标值都是模式识别特征变量的线性组合，组合系数就是特征向量集矩阵 V 相应矢量（某一列）的组成分量。对于标准化的特征变量，相应矢量（某一列）的组成分量反映了相应变量在主成分投影值中的权重，该权重值可作为相应变量对于投影图上样本坐标值位移影响相对大小的度量，用直角坐标系来表示投影权重值的图形称为载荷图。载荷图在工业优化工作中可用以指导如何调节变量，使得当前工况条件朝特定的方向变动。

样本集的主成分投影值可以作为某些算法的变量初值或预处理值，比如模式识别非线性映照方法常用样本集的主成分值作为映照初值进行迭代运算；将降维后的主成分作为多元回归的变量进行建模，即得主成分回归方法。降维后的主成分还可作为人工神经网络或支持向量回归的变量进行建模，所得结果多半优于用原始变量直接建模。有关 PCA 方法的成功应用请参见本书附录 1 中的应用案例，即 V-PTC 材料最佳配方及最佳工艺条件的探索。

2.2.3 多重判别矢量和 Fisher 判别矢量方法

多重判别矢量法[4]是模式识别中使用较为广泛的一种线性映射，这种线性映射使数据中各类别间分离性加强。它是使用一组判别矢量来完成的。设数据中模式矢量有 C 个类别，对应有 C 个互相独立的标准化因素矩阵 X^k，其中 $k=1,2,\cdots,C$。第 k 类中第 i 个样本矢量 X_i^k（由 M 个特征变量构成）为：

$$X_i^k = [x_{i1}, x_{i2}, \cdots, x_{iM}]$$

由第 k 类样本构成的标准化因素矩阵为：

$$X^k = (x_{ij})_{N_k \times M} = \begin{bmatrix} x_{11} & x_{12} & \cdots & x_{1M} \\ x_{21} & x_{22} & \cdots & x_{2M} \\ \vdots & \vdots & \vdots & \vdots \\ x_{N_k1} & x_{N_k2} & \cdots & x_{N_kM} \end{bmatrix}$$

其中，N_k 为第 k 类的样本数；M 为特征数。

定义一判别准则 R，它是类间差别投影与类内差别投影总和之比值，即：

$$R = \frac{P^T B P}{P^T W P}$$

式中

$$P = \begin{bmatrix} p_1 & p_2 & \cdots & p_M \end{bmatrix}^T$$

为所求的判别矢量，B 为类间散布矩阵，W 为类内散布矩阵之和。这些散布矩阵定义如下：

$$B = \sum_{k=1}^{C} N_k [m_k - m]^T [m_k - m]$$

$$W_k = \sum_{i=1}^{N_k} [X_i^k - m_k]^T [X_i^k - m_k]$$

$$W = \sum_{k=1}^{C} W_k$$

式中，C 为类别数；N_k 为第 k 类的样本数；$m_k = [m_{k1}, m_{k2}, \cdots, m_{kM}]$ 为第 k 类的平均矢量；$m = [m_1, m_2, \cdots, m_M]$ 为全部数据集的平均矢量。B 和 W 都是 $M \times M$ 阶矩阵。

为求得判别矢量 P 的最佳值，R 应满足极值条件，即 R 对 P 求导并令结果为零。

$$\frac{\partial R}{\partial P} = \frac{\partial}{\partial P} \left(\frac{P^T B P}{P^T W P} \right) = \frac{2(P^T W P) B P - 2(P^T B P) W P}{(P^T W P)^2} = 0$$

上式化简后并令

$$\lambda = \frac{P^T B P}{P^T W P}$$

可得一般本征值方程式

$$[B - \lambda W] P = 0$$

上式的解又可通过求解下列一般特征方程式取得

$$|B - \lambda W| = 0$$

为求解上式可进行一些推导

$$B - \lambda W = W W^{-1} (B - \lambda W) = W(W^{-1} B - \lambda I)$$

因为

$$|W(W^{-1} B - \lambda I)| = |W| |(W^{-1} B - \lambda I)|$$

假定 $|W| \neq 0$，则其判别矢量可通过求解下列方程而得

$$|(W^{-1} B - \lambda I)| = 0$$

由此求出方程的根 λ，它是 B 相对于 W 的本征值。相应于每一个非零的本征值 λ_j，都有一个本征矢量 P_j 使得

$$[B - \lambda_j W] P_j = 0$$

P_j 可表示为

$$P_j = [p_{1j} \quad p_{2j} \quad \cdots \quad p_{Mj}]^T$$

由于 B 为 C 个秩数最多为 1 的矩阵总和，这些矩阵只有 $C-1$ 个是独立的，故 B 的秩数最多为 $C-1$。这样非零的本征值 λ_j 仅有 $C-1$ 个。这些本征值称为判别值，

与之对应的各本征矢量即为所求的判别矢量，设判别矢量按大小排列为

$$\lambda_1 \geqslant \lambda_2 \geqslant \cdots \geqslant \lambda_{C-1} > 0$$

其相应的判别矢量记为

$$\boldsymbol{P}_1, \boldsymbol{P}_2, \cdots, \boldsymbol{P}_{C-1}$$

通常选择前面两个具有最大判别值的判别矢量 $\boldsymbol{P}_1$ 和 $\boldsymbol{P}_2$ 形成一个判别平面，令

$$\boldsymbol{P} = \begin{bmatrix} p_1 & p_2 \end{bmatrix} = \begin{bmatrix} p_{11} & p_{12} \\ p_{21} & p_{22} \\ \vdots & \vdots \\ p_{M1} & p_{M2} \end{bmatrix}$$

则样本集标准化因素矩阵 $\boldsymbol{X}$ 的最佳的映射 $\boldsymbol{Y}$ 为：

$$\boldsymbol{Y} = \boldsymbol{XP}$$

即

$$\boldsymbol{Y} = (y_{ij})_{N \times 2} = \begin{bmatrix} y_{11} & y_{12} \\ y_{21} & y_{22} \\ \vdots & \vdots \\ y_{N1} & y_{N2} \end{bmatrix} = \begin{bmatrix} x_{11} & x_{12} & \cdots & x_{1M} \\ x_{21} & x_{22} & \cdots & x_{2M} \\ \vdots & \vdots & \vdots & \vdots \\ x_{N1} & x_{N2} & \cdots & x_{NM} \end{bmatrix} \begin{bmatrix} p_{11} & p_{12} \\ p_{21} & p_{22} \\ \vdots & \vdots \\ p_{M1} & p_{M2} \end{bmatrix}$$

多重判别矢量法可直接应用于多类别（两类别以上）的模式识别问题，对于两类的模式识别问题，需要应用 Fisher 判别矢量法[5]才能得到模式识别投影图。

若整个样本集中仅有两个类别，则多重判别矢量法只能产生一个判别矢量 $\boldsymbol{P}_1$，此即为有名的 Fisher 判别矢量。但是，欲将数据投影到判别平面上，必须另再选择一个第二矢量。Sammon 提出了解决此问题的一种算法，今介绍如下。

首先用多重判别矢量法求出 Fisher 判别矢量 $\boldsymbol{P}_1$（由于此时 $\boldsymbol{B}$ 的秩数为 1，故仅能得一个非零的本征值，其相应的本征矢量即为 Fisher 判别矢量 $\boldsymbol{P}_1$）。

$$\boldsymbol{P}_1 = \alpha \boldsymbol{W}^{-1}[m_1 - m_2] = \alpha \boldsymbol{W}^{-1} \Delta$$

式中

$$\Delta = m_1 - m_2$$

α 是一个使 $\boldsymbol{P}_1$ 变成单位矢量的规范常数。为构成最优判别平面中的第二矢量 $\boldsymbol{P}_2$，可求取判别比值 R 的最大值

$$R = \frac{\boldsymbol{P}_2^T \boldsymbol{B} \boldsymbol{P}_2}{\boldsymbol{P}_2^T \boldsymbol{W} \boldsymbol{P}_2}$$

在 P_1 必须与 P_2 正交的约束条件下

$$\boldsymbol{P}_2^T \boldsymbol{P}_1 = 0$$

R 的最大化过程可通过使下列方程最大化而获得

$$\frac{\boldsymbol{P}_2^T \boldsymbol{B} \boldsymbol{P}_2}{\boldsymbol{P}_2^T \boldsymbol{W} \boldsymbol{P}_2} - \lambda \boldsymbol{P}_2^T \boldsymbol{P}_1$$

式中，λ 为 Lagrange 乘子。上式对 $\boldsymbol{P}_2$ 求导并解得

$$\boldsymbol{P}_2 = \beta \left[\boldsymbol{W}^{-1} - \frac{\Delta^T (\boldsymbol{W}^{-1})^2 \Delta}{\Delta^T (\boldsymbol{W}^{-1})^3 \Delta} (\boldsymbol{W}^{-1})^2 \right] \Delta$$

式中，β 是一个使 $\boldsymbol{P}_2$ 为单位矢量的规范常数。

用这两个矢量 $\boldsymbol{P}_1$ 和 $\boldsymbol{P}_2$ 即可形成最优判别平面。这种判别平面之所以为最优，是因为这两个单位矢量都是各自在独立的正交约束条件下，用判别比值 R 最大化而求得的。

最优判别平面在交互式模式识别中已得到广泛应用。对于样本集的数据分布属于"偏置型"结构的，即两类不同的样本呈明显的趋势沿某个方向分布，这时应用 Fisher 判别矢量方法往往能得到分类效果很好的模式识别投影图。有关 Fisher 法的成功应用请参见本书第 10 章中有关合成氨生产中 1 号合成塔的优化模型。

2.2.4 偏最小二乘方法

偏最小二乘方法（Partial Least Squares，PLS）[6] 是 20 世纪 70 年代建立起来的新的主成分方法。为了区别原主成分方法，常称为 PLS 成分。大部分 PLS 方法被应用于回归建模，在很大程度上，取代了一般的多元回归和主成分回归。PLS 是数据信息采掘的主要空间变换方法之一。PLS 有以下的优点：①和 PCA 相似，PLS 也能排除原始变量相关性；②既能过滤自变量的噪声，也能过滤因变量的噪声；③描述模型所需特征变量数目比 PCA 少，预报能力更强更稳定。实践表明，PLS 是空间变换的主要数学方法之一。在低维的 PLS 空间，进行模式识别和模式优化，包括 PLS 回归建模以及基于 PLS 的神经网络建模，对偏置型数据集能有很好的效果。

PLS 算法步骤如下。

（1）取目标变量 Y 的第一列作为目标负载的初值：

$$u \leftarrow Y_j$$

（2）在自变量 X 块，让因变量 Y 块的得分和自变量混合，求其权重：

$$w = X^T u / (u^T u)$$

（3）归一化：

$$w = w / \|w\|$$

（4）求 X 块的得分：

$$t = X w / (w^T w)$$

（5）在因变量 Y 块，用 X 的块得分和因变量混合，求其负载：

$$c = Yt/(t^T t)$$

（6）归一化：

$$c = c/\|c\|$$

（7）求 Y 块的得分：

$$u = Yc/(c^T c)$$

（8）如第（4）步的 t 与前次迭代的 t 的差别小于某一个阈值，即：

$$\|t - t_{old}\|/\|t\| < e$$

一般 e 取 10^{-8}，则转第（9）步；否则，转第（2）步。

（9）计算 X 块的负载：

$$p = X^T t/(t^T t)$$

（10）计算 Y 块的负载：

$$q = Y^T u/(u^T u)$$

（11）求 X 和 Y 内部关系的回归系数：

$$v = u^T t/(t^T t)$$

（12）求残差矩阵并赋给 X 和 Y：

$$X \leftarrow X - tp^T$$
$$Y \leftarrow Y - vtq^T$$

这样，完成了一个 PLS 成分，再到第（1）步，直到完成所需要的成分。一般是计算全部自变量数目（M 个）的 PLS，在抽取特征变量时再根据需要删去后面成分。

在上述迭代中，因为有第（12）步 X 和 Y 矩阵用其残差代入，故可使得每次求得的 t_h 之间相互正交。

PLS 方法既可以作为模式识别方法进行应用，又可以作为多元线性回归方法应用。前者是将样本集用其任意两个 PLS 投影方向上的坐标值在二维平面上表示，根据投影图上不同类别的样本的分布情况或变化趋势进行模式识别研究；后者则是将目标变量 Y 的迭代收敛值作为回归结果，PLS 回归的效果通常由其 PRESS（预报残差平方和）进行评价，潜变量的个数也是由其 PRESS 的拐点所决定。PLS 方法已经成为化学计量学最经典的定量回归方法，在变量压缩和多变量校正问题上得到广泛应用。有关 PLS 建模的成功应用案例请参见第 7 章和第 8 章中的内容，分别涉及用 PLS 方法建立钙钛矿化合物的导电能力和晶格常数的定量预报模型。

2.2.5　非线性映照方法

非线性映照法[7]可使多维图像映照到二维，映照中尽可能保留其固有的数据

结构。若样本集标准化因素矩阵 X 表示为

$$X = (x_{ij})_{N \times M} = \begin{bmatrix} x_{11} & x_{12} & \cdots & x_{1M} \\ x_{21} & x_{22} & \cdots & x_{2M} \\ \vdots & \vdots & \vdots & \vdots \\ x_{N1} & x_{N2} & \cdots & x_{NM} \end{bmatrix}$$

其中，N 为样本数，M 为特征数。则 X 映照至二维空间的结果 Y 可表示为

$$Y = \begin{bmatrix} y_{11} & y_{12} \\ y_{21} & y_{22} \\ \vdots & \vdots \\ y_{N1} & y_{N2} \end{bmatrix}$$

设 d_{ij}^* 和 d_{ij} 分别为多维空间（映照前）和二维（映照后）空间中 i、j 点间距离

$$d_{ij}^* = \sqrt{\sum_{k=1}^{M} (x_{ik} - x_{jk})^2}$$

$$d_{ij} = \sqrt{\sum_{k=1}^{2} (y_{ik} - y_{jk})^2}$$

映照中的误差函数定义为

$$E = \frac{1}{\sum\limits_{i<j} d_{ij}^*} \sum_{i<j}^{N} \frac{[d_{ij}^* - d_{ij}]^2}{d_{ij}^*}$$

E 值愈小，数据结构保留程度愈大。各种非线性映照算法都使用迭代技术，其迭代算法主要分三步：

（1）初选一组 Y 矢量。

（2）从初始结构开始调整其当前结构的 Y 矢量。

（3）重复第二步，直至具备下列三个终止条件之一：

① 误差函数 E 已达到预先设定的允许值；

② 迭代已达到预先指定的次数；

③ 当前的结构已使观察者满意。

非线性映照法对样本分类能力较线性映照法强，但其计算量亦较大，且其二维映照图纵横坐标没有明确的意义。通常在线性模式识别投影结果不理想的情况下再尝试 NLM 方法。

2.3　模式识别应用技术

在化学模式识别应用研究过程中，必须具体问题具体分析，一方面需要探索合

适的模式识别建模技术，另一方面需要针对实际工作的需要解决用户关心的技术问题。为此，我们结合经典模式识别方法的具体应用问题，开发了若干模式识别应用技术，用以解决用户关心的若干应用技术问题，下面分别介绍我们提出的这些方法和应用。

2.3.1 最佳投影识别方法

在应用模式识别方法时会遇到下面这样一个需要解决的问题，即如何从众多的模式识别投影图中由计算机自动选出一个最佳的投影图。业已知道，主成分分析（PCA）、偏最小二乘法（PLS）、球线性映射法（LMAP）、Fisher法等均可能产生有效的模式识别分类投影图，而仅从PCA一种模式识别方法中产生的投影图就有$M*(M-1)/2$个（M为特征变量数），若用人机交互方式"观察"选择最佳投影图时，不仅工作量大，且不同的操作者可能选用不同的方法或选出不同的"最佳"投影图。为此，我们提出最佳投影识别（Optimal Map Recognition，OMR）法[8,9]，用以解决计算机自动选择最佳模式识别投影图的问题。

最佳投影识别（OMR）法的原理，是将多维空间中样本集经尽可能多的模式识别投影计算后在各隐含的投影平面上用迭代法搜索出一个分类最佳的投影图，即在该投影图上优类样本聚集在一定范围，且劣类样本与优类样本完全分开（或混入最少）。最佳投影识别法具体操作步骤如下。

（1）定义一个二维投影图上的"标准识别区"，该"标准识别区"以优类样本的重心为中心，以优类样本的分布范围为边界条件，以其中优类样本占全体优类样本的95%为收敛条件（不取100%为收敛条件是考虑到不让可能存在的个别离群点影响计算结果，以增强算法的稳定性和抗噪声能力）。

（2）定义一个决定"标准识别区"优劣的客观判据参数P，$P=N_1/(N_1+N_2)$。其中N_1是"标准识别区"内优类样本点的数目，N_2是"标准识别区"内劣类样本点的数目。

（3）计算各投影图上"标准识别区"的边界方程及步骤（2）中定义的判据P的取值。

（4）将对应P值最大的模式识别分类图投影至计算机屏幕。

（5）根据投影矢量将模式识别投影图上的二维判据还原成原始空间中的多维判据。

（6）根据步骤（5）中生成的多维判据进行分子筛选。

显然，P越大，则"标准识别区"内混入的劣类样本点的数目越少，对应的模式识别分类投影图的可分性越好。

下面以二元溴化物（MBr-M′Br$_2$）系中 1：2 化学配比的中间化合物形成规律的研究为例说明该方法的应用。

取现有 28 个已知中间化合物化学配比的二元溴化物（MBr-M′Br$_2$）系作为 OMR 法的训练样本集，定义其中可形成 1：2 型中间化合物的二元溴化物系为"1"类样本，不能形成 1：2 型中间化合物的二元溴化物系为"2"类样本。设 $R(M+M')$、$R(M-M')$、$\chi(M-M')$、$Z/R(M-M')$ 分别为二元溴化物系中两种阳离子的半径和、半径差、电负性差、荷径比差，则在以样本的 $R(M+M')$、$R(M-M')$、$\chi(M-M')$、$Z/R(M-M')$ 为特征变量构成的四维模式空间中作 OMR 法计算，立即可得"最佳"分类投影图（图 2.2）。

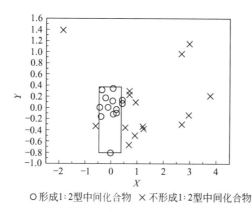

○形成1：2型中间化合物　×不形成1：2型中间化合物

图 2.2　最佳投影法所得模式识别分类图

既然 OMR 法能跳过繁复的人机对话直接给出最佳模式识别分类投影图，则在此基础上由计算机再自动计算出有关优类样本的分布范围（作为优化控制区）亦成为现实，如下列不等式可由计算机直接给出，它们描述了图 2.2 中"1"类样本的分布范围：

$$1.51 < -0.215[R(M+M')] + 0.587[R(M-M')] -$$
$$0.551[\chi(M-M')] + 2.59[Z/R(M-M')] < 2.39$$
$$-2.87 < -0.851[R(M+M')] + 2.36[R(M-M')] -$$
$$1.35[\chi(M-M')] - 0.382[Z/R(M-M')] < -1.71$$

由此可见，OMR 法不仅大大节省了操作者的工作量，而且解决了最佳模式识别分类投影图选取的客观性问题。若将该方法用于专家系统，可使有关模式分类的建模问题自动化。若将该方法用于工业优化，可使有关优化区边界方程的生成问题自动化。因此，OMR 法可望在专家系统、工业优化等领域得到进一步的应用。

2.3.2 超多面体建模

在经典模式识别应用过程中有时候会遇到投影方法总不能得到令人满意的分类结果，这可能是由于原始数据在多维空间的分布类型属于典型的"包络型"，即两类不同属性的样本分布犹如"杏仁巧克力"那样，这时无论往哪个方向投影，"杏仁"（处于中心的样本）与其周围的"巧克力"（与中心不同的其它样本）总是重叠在一起的。为了解决这个问题，我们提出了不作投影图的模式识别方法，即超多面体方法（Hyper-Polyhedron Method）[10]，它的原理是在多维空间中直接进行坐标变换和聚类分析，进而自动生成一个超多面体，该超多面体将优类样本点（通常定义为"1"类样本点）完全包容在其中，而将其它样本点（通常定义为"2"类样本点）尽可能排除在超多面体之外，由超多面体方法生成的超多面体在三维以上的抽象空间内用一系列不等式方程表示。图 2.3 为用超平面组合法形成超多面体模型示意图。我们曾将超多面体模型应用于胍类化合物 Na/H 交换抑制剂的特征变量筛选和活性分子筛选工作，有关结果可参见文献 [10]。

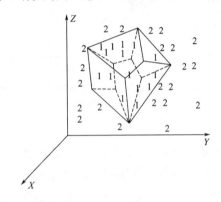

图 2.3 用超平面组合法形成超多面体模型示意图

2.3.3 逐级投影建模方法

涉及复杂数据处理的实际问题中经常会遇到仅用一个投影图尚不能将不同类别的样本完全分开的情况，为此我们提出了逐级投影建模方法（Hierachical Projection Moddling）[11]，旨在建立可靠性和准确率较好的预报模型（可分性较好）。

模式识别逐级投影的原理，是将多维空间中样本集 S 经模式识别投影后在"最佳"投影平面上自动划出一个将待"识别"的样本点（本文中定义为"1"类样本点）完全包在其中的多边形，而将其它样本点（本文中定义为"2"类样本点）尽可能多地排除在所划定的多边形之外，将该多边形内的所有样本由计算机取出构

成样本子集 P 以供下一次模式识别投影（即逐级投影）所用。理想情况下样本集 S 只需一次线性投影便可使该多边形内不包含"2"类样本点，即"2"类样本点完全排除在所划定的多边形之外，此时样本子集 P 全部为"1"类样本，无需再逐级投影，否则将样本子集 P 进一步作模式识别投影以得到下一个仍将"1"类样本点完全包在其中而将"2"类样本点尽可能多地排除在外的多边形。每个不同的多边形可用一组不同的关于两个所取模式识别投影变量的二元一次不等式方程描述。由于模式识别投影变量是原始变量的线性组合，则对应于每个投影平面中划定的多边形在由 M 个原始自变量的集合张成的 M 维空间中存在一组关于 M 个自变量的 M 元一次不等式方程，该不等式方程组相当于一组超曲面，可将"1"类样本点完全包在其中，而将部分（或全部）"2"类样本点排除在外。只要样本子集 P 中还留有"2"类样本就可反复进行模式识别投影和自动生成下一个样本子集 P 的操作，直至样本子集 P 中没有"2"类样本（即"2"类样本完全被"识别"分开）或达到用户预先设定的分类满意程度为止。每次模式识别分级投影得到一组超曲面，一系列超曲面的组合可得到一个超多面体，该超多面体即为"1"类样本分布区在 M 维空间中的"形状"。如图 2.4 为逐级投影法形成的超多面体示意图。

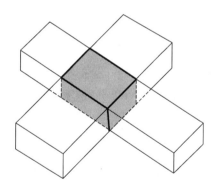

图 2.4 逐级投影法形成的超多面体示意图

逐级投影法通常用于一次模式识别投影结果不太理想的情况，为避免模型方程组过于复杂和过拟合现象的出现，逐级投影法的逐级投影累计次数不宜超过 3 次。下面以二元溴化物（MBr-M′Br₂）系中 1：1 化学配比的中间化合物形成规律的研究为例说明该方法的应用。

取现有 28 个已知中间化合物化学配比的二元溴化物（MBr-M′Br₂）系作为 HPM 法的训练样本集，定义其中可形成 1：1 型中间化合物的二元溴化物系为"1"类样本，不能形成 1：1 型中间化合物的二元溴化物系为"2"类样本。

设 $R(M+M')$、$\chi(M-M')$、$Z/R(M-M')$、$I(M-M')$ 分别为二元溴化物系

中两种阳离子的半径和、电负性差、荷径比差、电离能差，则在以样本的 $R(M+M')$、$\chi(M-M')$、$Z/R(M-M')$、$I(M-M')$ 为特征变量构成的四维模式空间中经 HPM 计算可将所有"2"类样本与"1"类样本完全分开。图 2.5 是 HPM 法计算过程中选取的两个分类图。

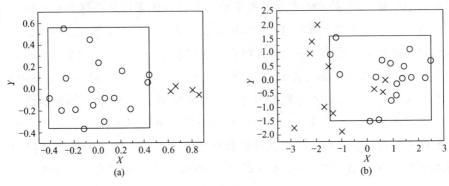

图 2.5 逐级投影图

由 HPM 方法生成的描述"1"类样本分布区在四维空间中"形状"的超凸多面体可用以下一系列不等式方程表示：

$$2.76 < -0.111[R(A+B)] + 1.70[\chi(A-B)] + 1.00[Z/R(A-B)] + 0.236[I(A-B)] < 6.67$$

$$5.92 < 3.30[R(A+B)] + 0.357[\chi(A-B)] + 0.114[Z/R(A-B)] - 0.039[I(A-B)] < 8.956$$

$$-4.69 < -1.18[R(A+B)] + 1.53[\chi(A-B)] - 0.259[Z/R(A-B)] - 0.200[I(A-B)] < -3.84$$

$$0.507 < 0.704[R(A+B)] + 0.016[\chi(A-B)] - 0.072[Z/R(A-B)] - 0.058[I(A-B)] < 1.42$$

实际工作中经常会遇到仅用一个投影图尚不能得到理想的模式识别分类结果，此时用 HPM 方法建模可能得到可靠性和准确率较好的预报模型（可分性较好）。因此，HPM 方法作为有效的模式识别建模方法可望在工业优化、材料设计和专家系统等领域得到进一步的应用。

2.3.4 最佳投影回归方法

回归建模方法主要经历了多元线性回归（Multiple Linear Regression，MLR）、多元非线性回归（Multiple Nonlinear Regression，MNR）、逐步回归（Step Regression，SR）、主成分回归（Principal Component Regression，PCR）、偏最小二

乘回归（Partial Least Square Regression, PLSR）等方法的发展。一般说来，当回归因素（自变量）已确定且因素间无显著相关性时才可用 MLR 或 MNR 方法建模；SR 方法旨在剔除对目标变量（应变量）影响不显著的因素从而使所得回归方程仅包含对目标变量影响显著的因素；PCR 方法用彼此正交的主成分作为回归方程中的因素，这样既可解决回归因素间的共线问题，又可通过去掉不太重要的主成分而在一定程度上削弱噪声所产生的影响；PLSR 方法是 PCR 方法的进一步发展，其差别在于用 PCR 方法求正交投影矢量时仅涉及因素矩阵，而用 PLSR 方法求正交投影矢量时考虑了因素矩阵与目标变量矩阵间的内在联系。但 PCR 和 PLSR 方法在建模过程中尚未利用样本集的模式分类信息。因此，如何进一步利用模式矢量的分类信息，进而选择更好的正交投影矢量建立回归模型，这是一个值得探索的问题。为此，我们提出了最佳投影回归（Non Linear Optimal Projection Regression, OPR）方法[12]。

OPR 是一种将模式识别最佳投影方法与非线性回归方法相结合的建模方法，其特色是利用了蕴含在样本集中的模式分类信息，计算中取最佳投影的坐标为自变量，用包括平方项（或立方项）的多项式作逐步回归建模。OPR 方法特别适用于小样本集（样本数相对较少而变量数相对较多的情况），实际应用表明 OPR 在解决变量压缩和非线性回归问题上有相当的成效。下面以 C14 型 Laves 相二元化合物熔点的计算机预报为例说明非线性最佳投影回归方法的应用。

晶体的熔化是极常见的现象，化合物熔点物性是最常见的物性数据之一，但迄今为止，除人工神经网络等归纳方法外，还没有一种理论方法能对无机化合物的熔点进行较准确的估计。

用非线性最佳投影回归结合原子参数方法能很好地总结 C14 型 Laves 相二元化合物熔点的规律。取 28 个 C14 型 Laves 相二元化合物为计算样本集（表 2.1），计算所用自变量包括两组成元素的熔点（T_1、T_2）、Miedema 电负性（ϕ_1^*、ϕ_2^*）和 Wagner-seitz 元胞中的价电子云密度参数（$n_{\mathrm{ws},1}^{1/3}$、$n_{\mathrm{ws},2}^{1/3}$）、价电子数（Z_1、Z_2）、（过渡元素）原子次内层 d 电子数（$N_{\mathrm{d}1}$、$N_{\mathrm{d}2}$）和元素的金属半径（R_1、R_2）。由于自变量多达 12 个，直接用多项式回归处理时回归项数太多，故用非线性最佳投影回归方法建立 C14 型 Laves 相二元化合物熔点（Melting Point，以 $t_{\mathrm{M.P.}}$ 表示）的预报模型如下：

$$t_{\mathrm{M.P.}}(\mathrm{K}) = 112.4[V_3] + 0.0459[V_2 * V_3^2] + 1001$$

$$(n=28, r=0.92, SD=313.9, F=67.8)$$

其中，

$$V_2 = -0.0013[T_1] + 0.0407[T_2] + 26.94[N_{\mathrm{d}1}] - 23.81[N_{\mathrm{d}2}] -$$

$$63.10[Z_1]+24.29[Z_2]-48.94[\phi_2^*-\phi_1^*]+259.4[n_{ws,2}^{1/3}-n_{ws,1}^{1/3}]+$$
$$88.51[R_2-R_1]-33.24$$

$$V_3=-1.380\mathrm{E}-3[T_1]+8.19\mathrm{E}-4[T_2]-8.210[N_{d1}]+5.073[N_{d2}]+$$
$$15.03[Z_1]-5.904[Z_2]+2.263[\phi_2^*-\phi_1^*]-37.18[n_{ws,2}^{1/3}-$$
$$n_{ws,1}^{1/3}]-26.53[R_2-R_1]+8.13$$

n 为化合物个数，r 为复相关系数，SD 为标准偏差，F 为逐步回归的 F 检验值。拟合值与实测值对比见图 2.6，可以看出规律性甚好。

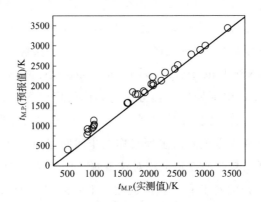

图 2.6　非线性最佳投影回归法拟合 C14 型
Laves 相的二元化合物熔点（$t_{M.P.}$）

为考验非线性最佳投影回归法的预测能力，用"留二法"（即每次留出两个样本不参与建模，用所有其它样本的建模结果去预测留出的两个样本的物性值）预报表 2.1 中 C14 型 Laves 相二元化合物熔点，预报值与实测值对比见图 2.7，除极个别样本的误差较大外，预报值与实测值基本符合。

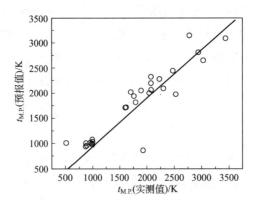

图 2.7　非线性最佳投影回归法预测 C14 型
Laves 相的二元化合物熔点（$t_{M.P.}$）

表 2.1　C14 型 Laves 相的二元化合物熔点（$t_{M.P.}$）及其组元的原子参数

化合物	$t_{M.P.}$/K	T_1/K	T_2/K	ϕ_1^*	ϕ_2^*	N_{d1}	N_{d2}	$n_{ws,1}^{1/3}$	$n_{ws,2}^{1/3}$	R_1/Å	R_2/Å	Z_1	Z_2
CaLi₂	508	850	680	2.55	2.85	0	0	0.91	0.98	1.974	1.562	2	1
MgZn₂	863	650	420	3.45	4.1	0	0	1.17	1.32	1.602	1.394	2	2
CaAg₂	868	850	960	2.55	4.35	0	10	0.91	1.36	1.974	1.445	2	11
BaMg₂	880	710	650	2.32	3.45	0	0	0.81	1.17	2.243	1.602	2	2
SrMg₂	953	770	650	2.4	3.45	0	0	0.84	1.17	2.151	1.602	2	2
YbCd₂	976	1800	321	3.22	4.05	1	0	1.23	1.24	1.74	1.568	3	2
CaMg₂	988	850	650	2.55	3.45	0	0	0.91	1.17	1.974	1.602	2	2
YbMg₂	991	1800	650	3.22	3.45	1	0	1.23	1.17	1.74	1.602	3	2
EuMg₂	992	1150	650	3.2	3.45	1	0	1.21	1.17	1.799	1.602	3	2
TiMn₂	1598	1660	1244	3.8	4.45	2	5	1.52	1.61	1.462	1.304	4	7
ZrMn₂	1613	1868	1244	3.45	4.45	2	5	1.41	1.61	1.602	1.304	4	7
TiFe₂	1700	1660	1539	3.8	4.93	2	6	1.52	1.77	1.462	1.274	4	8
NbCo₂	1753	2415	1492	4.05	5.1	3	7	1.64	1.75	1.468	1.252	5	9
NbMn₂	1793	2415	1244	4.05	4.45	3	5	1.64	1.61	1.468	1.304	5	7
NbFe₂	1900	2415	1530	4.05	4.93	3	6	1.64	1.77	1.468	1.274	5	8
HfAl₂	1923	2230	660	3.6	4.2	2	0	1.45	1.39	1.58	1.432	4	3
TaFe₂	2048	2990	1539	4.05	4.93	3	6	1.63	1.77	1.467	1.274	5	8
DyRu₂	2073	1400	2450	3.21	5.4	1	6	1.22	1.83	1.773	1.339	3	8
VBe₂	2073	1920	1284	4.25	5.05	3	0	1.64	1.67	1.346	1.128	5	2
CrBe₂	2077	1850	1284	4.65	5.05	4	0	1.73	1.67	1.36	1.128	6	2
YRu₂	2223	1475	2450	3.2	5.4	1	6	1.21	1.83	1.801	1.339	3	8
MoBe₂	2300	2600	1284	4.65	5.05	4	0	1.77	1.67	1.4	1.128	6	2
URe₂	2473	1130	3180	4.05	5.2	6	5	1.56	1.85	1.56	1.375	6	7
WBe₂	2523	3380	1284	4.8	5.05	4	0	1.81	1.67	1.408	1.128	6	2
ThRe₂	2773	1820	3180	3.3	5.2	2	5	1.28	1.85	1.798	1.375	4	7
ZrOs₂	2933	1868	2700	3.45	5.4	2	6	1.41	1.83	1.602	1.353	4	8
HfOs₂	3023	2230	2700	3.6	5.4	2	6	1.45	1.83	1.58	1.353	4	8
HfRe₂	3433	2230	3180	3.6	5.2	2	5	1.45	1.85	1.58	1.375	4	7

注：1Å＝10^{-10}m。

2.3.5　模式识别逆投影方法

在模式识别投影图上显示的样本点的坐标或者是各原始特征变量的线性组合（如 PCA 法），或者是无实际意义的某种映象（如 NLM 法），而实际工作（特别是有关材料设计和工业优化的工作）中实施的"优化样本"必须以原始特征变量来表示，故需通过某种算法将在两维模式识别图上优化区内设计的"优化样本"返回至原始样本空间内的样本，我们称这一过程为"逆投影"或"逆映射"。

既然逆映射是为二维空间设计点找到多维空间的源像，如果没有约束条件，逆投影的解有无穷多个。"逆投影"的结果只有在一定的约束条件下才是唯一的，如对于线性逆投影引入的约束条件是将设计点在其它投影矢量上坐标值取定值（如均值或最优点值），对于非线性逆投影引入的约束条件是令逆映照的误差函数最小。

对于模式识别线性投影图，只要用户在投影图上设定一个点，就能得到一组有纵横坐标的投影矢量所决定的联立方程组（含 2 个方程）：

$$\sum_{j=1}^{m} a_{ij}x_{ij} + b_i = c_i \qquad i = 1,2$$

上述方程组表示自变量有 m 个，但由方程组确定的定量关系只有 2 个，因此，若想得到唯一解，必须给定 $m-2$ 个约束条件（或边界条件）。若用 $m-2$ 个变量的平均值代入上面的方程，则可将上面的方程就转化为二元一次线性方程组，从而求解出该方程组的唯一解。逆投影的成功应用案例请见附录 1。

2.4 决策树算法

决策树学习是一种逼近离散值函数的算法，对噪声数据有很好的健壮性，且能够学习析取表达式，是最流行的归纳推理算法之一，已经成功应用到医疗诊断、评估贷款申请的信用风险、雷达目标识别、字符识别、医学诊断和语音识别等广阔领域[13]。

决策树分类算法使用训练样本集构造出一棵决策树，从而实现了对样本空间的划分。当使用决策树对未知样本进行分类时，由根结点开始对该样本的属性逐渐测试其值，并且顺着分枝向下走，直至某个叶结点，此叶结点代表的类即为该样本的类。例如，图 2.8 即为一棵决策树，它将整个样本空间分为三类。如果一个样本属性 A 的取值为 a_2，属性 B 的取值为 b_2，属性 C 的取值为 c_1，那么它属于类 1。

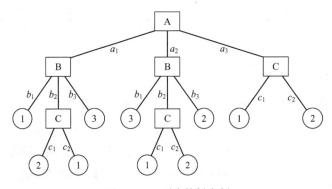

图 2.8 一颗决策树实例

为了避免过度拟合现象的出现，在决策树的生成阶段要对决策树进行必要修剪。常用的修剪技术有预修剪（Pre-pruning）和后修剪（Post-pruning）两种。决策树的质量更加依赖于好的停止规则而不是划分规则。获取大小合适的树常用的方法是后剪枝。后剪枝法主要有：①训练和验证集法；②使用统计的方法；③最小描述长度准则。其它的剪枝方法有：①限制最小结点规模；②两阶段研究；③不纯度的阈值；④将树转变为规则；⑤树简化。没有一种剪枝方法明显优于其它方法。

寻找一棵最优决策树主要解决以下三个最优化问题：①生成最少数目的叶子，②生成的每个叶子的深度最小，③生成的决策树叶子最少且每个叶子的深度最小。通常，决策树算法一般只能找到一棵近似最优决策树。

常用的决策树算法有 CART、ID3、C4.5 算法、随机树算法，下面介绍本书第13 章中用到的决策树算法。

2.4.1 C4.5 算法[14]

设 S 为训练集样本总数，共有 m 类样本 $C_i(i=1,2,3,\cdots,m)$，S_i 为类 C_i 中的样本数，计算公式为：

$$I(s_1,s_2,\cdots,s_m)=-\sum_{i=1}^{m} p_i \log_2(p_i)$$

其中，p_i 是任意样本属于 C_i 的概率，可用 S_i/S 来估计。

设属性 X 具有 v 个值 $\{x_1,x_2,\cdots,x_v\}$，它将 S 分成 v 个子集 $\{s_1,s_2,\cdots,s_v\}$，其中 S_j 包含一些样本 (S)，它们在属性 X 上具有值 $X_j(j=1,2,\cdots,v)$。以属性 X 为分类所需的期望熵（条件熵）是：

$$E(X)=\sum_{j=1}^{v} \frac{s_{1j}+\cdots+s_{mj}}{s} I(s_{1j},\cdots,s_{mj})$$

其中，s_{ij} 是子集 S_j 中属于类 C_i 的样本数，$I(s_{1j},\cdots,s_{mj})=-\sum_{i=1}^{m} p_{ij} \log_2(p_{ij})$，$p_{ij}=\frac{s_{ij}}{s_j}$ 是 s_j 中的样本属于 C_i 的概率。

属性 X 的信息增益函数为：

$$Gain(X)=I(s_1,s_2,\cdots,s_m)-E(X)$$

信息增益函数对于那些可能产生多分枝的测试倾向于生产大的函数值，但是输出分枝多，并不表示该测试对未知的对象具有更好的预测效果，信息增益率函数可以弥补这个缺陷。"信息增益率"是为了去除多分枝属性的影响而对信息增益的一种改进。使用"信息增益率函数"，它同时考虑了每一次划分所产生的子结点的个数和每个子结点的大小（包含的数据实例的个数），考虑的对象主要是一个个地划分，而不再考虑分类所蕴涵的信息量，属性 X 的信息增益率为：

$$A(X) = \frac{Gain(X)}{I(s_1, s_2, \cdots, s_v)}$$

其中，v 为该节点的分枝数；s_i 为第 i 个分枝下的记录个数。

依次计算每个属性的信息增益 $Gain(X)$ 以及信息增益率 $A(X)$，选取信息增益率最大的，但同时获取的信息增益又不低于所有属性平均值的属性作为测试属性，以该属性作为结点，属性的每一个分布引出一个分枝，据此划分样本。要是节点中所有样本都在同一个类，则该节点成为树叶，以该类别标记该树叶。如此类推，直到子集中的数据记录在主属性上取值都相同，或没有属性可再供划分使用，递归地形成初始决策树。另外，在节点处记下符合条件的统计数据：该分枝总数、有效数、中止数和失效数。

之所以选取信息增益率大而信息增益不低于平均值的属性，是因为高信息增益率保证了高分枝属性不会被选取，从而决策树的树型不会因某节点分枝太多而过于松散。过多的分枝会使得决策树过分地依赖某一属性，而信息增益不低于平均值保证了该属性的信息量，使得有利于分类的属性更早地出现。

得到了完全生长的初始决策树后，为了除去噪声数据和孤立点引起的分枝异常，可采用后剪枝算法对生成的初始决策树进行剪枝，并在剪枝过程中使用一种"悲观"估计来补偿树生成时的"乐观"偏差。对决策树上的每个非叶子结点，计算该分枝节点上的子树被剪枝可能出现的期望错误率。然后，使用每个分枝的错误率，结合沿每个分枝观察的权重评估，计算不对该节点剪枝的期望错误率。如果剪去该节点导致较高的期望错误率，则保留该子树；否则剪去该子树，最后得到具有最小期望错误率的决策树。

2.4.2 随机决策树算法[15]

设属性集 $X = \{F_1, \cdots, F_k, D\}$ 为建树提供结构，其中 $F_i(i=1,2,\cdots,k)$ 是非决策属性，决策属性 $D(d_1, d_2, \cdots, d_m)$ 是一列有效的类别。$F_i(x)$ 表示记录 x 的属性 F_i 的值，具体结构描述如下：树中的每个结点表示一个问题；每个分支对应结点分裂属性 F_i 的可能取值 $F_i(x)$。随机决策树的构造过程：对根结点和分支结点随机的从属性集合中选择分裂属性，在一条分支路径上离散属性仅出现一次，连续属性可以出现多次。且在以下 3 种情况下停止树的构造：树的高度满足预先设定的阈值；分支结点的事例数太小以至于不能给出一个有统计意义的测试；其它任何一个属性测试都不能更好地分类。在后 2 种情况下，分类结果标记为训练数据集中最普通的类，或是出现概率最高的类。当对事例 X 进行分类时，以各随机树输出的后验概率均值最大的类 $d_i(i=1,2,\cdots,m)$ 为预测类。下面详细介绍随机决策树的深度选择和数目的选择及其分类。

（1）选择树的深度 使用多个随机树的主要特色是多样性导致较高的分类准确率，多样性不与深度成正比关系。研究表明，当 $i=k/2$ 时得到最大路径数，随机决策树有最佳的效果。

（2）选择随机决策树的个数 树的个数 $N=10$ 时有较低的分类错误率，且可信度大于 99.7%。

（3）叶子结点的更新 在树的结构建好后对树结点更新，其中叶子结点记录事例被分类为某一预定类别的个数；非叶子结点不记录经过分支的事例数目，叶子中信息形式如：$\{(d_1,s_1),(d_2,s_2),\cdots,(d_m,s_m)\}$。其中，$s_i$ 表示预测为 d_i 类的事例数，$d_i(i=1,2,\cdots,m)$ 表示决策属性类别。$S=s_1\bigcup s_2\bigcup\cdots\bigcup s_m$ 表示某一叶子结点记录的总事例数。

（4）分类 当对事例进行分类时，预测为预定类别 d_i 的概率 $P_i(i=1,2,\cdots,m)=\dfrac{1}{N}\sum\limits_{j=1}^{N}P_j$。其中，$N$ 表示随机决策树的数目；$P_j=s_i/S$ 为每棵随机决策树输出的后验概率；S 为从根结点开始搜索到合适叶子结点处的事例个数；s_i 为该叶子结点处训练数据集中标记为 d_i 类的数目。在后验概率 P_i 中找出最大的一个 $\max(P_i)(i=1,\cdots,m)$，其所对应的预定类别即为随机决策树最终的输出结果。

由于完全随机的选择属性，因而可能会出现某些属性在整个决策树构造过程中没有或很少被选取为分裂属性，特别是当该属性对分类结果有较大贡献时，这种缺少将导致分类正确率的不稳定，当属性数较少时，这种不稳定性将更为明显。

2.4.3 随机森林算法[16]

在决策树算法中，一般用选择分裂属性和剪枝来控制树的生成，但是当数据中噪声或分裂属性过多时，它们无法解决树的不平衡。最新的研究表明，构造多分类器的集成，可以提高分类精度，而随机森林就是许多决策树的集成[17]。

为了构造 k 棵树，我们得先产生 k 个随机向量 $\theta_1,\theta_2,\cdots,\theta_k$，这些随机向量 θ_i 是相互独立并且是同分布。随机向量 θ_i 可构造决策分类树 $h(X,\theta_i)$，简化为 $h(X)$。

给定 k 个分类器 $h_1(x),h_2(x),\cdots,h_k(x)$ 和随机向量 x、y，定义边缘函数

$$mg(x,y)=av_kI(h_k(x)=y)-\max_{j\neq y}av_kI(h_k(x)=j)$$

其中 $I(\cdot)$ 是示性函数。该边缘函数刻画了对向量 x 正确分类 y 的平均得票数超过其它任何类平均得票数的程度。可以看出，边际越大分类的置信度就越高。于是，分类器的泛化误差为

$$PE^* = P_{x,y}(mg(x,y)<0)$$

其中，下标 x，y 代表的是该误差是在 x，y 空间下的。

将上面的结论推广到随机森林，$h_k(X)=h(X,\theta_k)$。如果森林中的树的数目较大，随着树的数目增加，对所有随机向量 $\boldsymbol{\theta},\cdots,PE^*$ 趋向于

$$P_{x,y}(p_\theta(h(x,\theta)=y)-\max_{j\neq y}p_\theta(h(x,\theta)=j)<0)$$

这是随机森林的一个重要特点，并且随着树的增加，泛化误差 PE^* 将趋向一上界，这表明随机森林对未知的实例有很好的扩展。

随机森林的泛化误差上界的定义为

$$PE^* \leqslant \bar{\rho}(1-s^2)/s^2$$

式中，$\bar{\rho}$ 是相关系数的均值；s 是树的分类强度。随机森林的泛化误差上界可以根据两个参数推导出来：森林中每棵决策树的分类精度即树的强度 s，和这些树之间的相互依赖程度 $\bar{\rho}$。当随机森林中各个分类器的相关程度 $\bar{\rho}$ 增大时，泛化误差 PE^* 上界就增大；当各个分类器的分类强度增大时，泛化误差 PE^* 上界就增大。正确理解这两者之间的相互影响是我们理解随机森林工作原理的基础。

参 考 文 献

［1］ Cover T，Hart P，Nearest neighbor classification，IEEE trans on inform theory，1967，13 (1)：21-27.

［2］ Pearson K. On lines and planes of closest fit to systems of points in space. Philippine Magazine，1901，2 (6)：559-572.

［3］ Hoteling H. Analysis of a complex of statistical variables into principals components，Journal of Educational Psychology，1933，24：417.

［4］ Wilkins C L，Isenhour T L. Multiple discriminant function analysis of carbon-13 nuclear magnetic resonance spectra：functional group identification by pattern recognition. Analytical Chemistry，1975，47 (11)：1849-1851.

［5］ Rasmussen G T，Ritter G L，Lowry D R，Isenhour T L. Fisher discriminant function for a multilevel mass spectral filter network，J. Chem. Int. Comput. Sci.，1979，19 (4)：255-265.

［6］ Svante Wold，Michael Sjostrom，Lennart Eriksson，PLS-regression：a basic tool of chemometrics，Chemometrics and Intelligent Laboratory Systems，2001，58：109-130.

［7］ J. Sammon，A nonlinear mapping for data structure analysis，IEEE Transactions on Computers，1969，18：459-473.

［8］ 陆文聪，苏潇，冯建星，陈念贻. 最佳投影识别法用于 1-(1H-1,2,4-三唑-1-基)-2-(2,4-二氟苯基)-3-取代-2-丙醇及其衍生物抗真菌活性的分子筛选［J］. 应用科学学报，2000，18 (3)：267-270.

［9］ 纪晓波，刘亮，赵慧，陆文聪. 最佳投影识别法用于三唑类化合物的抗真菌活性的分子筛选［J］. 上海大学学报（自然科学版），2004，10 (2)：191-194.

［10］ Bao X H，Lu W C，Liu L，Chen N Y. Hyper-polyhedron model applied to molecular screening of guanidines as Na/H exchange inhibitors [J]. Acta Pharmacologica Sinica，2003，24（5）：472-476.

[11] 陆文聪，包新华，刘亮，孔杰，阎立诚，陈念贻. 二元溴化物系（MBr-M'Br$_2$）中间化合物形成规律的逐级投影法研究 [J]. 计算机与应用化学，2002，19（4）：473-476.

[12] 陈念贻，钦佩，陈瑞亮，陆文聪. 模式识别在化学化工中的应用. 北京：科学出版社，1999.

[13] 陈凯，朱钰. 机器学习及其相关算法综述. 统计与信息论坛. 2007，22：105-112.

[14] 桂现才，彭宏，王小华. C4.5算法在保险客户流失分析中的应用. 计算机工程与应用 [J]. 2005，17：197-200.

[15] 胡学钢，李楠. 基于属性重要度的随机决策树学习算法. 合肥工业大学学报（自然科学版）. 2007，30：681-685.

[16] 张华伟，王明文，甘丽新. 基于随机森林的文本分类模型研究. 山东大学学报（理学版）. 2006，41：139-143.

[17] Pearson W R. Flexible sequence similarity searching with the FASTA3 program.

3 人工神经网络和遗传算法

3.1 人工神经网络

人工神经网络（Artificial Neural Networks，ANN）是一种试图模拟生物体神经系统结构的新型信息处理系统，特别适于模式识别和复杂的非线性函数关系拟合等，是从实验数据中总结规律的有效手段[1]。

人工神经网络系统虽然提出很早，但其作为人工智能的一种计算工具受到重视，始自 20 世纪 50 年代末。当时著名的感知机模型的提出，初步确立了人工神经网络研究的基础。从此对它的研究步步深入，不断取得巨大的进展[2]。

神经网络系统理论研究的意义就在于它以模拟人体神经系统为自己的研究目标，并具有人体神经系统的基本特征：第一，每一个神经细胞是一个简单的信息处理单元；第二，神经细胞之间按一定的方式相互连接，构成神经网络系统，且按一定的规则进行信息传递与存储；第三，神经网络系统可按已发生的事件积累经验，从而不断修改该系统的网络连接权重与存储数据。

人工神经网络的联接机制，是由简单信息处理单元（神经元）互联组成的网络，能接收并处理信息，它是通过把问题表达成处理单元之间的连接权重来处理的。决定神经网络模型整体性能的三大要素有：神经元（信息处理单元）的特性；神经元之间相互联接的形式即"拓扑结构"；为适应环境而改善性能的学习规则。神经网络的工作方式由两个阶段组成："学习期"，即神经元之间的连接权重值，可由学习规则进行修改，以使目标（或称准则）函数达到最小；"工作期"，即连接权重值不变，由网络的输入得到相应的输出。

3.1.1 反向人工神经网络

20 世纪 90 年代初斯坦福大学 David E. Rumelhart 教授提出了一个反向传播人工神经网络算法（Back Propagation Artificial Neural Network，BP-ANN）[3]，使

得 Hopfield 模型和多层前馈型神经网络成为了今天人们在广泛使用的神经网络模型。神经网络系统理论是以人脑的智力功能为研究对象，并以人体神经细胞的信息处理方法为背景的智能计算机与智能计算理论。

BP-ANN 的总体网络结构，就是构成其神经网络的层数和每层的节点数。对 BP-ANN 而言，有三层网络足以应对多数问题。其中隐含层为一层，而输入与输出又各占一层。仅有极少数情况会用到两层或两层以上的隐含层。

BP-ANN 的优点是具有很强的非线性拟合能力，数学家已证明：仅用三层的 BP-ANN 就能拟合任意的非线性函数关系。人工神经网络属于"黑箱"方法，在应变量和自变量间关系复杂、机理不清的情况下，利用人工神经网络总能拟合出输入（自变量）和输出（应变量）间的关系，并能利用这种关系预报未知。人工神经网络的局限性是网络的训练次数较难控制（既不要太多，太多了往往"过拟合"，也不要太少，太少了往往"欠拟合"），在有噪声样本干扰的情况下，人工神经网络的预报结果不够准确，特别是外推结果不够可靠。

"反向传播"（Back-Propagation，B-P）网络是目前应用最广的一类人工神经网络，它是一种以有向图为拓扑结构的动态系统，也可看作是一种高维空间的非线性映射。

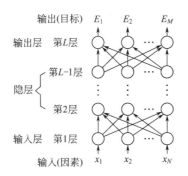

图 3.1　一个典型的 B-P 网络

典型的反向传播人工神经网络（Back-Propagation Artificial Neural Networks，BPANN）示意于图 3.1，设 w_{ji}^l 为 $l-1$ 层上节点 i 至 l 层上节点 j 的连接权值，Net_j^l 和 Out_j^l 分别为 l 层上节点 j 的输入值和输出值，且 $Out_0^l \equiv 1$，$x_i (i=1,\cdots,N)$ 为网络的输入因素，转换函数 f 为 Sigmoid 形式

$$f(x) = \frac{1}{1+\mathrm{e}^{-x}}$$

则 B-P 网络的输出与输入之间的关系如下

$$\begin{cases} Out_j^l = x_j & (j = 0, 1, \cdots, N) \\ \quad \vdots \\ Net_j^l = \displaystyle\sum_{i=0}^{pot(l-1)} w_{ji}^l Out_i^{l-1} & (l = 2, 3, \cdots, L) \\ Out_j^l = f(Net_j^l) & [j = 1, 2, \cdots, pot(l)] \\ \quad \vdots \\ \hat{E}_j = Out_j^L & (j = 1, 2, \cdots, M) \end{cases}$$

其中 $pot(l)(l=1,2,\cdots,L)$ 为各层节点数，且 $pot(l) = N, pot(L) = M$，$\hat{E}_j$ 为目标 E_j 的估计值。

B-P 网络的学习过程是通过误差反传算法调整网络的权值 w_{ji}，使网络对于已知 n 个样本目标值的估计值与实际值之误差的平方和最小：

$$J = \frac{1}{2n} \sum_{i=1}^{n} \sum_{j=1}^{M} (E_{ij} - \hat{E}_{ij})^2$$

这一过程可用梯度速降法实现。算法流程如下：

(1) 初始化各权值 $w_{ji}^l(i=\overline{0, pot(l-1)}, j=\overline{0, pot(l)}, l=\overline{2, L})$

(2) 随机取一个样本，计算其 $\hat{E}_j(j = 1, 2, \cdots, M)$

(3) 反向逐层计算误差函数值 $\delta_j^l(j=\overline{0, pot(l)}, l=\overline{2, L})$

$$\begin{cases} \delta_j^L = f'(Net_j^l)(\hat{E}_j - E_j) & (j = \overline{1, M}) \\ \delta_j^l = f'(Net_j^l) \displaystyle\sum_{i=1}^{pot(l+1)} \delta_i^{l+1} w_{ij}^{l+1} & (l = \overline{(L-1), 2}) \end{cases}$$

(4) 修正权值

$$W_{ji}^l(t+1) = W_{ji}^l(t) - \eta \delta_j^l Out_i^{l-1} + \alpha(W_{ji}^l(t) - W_{ji}^l(t-1))$$

其中，t 为迭代次数；η 为学习效率；α 为动量项。

(5) 重复步骤 (2)、(3)、(4)，直至收敛于给定条件。

3.1.2 Kohonen 自组织网络

多层感知器的学和分类是已知一定的先验知识为条件的，即网络权值的调整是在监督情况下进行的。而在实际应用中，有时并不能提供所需的先验知识，这就需要网络具有能够自学习的能力。Kohonen 提出的自组织网络（亦称特征映射图）就是这种具有自学习功能的神经网络[4,5]。这种网络是基于生理学和脑科学研究成果提出的。

脑神经科学研究表明：传递感觉的神经元排列是按某种规律有序进行的，这种排列往往反映所感受的外部刺激的某些物理特征。例如，在听觉系统中，神经细胞和纤维是按照其最敏感的频率分布而排列的。为此，Kohonen 认为，神经网络在接受外界输入时，将会分成不同的区域，不同的区域对不同的模式具有不同的响应特征，即不同的神经元以最佳方式响应不同性质的信号激励，从而形成一种拓扑意义上的有序图。这种有序图也称之为特征图，它实际上是一种非线性映射关系，它将信号空间中各模式的拓扑关系几乎不变地反映在这张图上，即各神经元的输出响应上。由于这种映射是通过无监督的自适应过程完成的，所以也称它为自组织特征图。

在这种网络中，输出节点与其邻域其它节点广泛相连，并相互激励。输入节点和输出节点之间通过强度 $W_{ij}(t)$ 相连接。通过某种规则，不断地调整 $W_{ij}(t)$，使得在稳定时，每一邻域的所有节点对某种输入具有类似的输出，并且这聚类的概率分布与输入模式的概率分布相接近。

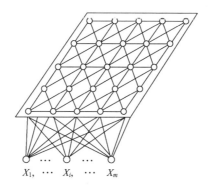

图 3.2 Kohonen 自组织网络二维平面线阵

自组织学习通过自动寻找样本中的内在规律和本质属性，自组织、自适应地改变网络参数与结构。自组织网络的自组织功能是通过竞争学习实现的。完成自组织特征映射的算法较多。Kohonen 自组织网络示意图如图 3.2，下面给出其一种常用的自组织算法[6]：

（1）权值初始化并选定邻域的大小；

（2）输入样本的模式；

（3）计算空间距离 d_j（d_j 是所有输入节点与连接强度之差的平方和）；

（4）选择节点 j，它满足 min（d_j）；

（5）改变节点 j 和其邻域节点的连接强度；

（6）回步骤（2），直到满足 $d_j(i)$ 的收敛条件。

3.2 遗传算法

遗传算法（Genetic Algorithm）是模拟达尔文生物进化论的自然选择和遗传学

机理的生物进化过程的计算模型，是一类借鉴生物界的进化规律（适者生存，优胜劣汰遗传机制）演化而来的随机化搜索方法。它是由美国的 J. Holland 教授 1975 年首先提出[7]，其主要特点是直接对结构对象进行操作，不存在求导和函数连续性的限定；具有内在的隐并行性和更好的全局寻优能力；采用概率化的寻优方法，能自动获取和指导优化的搜索空间，自适应地调整搜索方向，不需要确定的规则。遗传算法的这些性质，已被人们广泛地应用于组合优化、机器学习、信号处理、自适应控制和人工生命等领域[8~22]。它是现代有关智能计算中的关键技术。

遗传算法的基本运算过程如下。

（1）初始化　设置进化代数计数器 $t=0$，设置最大进化代数 T，随机生成 M

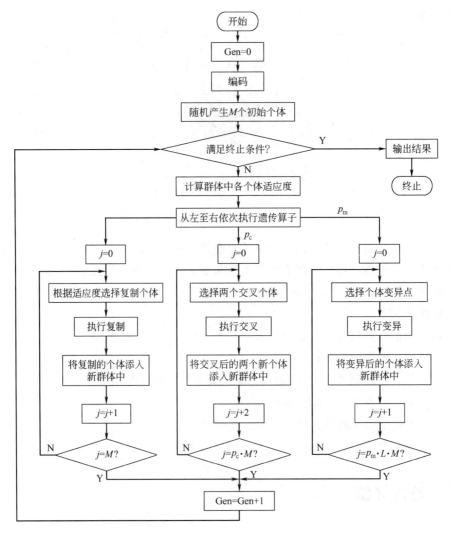

图 3.3　简单遗传算法的算法流程图

个个体作为初始群体 $P(0)$。

（2）个体评价　计算群体 $P(t)$ 中各个个体的适应度。

（3）选择运算　将选择算子作用于群体。选择的目的是把优化的个体直接遗传到下一代或通过配对交叉产生新的个体再遗传到下一代。选择操作是建立在群体中个体的适应度评估基础上的。

（4）交叉运算　将交叉算子作用于群体。所谓交叉是指把两个父代个体的部分结构加以替换重组而生成新个体的操作。遗传算法中起核心作用的就是交叉算子。

（5）变异运算　将变异算子作用于群体。即是对群体中的个体串的某些基因座上的基因值作变动。

群体 $P(t)$ 经过选择、交叉、变异运算之后得到下一代群体 $P(t\,l)$。

（6）终止条件判断　若迭代计算的终止条件满足，则以进化过程中所得到的具有最大适应度个体作为最优解输出，终止计算。

图 3.3 为简单遗传算法的算法流程图。

参 考 文 献

［1］　Wasserman P D. Neural Computing Theory and Practice，Van Nostrand-Reinhold，New York，1989.

［2］　Zupan J，Gasteiger J. Neural Networks in Chemistry and Drug Design，Wiley-Vch Verlag，Winheim，1999.

［3］　Rumelhard D，Mccelland J. Paralled Distributed Processing，Exploration in the Microstructure of Cognition，Cambridge，Bradford Books，MIT Press，Vol. 1，Vol. 2，1986.

［4］　Kohonen T. Self-Organisation and Associative Memory. 3rd ed. Berlin：Springer，1990.

［5］　Kohonen T. Self-Organizing Maps. Berlin：Springer，1997.

［6］　Melssen W J，Smits J R M，Buydens L M C，Kateman G. Tutorial，using artificial neural networks for solving chemical problems：Part Ⅱ. Kohonen self-organizing feature maps and Hopfield networks，Chemometrics and Intelligent Laboratory Systems，1994，23：267-291.

［7］　Holland J H. Adaptation in Natural and Artificial Systems，Ann Arbor：University of Michigan Press，1975.

［8］　Goldberg D E. Genetic Algorithms in Search，Optimization and Machine Learning. Reading. MA：Addison-Wesley，1989.

［9］　Unger R，Moult J. Genetic algorithms for protein folding simulations. J. Mol. Biol，1993，231：75-81.

［10］　Lothar Terfloth，Johann Gasteiger. Neural networks and genetic algorithms in drug design. Drug Discovery Today，2001，6（Supplement）：102-108.

［11］　Arunachalam J，Kanagasabai V，Gautham N. Protein structure prediction using mutually orthogonal Latin squares and a genetic algorithm. Biochemical and Biophysical Research Communications，2006，342（2）：424-433.

［12］　Lee R. Cooper，David W. Corne，M. James C. Crabbe. Use of a novel Hill-climbing genetic algorithm in protein folding simulations. Computational Biology and Chemistry，2003，27（6）：575-580.

［13］ Bruno Contreras-Moreira，Paul W. Fitzjohn，Paul A. Bates. In silico Protein Recombination：Enhancing Template and Sequence Alignment Selection for Comparative Protein Modelling. Journal of Molecular Biology. 2003，328（3）：593-608.

［14］ Rainer König，Thomas Dandekar. Improving genetic algorithms for protein folding simulations by systematic crossover. Biosystems，1999，50（1）：17-25.

［15］ Chun-Min Hung，Yueh-Min Huang，Ming-Shi Chang. Alignment using genetic programming with causal trees for identification of protein functions. Nonlinear Analysis，2006，65（5）：1070-1093.

［16］ Tongliang Zhang，Yongsheng Ding，Kuo-Chen Chou. Prediction of protein subcellular location using hydrophobic patterns of amino acid sequence. Computational Biology and Chemistry，2006，30（5）：367-371.

［17］ Eduardo R. Hruschka，Ricardo J. G. B. Campello，Leandro N. de Castro. Evolving clusters in gene-expression data. Information Sciences，2006，176（13）：1898-1927.

［18］ Francesco Vivarelli，Giuliano Giusti，Marco Villani，Renato Campanini，Piero Fariselli，Mario Compiani，Rita Casadio. LGANN：a parallel system combining a local genetic algorithm and neural networks for the prediction of secondary structure of proteins. Bioinformatics，1995，11（3）：253-260.

［19］ Ezequiel Franco-Lara，Hannes Link，Dirk Weuster-Botz. Evaluation of artificial neural networks for modelling and optimization of medium composition with a genetic algorithm. Process Biochemistry，2006，41（10）：2200-2206.

［20］ Kyoung-Jae Won，Adam Prügel-Bennett，Anders Krogh. Training HMM structure with genetic algorithm for biological sequence analysis. Bioinformatics，2004，20（18）：3613-3619.

［21］ Xing-Ming Zhao，Yiu-Ming Cheung，De-Shuang Huang. A novel approach to extracting features from motif content and protein composition for protein sequence classification. Neural Networks，2005，18（8）：1019-1028.

［22］ Kjell Petersen，William R. Taylor，Modelling Zinc-binding Proteins with GADGET：Genetic Algorithm and Distance Geometry for Exploring Topology. Journal of Molecular Biology，2003，325（5）：1039-1059.

4 支持向量机方法

众所周知，统计模式识别、线性或非线性回归以及人工神经网络等方法是数据挖掘的有效工具，已随着计算机硬件和软件技术的发展得到了广泛的应用[1~4]，我们亦曾将若干数据挖掘方法用于材料设计、药物构效关系和工业优化的研究[5~12]。

但多年来我们也受制于一个难题：传统的模式识别或人工神经网络方法都要求有较多的训练样本，而许多实际课题中已知样本较少。对于小样本集，训练结果最好的模型不一定是预报能力最好的模型。因此，如何从小样本集出发，得到预报（推广）能力较好的模型，遂成为模式识别研究领域内的一个难点，即所谓"小样本难题"。数学家 Vladimir N. Vapnik 等通过三十余年的严格的数学理论研究，提出来的统计学习理论（Statistical Learning Theory，SLT）[13]和支持向量机（Support Vector Machine，SVM）算法已得到国际数据挖掘学术界的重视，并在语音识别[14]、文字识别[15]、药物设计[16]、组合化学[17]、时间序列预测[18]等研究领域得到成功应用，该新方法从严格的数学理论出发，论证和实现了在小样本情况下能最大限度地提高预报可靠性的方法，其研究成果令人鼓舞。张学工、杨杰等率先将有关研究成果引入国内计算机学界，并开展了 SVM 算法及其应用研究[19]，我们则在化学化工领域内开展了 SVM 的应用研究。

本章节主要介绍 Vapnik 等在 SLT 基础上提出的 SVM 算法，包括支持向量分类（Support Vector Classification，SVC）算法和支持向量回归（Support Vector Regression，SVR）算法。

4.1 统计学习理论（SLT）简介

4.1.1 背景

现实世界中存在大量我们尚无法准确认识但却可以进行观测的事物，如何从一些观测数据（样本）出发得出目前尚不能通过原理分析得到的规律，进而利用这些规律预测未来的数据，这是统计模式识别（基于数据的机器学习的特例）需要解决的问题。统计是我们面对数据而又缺乏理论模型时最基本的（也是唯一的）分析手段。Vapnik 等人早在 20 世纪 60 年代就开始研究有限样本情况下的机器学习问题，但这些研究长期没有得到充分的重视。近十年来，有限样本情况下的机器学习理论逐渐成熟起来，形成了一个较完善的 SLT 体系。而同时，神经网络等较新兴的机器学习方法的研究则遇到一些重要的困难，比如如何确定网络结构的问题、过拟合与欠拟合问题、局部极小点问题等。在这种情况下，试图从更本质上研究机器学习的 SLT 体系逐步得到重视。1992～1995 年，Vapnik 等在 SLT 的基础上发展了 SVM 算法，在解决小样本、非线性及高维模式识别问题中表现出许多特有的优势，并能够推广应用到函数拟合等其他机器学习问题。很多学者认为，它们正在成为继模式识别和神经网络研究之后机器学习领域中新的研究热点，并将推动机器学习理论和技术有重大的发展。神经网络研究容易出现过拟合问题，是由于学习样本不充分和学习机器设计不合理的原因造成的，由于此矛盾的存在，所以造成在有限样本情况下：①经验风险最小不一定意味着期望风险最小；②学习机器的复杂性不但与所研究的系统有关，而且要和有限的学习样本相适应。SLT 体系及其 SVM 算法在解决"小样本难题"过程中所取得的核函数应用等方面的突出进展令人鼓舞，已被认为是目前针对小样本统计估计和预测学习的最佳理论。

4.1.2 原理

Vapnik 的 SLT 的核心内容包括下列四个方面：①经验风险最小化原则下统计学习一致性的条件；②在这些条件下关于统计学习方法推广性的界的结论；③在这些界的基础上建立的小样本归纳推理原则；④实现这些新的原则的实际方法（算法）。

设训练样本集为 (y_1, x_1)，…，(y_n, x_n)，$x \in R^m$，$y \in R$，其拟合（建模）的数学实质是从函数集中选出合适的函数 $f(x)$，使风险函数：

$$R[f] = \int_{x \times y} (y - f(x))^2 P(x, y) \mathrm{d}x \mathrm{d}y \qquad (4.1)$$

为最小。但因其中的概率分布函数 $P(x, y)$ 为未知，上式无法计算，更无法求其极小。传统的统计数学遂假定上述风险函数可用经验风险函数 $R_{emp}[f]$ 代替：

$$R_{emp}[f] = \frac{1}{n} \sum_{i=1}^{n} (y - f(x_i))^2 \qquad (4.2)$$

根据大数定律，式(4.2) 只有当样本数 n 趋于无穷大且函数集足够小时才成立。这实际上是假定最小二乘意义的拟合误差最小作为建模的最佳判据，结果导致拟合能力过强的算法的预报能力反而降低。为此，SLT 用结构风险函数 $R_h[f]$ 代替 $R_{emp}[f]$，并证明了 $R_h[f]$ 可用下列函数求极小而得：

$$\min_{S_h}\left\{R_{emp}[f]+\sqrt{\frac{h(\ln 2n/h+1)-\ln(\delta/4)}{n}}\right\} \tag{4.3}$$

此处，n 为训练样本数目；S_h 为 VC 维空间结构；h 为 VC 维数，即对函数集复杂性或者学习能力的度量。$1-\delta$ 为表征计算的可靠程度的参数。

SLT 要求在控制以 VC 维为标志的拟合能力上界（以限制过拟合）的前提下追求拟合精度。控制 VC 维的方法有三大类：①拉大两类样本点集在特征空间中的间隔；②缩小两类样本点各自在特征空间中的分布范围；③降低特征空间维数。一般认为特征空间维数是控制过拟合的唯一手段，而新理论强调靠前两种手段可以保证在高维特征空间的运算仍有低的 VC 维，从而保证限制过拟合。

对于分类学习问题，传统的模式识别方法强调降维，而 SVM 与此相反。对于特征空间中两类点不能靠超平面分开的非线性问题，SVM 采用映照方法将其映照到更高维的空间，并求得最佳区分二类样本点的超平面方程，作为判别未知样本的判据。这样，空间维数虽较高，但 VC 维仍可压低，从而限制了过拟合。即使已知样本较少，仍能有效地作统计预报。

对于回归建模问题，传统的化学计量学算法在拟合训练样本时，将有限样本数据中的误差也拟合进数学模型了。针对传统方法这一缺点，SVR 采用"ε 不敏感函数"，即对于用 $f(x)$ 拟合目标值 y 时 $f(x)=w^T x+b$，目标值 y_i 拟合在 $|y_i-w^T x-b|\leqslant\varepsilon$ 时，即认为进一步拟合是无意义的。这样拟合得到的不是唯一解，而是一组无限多个解。SVR 方法是在一定约束条件下，以 $\|w\|^2$ 取极小的标准来选取数学模型的唯一解。这一求解策略使过拟合受到限制，显著提高了数学模型的预报能力。

4.2 支持向量分类（SVC）算法

4.2.1 线性可分情形

SVM 算法是从线性可分情况下的最优分类面（Optimal Hyperplane）提出的。所谓最优分类面就是要求分类面不但能将两类样本点无错误地分开，而且要使两类的分类空隙最大。d 维空间中线性判别函数的一般形式为 $g(x)=w^T x+b$，分类面方程是 $w^T x+b=0$，我们将判别函数进行归一化，使两类所有样本都满足

$|g(x)|\geqslant 1$，此时离分类面最近的样本的 $|g(x)|=1$，而要求分类面对所有样本都能正确分类，就是要求它满足

$$y_i(w^T x_i + b) - 1 \geqslant 0, \qquad i = 1, 2, \cdots, n。 \tag{4.4}$$

式（4.4）中使等号成立的那些样本叫做支持向量（Support Vectors）。两类样本的分类空隙（Margin）的间隔大小：

$$Margin = 2/\parallel w \parallel \tag{4.5}$$

因此，最优分类面问题可以表示成如下的约束优化问题，即在条件（4.4）的约束下，求函数

$$\phi(w) = \frac{1}{2}\parallel w \parallel^2 = \frac{1}{2}(w^T w) \tag{4.6}$$

的最小值。为此，可以定义如下的 Lagrange 函数：

$$L(w, b, \alpha) = \frac{1}{2}w^T w - \sum_{i=1}^{n}\alpha_i[y_i(w^T x_i + b) - 1] \tag{4.7}$$

其中，$a_i \geqslant 0$ 为 Lagrange 系数，我们的问题是对 w 和 b 求 Lagrange 函数的最小值。把式（4.7）分别对 w、b、α_i 求偏微分并令它们等于 0，得：

$$\frac{\partial L}{\partial w} = 0 \Rightarrow w = \sum_{i=1}^{n}\alpha_i y_i x_i$$

$$\frac{\partial L}{\partial b} = 0 \Rightarrow \sum_{i=1}^{n}\alpha_i y_i = 0$$

$$\frac{\partial L}{\partial \alpha_i} = 0 \Rightarrow \alpha_i[y_i(w^T x_i + b) - 1] = 0$$

以上三式加上原约束条件可以把原问题转化为如下凸二次规划的对偶问题：

$$\begin{cases} \max \sum_{i=1}^{n}a_i - \frac{1}{2}\sum_{i=1}^{n}\sum_{j=1}^{n}\alpha_i\alpha_j y_i y_j (x_i^T x_j) \\ s.t \quad a_i \geqslant 0, i = 1, \cdots, n \\ \sum_{i=1}^{n}a_i y_i = 0 \end{cases} \tag{4.8}$$

这是一个不等式约束下二次函数机制问题，存在唯一最优解。若 α_i^* 为最优解，则

$$w^* = \sum_{i=1}^{n}a_i^* y_i x_i \tag{4.9}$$

α_i^* 不为零的样本即为支持向量，因此，最优分类面的权系数向量是支持向量的线性组合。

b^* 可由约束条件 $\alpha_i[y_i(w^T x_i + b) - 1] = 0$ 求解，由此求得的最优分类函

数是：

$$f(x) = \text{sgn}((w^*)^T x + b^*) = \text{sgn}(\sum_{i=1}^{n} a_i^* y_i x_i^* x + b^*) \qquad (4.10)$$

上式中 sgn（）为符号函数。

4.2.2 非线性可分情形

当用一个超平面不能把两类点完全分开时（只有少数点被错分），可以引入松弛变量 ξ_i（$\xi_i \geq 0$，$i = \overline{1,n}$），使超平面 $w^T x + b = 0$ 满足：

$$y_i(w^T x_i + b) \geq 1 - \xi_i \qquad (4.11)$$

当 $0 < \zeta_i < 1$ 时样本点 x_i 仍旧被正确分类，而当 $\zeta_i \geq 1$ 时样本点 x_i 被错分。为此，引入以下目标函数：

$$\psi(w,\xi) = \frac{1}{2} w^T w + C \sum_{i=1}^{n} \xi_i \qquad (4.12)$$

其中 C 是一个正常数，称为惩罚因子，此时 SVM 可以通过二次规划（对偶规划）来实现：

$$\begin{cases} \max \sum_{i=1}^{n} a_i - \frac{1}{2} \sum_{i=1}^{n} \sum_{j=1}^{n} \alpha_i \alpha_j y_i y_j (x_i^T x_j) \\ s.t \quad 0 \leq a_i \leq C, i = 1, \cdots, n \\ \sum_{i=1}^{n} a_i y_i = 0 \end{cases} \qquad (4.13)$$

4.3 支持向量机（SVM）的核函数

若在原始空间中的简单超平面不能得到满意的分类效果，则必须以复杂的超曲面作为分界面，SVM 算法是如何求得这一复杂超曲面的呢？

首先通过非线性变换 Φ 将输入空间变换到一个高维空间，然后在这个新空间中求取最优线性分类面，而这种非线性变换是通过定义适当的核函数（内积函数）实现的，令：

$$K(x_i, x_j) = \langle \Phi(x_i) \cdot \Phi(x_j) \rangle \qquad (4.14)$$

用核函数 $K(x_i, x_j)$ 代替最优分类平面中的点积 $x_i^T x_j$，就相当于把原特征空间变换到了某一新的特征空间，此时优化函数变为：

$$Q(a) = \sum_{i=1}^{n} a_i - \frac{1}{2} \sum_{i=1}^{n} \sum_{j=1}^{n} \alpha_i \alpha_j y_i y_j K(x_i, x_j) \qquad (4.15)$$

而相应的判别函数式则为：

$$f(x) = \mathrm{sgn}[(w^*)^T\phi(x)+b^*] = \mathrm{sgn}(\sum_{i=1}^{n} a_i^* y_i K(x_i,x)+b^*) \quad (4.16)$$

其中，x_i 为支持向量；x 为未知向量，式(4.16)就是 SVM，在分类函数形式上类似于一个神经网络，其输出是若干中间层节点的线性组合，而每一个中间层节点对应于输入样本与一个支持向量的内积，因此也被叫做支持向量网络，如图 4.1 所示。

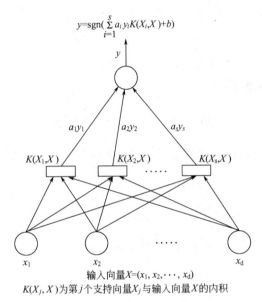

图 4.1 支持向量网络示意图

由于最终的判别函数中实际只包含未知向量与支持向量的内积的线性组合，因此识别时的计算复杂度取决于支持向量的个数。

目前常用的核函数形式主要有以下三类，它们都与已有的算法有对应关系。

（1）多项式形式的核函数，即 $K(x,x_i) = [(x^T x_i)+1]^q$，对应 SVM 是一个 q 阶多项式分类器。

（2）径向基形式的核函数，即 $K(x,x_i) = \exp\left\{-\dfrac{\|x-x_i\|^2}{\sigma^2}\right\}$，对应 SVM 是一种径向基函数分类器。

（3）S 形核函数，如 $K(x,x_i) = \tanh(v(x^T x_i)+c)$，则 SVM 实现的就是一个两层的感知器神经网络，只是在这里不但网络的权值而且网络的隐层节点数目也是由算法自动确定的。

4.4 支持向量回归（SVR）方法

SVR 算法的基础主要是 ε 不敏感函数（ε-Insensitive Function）和核函数算法。若将拟合的数学模型表达为多维空间的某一曲线，则根据 ε 不敏感函数所得的结果就是包络该曲线和训练点的"ε 管道"。在所有样本点中，只有分布在"管壁"上的那一部分样本点决定管道的位置。这一部分训练样本称为"支持向量"（Support Vectors）。为适应训练样本集的非线性，传统的拟合方法通常是在线性方程后面加高阶项。此法诚然有效，但由此增加的可调参数未免增加了过拟合的风险。SVR 采用核函数解决这一矛盾。用核函数代替线性方程中的线性项可以使原来的线性算法"非线性化"，即能作非线性回归。与此同时，引进核函数达到了"升维"的目的，而增加的可调参数却很少，于是过拟合仍能控制。

4.4.1 线性回归情形

设样本集为：(y_1, x_1)，$\cdots$，(y_l, x_l)，$x \in R^n$，$y \in R$，回归函数用下列线性方程来表示，

$$f(x) = w^T x + b \tag{4.17}$$

最佳回归函数通过求以下函数的最小极值得出，

$$\Phi(w, \zeta^*, \zeta) = \frac{1}{2} \|w\|^2 + C\left(\sum_{i=1}^n \zeta_i + \sum_{i=1}^n \zeta_i^*\right) \tag{4.18}$$

其中，C 是设定的惩罚因子值；ζ_i、ζ_i^* 为松弛变量的上限与下限。

Vapnik 提出运用下列不敏感损耗函数：

$$L_e(y) = \begin{cases} 0 & |f(x) - (y)| < \varepsilon \\ |f(x) - (y)| - \varepsilon & \text{否则} \end{cases} \tag{4.19}$$

通过下面的优化方程：

$$\max_{\alpha, \alpha^*} W(\alpha, \alpha^*) = \max_{\alpha, \alpha^*} \begin{cases} -\dfrac{1}{2} \sum_{i=1}^l \sum_{j=1}^l (\alpha_i - \alpha_i^*)(\alpha_j - \alpha_j^*)(x_i^T x_j) \\ + \sum_{i=1}^l \alpha_i(y_i - \varepsilon) - \alpha_i^*(y_i + \varepsilon) \end{cases} \tag{4.20}$$

在下列约束条件下：

$$0 \leqslant \alpha_i \leqslant C, i = 1, \cdots, l$$

$$0 \leqslant \alpha_i^* \leqslant C, i = 1, \cdots, l$$

$$\sum_{i=1}^l (\alpha_i^* - \alpha_i) = 0$$

求解：

$$\bar{\alpha},\bar{\alpha}^* = \text{argmin}\left\{\begin{array}{l} \dfrac{1}{2}\displaystyle\sum_{i=1}^{l}\sum_{j=1}^{l}(\alpha_i-\alpha_i^*)(\alpha_j-\alpha_j^*)(x_i^T x_j) \\ -\displaystyle\sum_{i}^{l}(\alpha_i-\alpha_i^*)y_i+\sum_{i}^{l}(\alpha_i+\alpha_i^*)\varepsilon \end{array}\right\} \tag{4.21}$$

由此可得拉格朗日方程的待定系数 α_i 和 α_i^*，从而得回归系数和常数项：

$$\bar{w}=\sum_{i=1}^{l}(\alpha_i-\alpha_i^*)x_i$$

$$\bar{b}=-\frac{1}{2}\bar{w}[x_r+x_s] \tag{4.22}$$

4.4.2 非线性回归情形

类似于分类问题，一个非线性模型通常需要足够的模型数据，与非线性 SVC 方法相同，一个非线性映射可将数据映射到高维的特征空间中，在其中就可以进行线性回归。运用核函数可以避免模式升维可能产生的"维数灾难"，即通过运用一个非敏感性损耗函数，非线性 SVR 的解即可通过下面方程求出：

$$\max_{\alpha,\alpha^*} W(\alpha,\alpha^*) = \max_{\alpha,\alpha^*}\left\{\begin{array}{l} -\dfrac{1}{2}\displaystyle\sum_{i=1}^{l}\sum_{j=1}^{l}(\alpha_i-\alpha_i^*)(\alpha_j-\alpha_j^*)K(x_i,x_j) \\ +\displaystyle\sum_{i=1}^{l}\alpha_i(y_i-\varepsilon)-\alpha_i^*(y_i+\varepsilon) \end{array}\right. \tag{4.23}$$

其约束条件为：

$$0\leqslant\alpha_i\leqslant C, i=1,\cdots,l$$

$$0\leqslant\alpha_i^*\leqslant C, i=1,\cdots,l$$

$$\sum_{i=1}^{l}(\alpha_i^*-\alpha_i)=0$$

由此可得拉格朗日待定系数 α_i 和 α_i^*，回归函数 $f(x)$ 则为：

$$f(x)=\sum\text{sv}(\alpha_i^*-\alpha_i)K(x_i,x) \tag{4.24}$$

4.5 支持向量机分类与回归算法的实现

由上两节可知，SVM 算法的主要核心就是求解二次规划问题。数学上解决有约束条件的二次规划（Quadric Programming，QP）[20]方法有很多种。但 QP 问题的求解算法本身就复杂且实现难度较大。更严重的是随着 SVM 训练样本数的增长，QP 问题对存储空间的需求以样本数的平方级增长。这些原因阻碍了 SVM 的更广泛应用。为此人们提出了多种改进方法，常见的有：Chunking 算法、Osuna 算法和 SMO 算法[21]。它们都利用了以下观察结论：在 QP 涉及的二阶矩阵中，把拉格朗日乘子 $\alpha_i = 0$ 所对应的行和列去掉，目标函数的值不变。这样，一个大规模的 QP 问题就可以分解为一系列小规模的 QP 问题进行求解。

其中 1998 年微软公司的 Platt 工程师提出的序贯极小优化（Sequential Minimal Optimization，SMO）算法最为有效[22]。接着 Smola 根据 Platt 为 SVC 设计的 SMO 算法提出了针对 SVR 的 SMO 算法[23]，简称 Smola 算法。但 Smola 算法过于复杂，导致运算速度很慢。陶卿[24]和叶晨洲[25]简化了 Smola 算法，大为提高了运算速度。本文使用的 SVM 软件采用的就是简化的 Smola 版 SMO 算法。

在算法理论上，它可以看作是 Osuna 分解算法的一种极端情形。算法在每一步中采用有限的启发式方法选择两个对应系数违反规划条件的样本组成 QP 子问题。这样，整个过程中 QP 子问题的规模维持在 2，而这是满足约束条件的最低限度。对每个 QP 子问题，SMO 采用解析方法求解，从而大大提高了求解速度。当所有的 α_i 满足 KKT 条件时算法结束。SMO 算法所需的计算机内存与训练样本数目 n 成线性关系，训练时间一般介于 $n \sim n^2$，因而可以处理非常大的训练样本集。目前 SMO 已成为训练 SVM 最常用的算法之一。

4.6 应用前景

基于 SLT 理论的 SVM 算法之所以从 20 世纪 90 年代以来受到很大的重视，在于它们对有限样本情况下模式识别中的一些根本性问题进行了系统的理论研究，并且在此基础上建立了一种较好的通用学习算法。以往困扰很多机器学习方法的问题，比如模型选择与过拟合问题、非线性和维数灾难问题、局部极小点问题等，在这里都得到了很大程度上的解决。而且，很多传统的机器学习方法都可以看作是 SVM 算法的一种实现，因而 SLT 和 SVM 被很多人视作研究机器学习问题的一个基本框架。一方面研究如何用这个新的理论框架解决过去遇到的很多问题；另一方面则重点研究以 SVM 为代表的新的学习方法，研究如何让这些理论和方法在实际应用中发挥作用。

SLT 有比较坚实的理论基础和严格的理论分析，但其中还有很多问题仍需人为决定。比如结构风险最小化原则中的函数子集结构的设计、SVM 中的内积函数（包括参数）的选择等。尚没有明确的理论结果指导我们如何进行这些选择。另外，除了在监督模式识别中的应用外，SLT 在函数拟合、概率密度估计等机器学习问题以及在非监督模式识别问题中的应用也是一个重要研究方向。

我们认为，SLT 和 SVM 算法（包括 SVC 和 SVR）有可能在化学化工领域得到深入和广泛的应用，以往用人工神经网络、传统统计模式识别和线性及非线性回归等数据挖掘算法研究和处理的化学化工数据都可能在应用 SVM 算法后得到更好的处理结果。特别是样本少、维数多的"小样本难题"，应用 SVM 算法建模会特别有效。可以预计，将来在分析化学的数据处理、化学数据库的智能化、有机分子的构效关系（QSAR，QSPR）、分子和材料设计、试验设计、化工生产优化以及环境化学、临床化学、地质探矿等多方面都有可能展开 SLT 和 SVM 算法的应用研究，并取得良好效果。

参 考 文 献

[1] Domine D，Devillers J，Chastrette M，Karcher W. Non-linear mapping for structure-activity and structure-property modeling. Journal of Chemomatrics，1993，7：227-242.

[2] Wang Ziyi，Jenq-Hwang，Kowalski Bruce R. ChemNets：Theory and Application. Analytical Chemistry，1995，67（9）：1497-1504.

[3] Ruffini R，et al. Using neural network for springback minimization in a channel forming process，SAE Trans. J. Mater. Manufacture，1998，107：65.

[4] Fukunaga K. Introduction to statistical pattern recognition. Academic，New York，1972.

[5] 陈念贻，钦佩，陈瑞亮，陆文聪. 模式识别在化学化工中的应用. 北京：科学出版社，2000.

[6] Chen Nianyi，Lu Wencong，Chemometric Methods Applied to Industrial Optimization and Materials Optimal Design. Chemometrics and intelligent laboratory systems，1999，45：329-333.

[7] Chen Nianyi，Lu Wencong. Software Package "Materials Designer" and its Application in Materials Research，IPMM'99，Hawaii，USA，July，1999.

[8] LU Wencong，YAN Li-cheng，CHEN Nian-yi. Pattern Recognition and ANNS Applied to the Formobility of Complex Idide，Journal of Molecular Science，1995，11（1）：33.

[9] 刘亮，包新华，冯建星，陆文聪，陈念贻. α-唑基-α-芳氧烷基频哪酮（芳乙酮）及其醇式衍生物抗真菌活性的分子筛选. 计算机与应用化学，2002，19（4）：465.

[10] 陆文聪，包新华，吴兰，孔杰，阎立诚，陈念贻. 二元溴化物系（MBr-M'Br$_2$）中间化合物形成规律的逐级投影法研究. 计算机与应用化学，2002，19（4）：474.

[11] 陆文聪，冯建星，陈念贻. 二种过渡元素和一种非过渡元素间形成三元金属间化合物的规律. 计算机与应用化学，2000，17（1）：43.

[12] 陆文聪，阎立诚，陈念贻. PVPEC-PTC 和 V-PTC 材料优化设计专家系统. 计算机与应用化学，1996，13（1）：39.

[13] Vapnik Vladimir N. The Nature of Statistical Learning Theory. Berlin：Springer，1995.

[14] Wan Vincent，Campbell William M. Support vector machines for speaker verification and identifica-

tion. Neural Networks for Signal Processing - Proceedings of the IEEE Workshop 2，2000：775-784.

[15] Thorsten Joachims. Learning to Classify Text Using Support Vector Machines. Dissertation，Universitaet Dortmund，2001.

[16] Burbidge R，Trotter M，Buxton B，Holden S，Drug design by machine learning：support vector machines for pharmaceutical data analysis. Computer and Chemistry，2001，26（1）：5-14.

[17] Trotter M W B，Buxton B F，Holden S B. Support vector machines in combinatorial chemistry. Measurement and Control，2001，34（8）：235-239.

[18] Van Gestel T，Suykens J A K，Baestaens D E，Lambrechts A，Lanckriet G，Vandaele B，De Moor B，Vandewalle J. Financial time series prediction using least squares support vector machines within the evidence framework. IEEE Transactions on Neural Networks，2001，12（4）：809-821.

[19] V. Vapnik 著. 统计学习理论的本质. 张学工译. 北京，清华大学出版社，2000.

[20] 袁亚湘，孙文瑜. 最优化理论与方法. 北京，科学出版社，1999.

[21] Keerthi S S，Shevade S K，Bhattacharyya C，Murthy K R K. Improvement to Platt's SMO Algorithm for SVM Classifier Design，Technical Report CD-99-14 Dept. of Mechanical and Production Engineering National University of Singapore，1999.

[22] Platt J C. Fast Training of Support Vector Machines Using Sequential Minimal Optimization，Advances in Kernel Methods：Support Vector Machines（Edited by Scholkopf B，Burges C，Smola A），Cambridge MA，MIT Press，1998：41-64.

[23] Smola Alex J，Scholkopf Bernhard，A Tutorial on Support Vector Regression，NeuroCOLT$_2$ Technical Report Series NC$_2$-TR-1998-030（http//www. neurocolt. com），1998.

[24] 陶卿，曹进德，孙德敏. 基于支持向量机分类的回归方法. 软件学报，2002，13（5）：1024-1027.

[25] 叶晨洲. 数据挖掘算法泛化能力与软件平台的研究与应用. ［博士学位论文］. 上海：上海交通大学，2002：71-75.

5 集成学习方法

5.1 集成学习算法概述

集成学习（Ensemble Learning）是一种新的机器学习范式，它使用多个（通常是同质的）学习器来解决同一个问题。由于集成学习可以有效地提高学习系统的泛化能力，因此它成为国际机器学习界的研究热点。

在机器学习领域，最早的集成学习方法是 Bayesian Averaging。在此之后，集成学习的研究才逐渐引起了人们的关注。L. K. Hansen 和 P. Salamon[1] 使用一组神经网络来解决问题，除了按常规的做法选择出最好的神经网络之外，他们还尝试通过投票法将所有的神经网络结合起来求解。他们的实验结果表明，这一组神经网络形成的集成，比最好的个体神经网络的性能还好。正是这一超乎人们直觉的结果，使得集成学习引起了很多学者的重视。1990 年，Schapire[2] 通过一个构造性方法对弱学习算法与强学习算法是否等价的问题作了肯定的证明，证明多个弱分类器（基本分类器）可以集成为一个强分类器，他的工作奠定了集成学习的理论基础。这个构造性方法就是 Boosting 算法的雏形。但是这个算法存在着一个重大的缺陷，就是必须知道学习算法正确率的下限，这在实际中很难做到。在 1995 年，Freund 和 Schapire[3] 做了进一步工作，提出了 AdaBaoost 算法，该算法不再要求事先知道泛化下界，可以非常容易地应用到实际的问题中去。1996 年，Breiman 提出了与 Boosting 相似的技术 Bagging，进一步促进了集成学习的发展。

狭义地说，集成学习是指利用多个同质的学习器来对同一个问题进行学习，这里的"同质"是指所使用的学习器属于同一种类型，例如所有的学习器都是决策树、都是神经网络等。广义地来说，只要是使用多个学习器来解决问题，就是集成学习[4,5]。在集成学习的早期研究中，狭义定义采用得比较多，而随着该领域的发展，越来越多的学者倾向于接受广义定义。所以在广义的情况下，集成学习已经成为了一个包含内容相当多的、比较大的研究领域。

大致上来说，集成学习的构成方法可以分为四种。

(1) 输入变量集重构法　这种构成方法，用于集成的每个算法的输入变量是原变量集的一个子集。这种方法比较适用于输入变量集高度冗余的时候，否则的话，选取一个属性子集，会影响单个算法的性能，最终影响集成的结果。

(2) 输出变量集重构法　这种构成方法，主要是通过改变输出变量集，将多分类问题转换为二分类问题来解决。

(3) 样本集重新抽样法　在这种构成方法中，用于集成的每个算法所对应的训练数据都是原来训练数据的一个子集。目前的大部分研究主要集中在使用这种构成方法来集成学习，如 Bagging、Boosting 等。样本集重新抽样法对于不稳定的算法来说，能够取得很好的效果。不稳定的算法指的是当训练数据发生很小变化的时候，结果就能产生很大变化的算法。如神经网络、决策树。但是对于稳定的算法来说，效果不是很好。

(4) 参数选择法　对于许多算法如神经网络、遗传算法来说，在算法应用的开始首先要解决的就是要选择算法参数。而且，由于这些算法操作过程的解释性很差，对于算法参数的选择没有确定的规则可依。在实际应用中，就需要操作者根据自己的经验进行选择。在这样的情况下，不同的参数选择，最终的结果可能会有很大的区别，具有很大的不稳定性。

集成算法的作用主要体现在如下四个方面。

(1) 提高预测结果的准确性　机器学习的一个重要目标就是对新的测试样本尽可能给出最精确的估计。构造单个高精度的学习器是一件相当困难的事情，然而产生若干个只比随机猜想略好的学习器却很容易。研究者们在应用研究中发现，将多个学习器进行集成后得到的预测精度明显高于单个学习器的精度，甚至比单个最好的学习器的精度更高。

(2) 提高预测结果的稳定性　有些学习算法单一的预测结果时好时坏，不具有稳定性，不能一直保持高精度的预测。通过模型的集成，可以在多种数据集中以较高的概率普遍取得很好的结果。

(3) 解决过拟合问题　在对已知的数据集合进行学习的时候，我们常常选择拟合度值最好的一个模型作为最后的结果。也许我们选择的模型能够很好地解释训练数据集合，但是却不能很好地解释测试数据或者其它数据，也就是说这个模型过于精细地刻画了训练数据，对于测试数据或者其它新的数据泛化能力不强，这种现象就称为过拟合。为了解决过拟合问题，按照集成学习的思想，可以选择多个模型作为结果，对于每个模型赋予相应的权重，从而集合生成合适的结果，提高预测精度。

(4) 改进参数选择　对于一些算法而言，如神经网络、遗传算法，在解决实际问题的时候，需要选择操作参数。但是这些操作参数的选取没有确定性的规则可以依据，只能凭借经验来选取，对于非专业的一般操作人员会有一定的难度。而且参数选择不同，结果会有很大的差异。通过建立多个不同操作参数的模型，可以解决选取参数的难题，同时将不同模型的结果按照一定的方式集成就可以生成我们想要的结果。

集成学习经过了十几年的不断发展，各种不同的集成学习算法不断被提了出来，其中以 Boosting 和 Bagging 的影响最大。这两种算法也是被研究得最多的，它们都是通过改造训练样本集来构造集成学习算法。

Kearns 和 Valiant 指出[4]，在 PCA 学习模型中，若存在一个多项式级的学习算法来识别一组概念，并且识别正确率很高，那么这组概念是强可学习的；而如果学习算法识别一组概念的正确率仅比随机猜测略好，那么这组概念是弱可学习的。Kaerns 和 Valiant 提出了弱学习算法与强学习算法的等价性问题，即是否可以将弱学习算法提升成强学习算法的问题。如果两者等价，那么在学习概念时，只要找到一个比随机猜测略好的弱学习算法，就可以将其提升为强学习算法，而不必直接去找通常情况下很难获得的强学习算法。1990 年，Schapire[6]通过一个构造性方法对该问题做出了肯定的证明，其构造过程称为 Boosting。1995 年 Freund[7]对其进行了改进。在 Freund 的方法中通过 Boosting 产生一系列神经网络，各网络的训练集决定于在其之前产生的网络的表现，被已有网络错误判断的示例将以较大的概率出现在新网络的训练集中。这样，新网络将能够很好地处理对已有网络来说很困难的示例。另一方面，虽然 Boosting 方法能够增强神经网络集成的泛化能力，但是同时也有可能使集成过分偏向于某几个特别困难的示例。因此，该方法不太稳定，有时能起到很好的作用，有时却没有效果。1995 年，Freund 和 Schapire 提出了 Ada-Boost（Adaptive Boosting）算法[3]，该算法的效率与 Freund[7,8]算法很接近，而且可以很容易地应用到实际问题中，因此，该算法已成为目前最流行的 Boosting 算法。

5.2 Boosting 算法

Boosting[3,6~12]方法总的思想是学习一系列分类器，在这个系列中每一个分类器对它前一个分类器导致的错误分类例子给予更大的重视。尤其是在学习完分类器之后，增加由之导致分类错误的训练示例的权值，并通过重新对训练示例计算权值，再学习下一个分类器。这个训练过程重复进行直至达到预先设定的次数。最终的分类器从这一系列的分类器中综合得出。在这个过程中，每个训练示例被赋予一个相应的权值, 如果一个训练示例被分类器错误分类, 那么就相应增加该例子的权值, 使得在下一次学习中, 分类器对该样本示例代表的情况更加重视。Boosting 是一种将弱分类器通过某种方式结合起来得到一个分类性能大大提高的强分类器的分类方法。这种方法将一些粗略的经验规则转变为高度准确的预测法则。强分类器对数据进行分类, 是通过弱分类器的多数投票机制进行的。已经有理论证明任何弱分类算法都能够被有效地转变或者提升为强学习分类算法。该算法其实是一个简单的弱分类算法提升过程, 这个过程通过不断的训练, 可以提高对数据的分类能力。整个过程如下所示:

(1) 先通过对 N 个训练数据的学习得到第一个弱分类器 h_1;

(2) 将 h_1 分错的数据和其它的新数据一起构成一个新的有 N 个训练数据的样本, 通过对这个样本的学习得到第二个弱分类器 h_2;

(3) 将 h_1 和 h_2 都分错了的数据加上其它的新数据构成另一个新的有 N 个训练数据的样本, 通过对这个样本的学习得到第三个弱分类器 h_3;

(4) 最终经过提升的强分类器 $h_{final} = Majority\ Vote\ (h_1, h_2, h_3)$。即某个数据被分为哪一类要通过 h_1, h_2, h_3 的多数表决。

5.3 Adaboost 算法

对于 Boosting 算法, 存在两个问题:

① 如何调整训练集, 使得在训练集上训练弱分类器得以进行;

② 如何将训练得到的各个弱分类器联合起来形成强分类器。

针对以上两个问题, Adaboost 算法进行了调整:

① 使用加权后选取的训练数据代替随机选取的训练数据, 这样将训练的焦点集中在比较难分的训练数据上;

② 将弱分类器联合起来时, 使用加权的投票机制代替平均投票机制。让分类效果好的弱分类器具有较大的权重, 而分类效果差的分类器具有较小的权重。

Adaboost 算法是 Freund 和 Schapire 根据在线分配算法提出的, 他们详细分析了 Adaboost 算法错误率的上界 ε, 以及为了使强分类器 h_{final} 达到错误率 ε, 算法所需要的最多迭代次数等相关问题。与 Boosting 算法[7] 不同的是, Adaboost 算法不需要预先知道弱学习算法学习正确率的下限即弱分类器的误差, 并且最后得到的强分类器的分类精度依赖于所有弱分类器的分类精度, 这样可以深入挖掘弱分类器算法的潜力。

Adaboost 算法中不同的训练集是通过调整每个样本对应的权重来实现的。开始时，每个样本对应的权重是相同的，即 $U_1(i) = 1/n$ $(i = 1, 2, \cdots, n)$，其中 n 为样本个数，在此样本分布下训练出一弱分类器 h_1。对于 h_1 分类错误的样本，加大其对应的权重；而对于分类正确的样本，降低其权重，这样分错的样本就被突出出来，从而得到一个新的样本分布 U_2。在新的样本分布下，再次对弱分类器进行训练，得到弱分类器 h_2。依此类推，经过了 T 次循环，得到了 T 个弱分类器，把这 T 个弱分类器按一定的权重叠加（boost）起来，得到最终想要的强分类器。

给定训练样本集 $D = (x_1, y_1), \cdots, (x_m, y_m), \cdots, y \in \{-1, +1\}$，Adaboost 用一个弱分类器或基本学习分类器循环 T 次，每一个训练样本用一个统一的初始化权重来标注，

$$\omega_{t,i} = \begin{cases} \dfrac{1}{2M} & y_i = -1 \\[2mm] \dfrac{1}{2L} & y_i = 1 \end{cases} \tag{5.1}$$

在式 (5.1) 中，L 为正确分类样本数，M 为错误分类样本数。

训练的目标是寻找一个优化分类器 h_t，使之成为一个强分类器。对训练样本集进行 T 次循环训练。每一轮中，分类器 h_t 都专注于那些难分类的实例，并据此对每一个训练实例的权重进行修改。具体的权重修改规则描述如下：

$$D_{t+1}(i) = \frac{D_t(i) \cdot e^{-\alpha_i y_i h_i(x_i)}}{Z_t} = \frac{e^{-\sum_{j=1}^{t} \alpha_i y_i h_j(x_i)}}{L \cdot \prod_{j=1}^{t} Z_j} = \frac{e^{-mrg(x_i, y_i, f_i)}}{L \cdot \prod_{j=1}^{t} Z_j} \tag{5.2}$$

式中，Z_t 是标准化因子；h_t 是基本分类器，而 α_i $(\alpha_i \in R)$ 是明显能降低 h_t 重要性的一个参数，$mrg(x_i, y_i, f_i)$ 是数据点在如下函数中的函数边界：

$$Z_t = \sum_{i=1}^{L} D_t(i) \cdot \exp(-\alpha_i y_i h_t(x_i)) \tag{5.3}$$

其中，$D_t(i)$ 是在 t 次循环中训练实例 i 的贡献权重[13,14]，等价于式 (5.1) 中的初始权重。

所以，最终的分类器 H 可以通过用带权重的投票组合多个基本分类器来得到，H 可以通过下式来描叙：

$$H(x) = sign\left(\sum_{t=1}^{T} \alpha_i h_t(x)\right) \tag{5.4}$$

Adaboost 算法的流程如下。

① 给定训练样本集；

② 用式 (5.1) 来初始化和标准化权重系数；

③ 循环 $t=1$, $\cdots$, T, 在循环中的每一次:

a. 根据训练集的概率分布 D_t 来训练样本,并得到基本分类器 h_t;

b. 根据式(5.2)来更新权重系数;

c. 得到预报误差最小的基本分类器 h_i;

④ 输出最终的强分类器 H。

Adaboost 算法中很重要的一点就是选择一个合适的弱分类器,选择是否合适直接决定了建模的成败。弱分类器的选择应该遵循如下两个标准:①弱分类器有处理数据重分配的能力;②弱分类器必须不会导致过拟合。

5.4 Bagging 算法

Breiman 在 1996 年提出了与 Boosting 相似的技术——Bagging[15]。Bagging 的基础是重复取样,它通过产生样本的重复 Bootstrap 实例作为训练集,每次运行 Bagging 都随机地从大小为 n 的原始训练集中抽取 m 个样本作为此回训练的集合。这种训练集被称作原始训练集合的 Bootstrap 复制,这种技术也叫 Bootstrap 综合,即 Bagging。平均来说,每个 Bootstrap 复制包含原始训练集的 63.2%,原始训练集中的某些样本可能在新的训练集中出现多次,而另外一些样本则可能一次也不出现。Bagging 通过重新选取训练集增加了分量学习器集成的差异度,从而提高了泛化能力。

Breiman 指出,稳定性是 Bagging 能否提高预测准确率的关键因素。Bagging 对不稳定的学习算法能提高预测的准确度,而对稳定的学习算法效果不明显,有时甚至使预测精度降低。学习算法的不稳定性是指如果训练集有较小的变化,学习算法产生的预测函数将发生较大的变化。

Bagging 与 Boosting 的区别在于 Bagging 对训练集的选择是随机的,各轮训练集之间相互独立,而 Boosting 对训练集的选择不是独立的,各轮训练集的选择与前面各轮的学习结果有关;Bagging 的各个预测函数没有权重,而 Boosting 是有权重的;Bagging 的各个预测函数可以并行生成,而 Boosting 的各个预测函数只能顺序生成。对于像神经网络这样极为耗时的学习方法,Bagging 可通过并行训练节省大量的时间开销。

给定一个数据集 $L=\{(x_1, y_1), \cdots, (x_m, y_m)\}$,基本学习器为 $h(x, L)$。如果输入为 x,就通过 $h(x, L)$ 来预测 y。

现在,假定有一个数据集序列 $\{L_k\}$,每个序列都由 m 个与 L 具有同样分布的独立实例组成。任务是使用 $\{L_k\}$ 来得到一个更好的学习器,它比单个数据集学

习器 $h(x, L)$ 要强。这就要使用学习器序列 $\{h(x, L_k)\}$。

如果，y 是数值的，一个明显的过程是用 $\{h(x, L_k)\}$ 在 k 上的平均取代 $h(x, L)$，即通过 $h_A(x) = E_L h(x, L)$，其中 E_L 表示 L 上的数学期望，h 的下标 A 表示综合。如果 $h(x, L)$ 预测一个类 $j \in \{1, \cdots, J\}$，于是综合 $\{h(x, L_k)\}$ 的一种方法是通过投票。设 $M_j = \# \{k, h(x, L_k) = j\}$，使 $h_A(x) = \arg\max_j M_j$。

Bagging 的算法流程如下。

（1）给定训练样本集 $S = \{(x_1, y_1), \cdots, (x_n, y_n)\}$。

（2）对样本集进行初始化。

（3）循环 $t = 1, \cdots, T$，在循环中的每一次：

① 从初始训练样本集 S 中用 Bootstrap 方法抽取 m 个样本，组成新的训练集 $S' = \{(x_1, y_1), \cdots, (x_m, y_m)\}$；

② 在训练集 S' 上用基本分类器进行训练，得到 t 轮学习器 h_t；

③ 保存结果模型 h_t。

（4）通过投票法，将各个弱学习器 $h_1, h_2, \cdots, h_t$ 通过投票法集合成最终的强学习器 $h_A(x) = sign(\sum h_i(x))$。

Brieman 指出，Bagging 所能达到的最大正确率为：

$$r_A = \int_{x \in C} \max_j P(j \mid x) P_x(\mathrm{d}x) + \int_{x \in C'} \left[\sum_j I(h_A(x) = j) P(j \mid x) \right] P_x(x)$$

$$(5.5)$$

式中，C 为序正确的输入集；C' 为 C 的补集，$I(\cdot)$ 为指示函数。

参 考 文 献

［1］ Hansen L K, Salamon P. Neural network ensembles. IEEE Transactions on Pattern Analysis and Machine Intelligence, 1990, 12: 933-1001.

［2］ Schapire R E. The strength of weak learnability. Machine Learning, 1990, 5: 197-227.

［3］ Freund Y, Schapire R E. A decision-theoretic generalization of on-line learning and an application to boosting. J. Comput. System Sc., 1997, 55: 119-139.

［4］ Zhou Z H, Wu J X, Tang W. Ensembling neural networks: many could be better than all. Artificial Intelligence, 2002, 137: 239-263.

［5］ Zhou Z H, Wu J X, Tang W, Chen Z Q. Combining regression estimators: GA-based selective neural network ensemble. International Journal of Computational Intelligence and Applications, 2001, 1: 341-356.

［6］ Schapire R E, Freund Y, Bartlett P, Lee W S. Boosting the margin: A new explanation for the effectiveness of voting methods. Annals of Statistics, 1998, 26: 1651-1686.

[7] Freund Y. Boosting a weak algorithm by majority. Information and computation，1995，121：256-285.

[8] Freund Y，Schapire R E. Large margin classification using the perceptron algorithm. Mach Learn，1999，37：277-296.

[9] Freund Y，Iyer R，Schapire R E，Singer Y. An efficient boosting algorithm for combining preferences. J Mach Learn Res，2004，4：933-969.

[10] Freund Y，Mansour Y，Schapire R E. Generalization bounds for averaged classifiers. Annals of Statistics，2004，32：1698-1722.

[11] Freund Y，Schapire R E. Additive logistic regression：A statistical view of boosting - Discussion. Annals of Statistics，2000，28：391-393.

[12] Schapire R E，Singer Y. Improved boosting algorithms using confidence-rated predictions. Mach Learn，1999，37：297-336.

[13] Schapire R E. The Boosting Approach to Machine Learning：An Overview. MSRI Workshop on Nonlinear Estimation and classification. NJ：AT&T Labs，2002：1-15.

[14] Duffy N，Helmbold D. A geometric approach to leveraging weak learners. Theoretical Computer Science，2002，284：67-108.

[15] Breiman L. Bagging predictors. Mach Learn，1996，24：123-140.

6 特征选择方法和应用

6.1 特征选择研究概述

特征选择（Feature Selection）自 20 世纪 70 年代就已经引起研究者的关注[1]，一直是数据挖掘中重要的子领域[2,3]，而特征选择技术也被广泛用到数据挖掘[4,5]、图像检索[6]、文本分类[7,8]、数据挖掘[9,10]、生物信息学[11,12]等应用领域中。

Liu 和 Yu[9]将特征选择定义为：特征选择是选择原始特征的一个子集的过程，子集的最优性由评价策略衡量。特定的评价策略和特定的特征子集生成方法结合在一起，就构成了具体的特征选择技术。

根据评价策略与目标学习器即特征选择后所使用的学习器的关系，目前特征选择技术可以大致分为三类：过滤式（Filter）、包装式（Wrapper）和嵌入式（Embedded）。第一类技术在特征选择过程中不涉及目标学习器，其效果好像是利用一个过滤器把不重要的特征过滤掉，因此被称为"过滤式"。第二类技术直接将目标学习器的泛化能力作为评价准则，其效果好像是在目标学习器外包裹了一层特征选择处理机制，因此被称为"包装式"。第三类技术则是将目标学习器的结构参数作为评价准则嵌入到特征选择优化过程中，因此被称为"嵌入式"。嵌入式技术与包装式技术有密切的联系，主要是为了适应大数据量而产生的技术，其计算复杂度一般比包装式技术小[3]。根据特征子集的形成方式的不同，特征选择还可以分为穷举法（Exhaustion）、启发法（Heuristic）、随机法（Random）。穷举法遍历特征空间中的所有特征的组合，选取最优特征子集。启发法通过搜索策略来生成特征子集，得到接近最优解的特征子集，常用的方法有前向（后向）及其变体、单独最优特征组合等。随机法按照随机或者概率的方式产生特征子集，常用的方法有模拟退火法、遗传算法等。根据输出结果形式的不同，特征选择还可以分为特征排序（Feature Ranking）和子集选择（Subset Selection），前者是把所有的特征按重要性程度从高到低进行排序，后者则是把最重要的一个特征子集选择出来。特征选择的目的可以有多种，根据不同的目的，可以有不同的评价策略。

6.2 基于支持向量分类的特征选择

6.2.1 后向浮动搜索算法

浮动搜索是一种特征子集产生方法，是文献[13]提出的，并在研究中证明是最好的子集产生方法之一。子集产生方法可以从三个方向搜索，前向、后向和随机。尽管后向搜索算法要比前向搜索花费更多的时间，但是它可以处理有交叉作用的特征，因此我们结合后向浮动搜索算法与基于支持向量机的卷积式算法构造了一种实用的特征选择算法：基于支持向量机的后向浮动搜索（Support Vector Machine based Backward Floating Search，SVM-BFS）算法。

在 SVM-BFS 算法中要涉及最重要和最不重要特征，最不重要特征 f_x 指的是对于子集 S_w 存在 $R_{acc}(S_w - f_x) \geqslant R_{acc}(S_w - f_i)$，$\forall f_i \in S_w$，对于最重要特征 f_x 是指对于子集 S_w 满足 $S_w \bigcup S_u = S$ 和 $S_w \bigcap S_U = \varnothing$，并存在：$R_{acc}(S_w + f_x) \geqslant R_{acc}(S_w + f_i)$，$\forall f_i \in S_u$，这里 $R_{acc}(S_w \mp f_x)$ 指 S_w 减去或者增加 f_x。

后向浮动搜索算法建立在序列后向搜索和序列前向搜索算法基础上，其中序列后向搜索算法每次删除一个特征，而序列前向搜索算法每次增加一个特征，后向浮动搜索可以分为以下几个步骤。SVM-BFS 的伪代码可以在文献[14]中找到。

6.2.2 用 SVM-BFS 进行特征选择

首先，对附录 2 中所列的两个大脑胶质瘤数据集通过 SVM-BFS 方法选择最相关的特征子集，并计算不同学习算法在两个数据集不同特征子集上的精度，最后提取规则来帮助神经放射学家预报大脑胶质瘤的良恶性程度。所得精度将在两个数据集上与文献介绍的 FMMNN-FRE[15] 算法所得精度进行比较。在计算前，先把数据集映射到 [-1，1] 区间。

为了比较支持向量机和人工神经网络以及 FMMNN-FRE 在训练数据集上的分类能力，我们使用 10 倍交叉验证方法给出了预报精度如表 6.1 所示。本工作所用人工神经网络是在贝叶斯框架下的带有权重衰减的神经网络 BNN，因为此类型的神经网络有一个正则化项，其系数可以在贝叶斯框架下计算，所以该网络可以在一定程度上抑制过拟合，同时对于隐层结点个数不敏感，该神经网络在 MATLAB 中实现。

表 6.1　在全部特征集上不同算法使用 10 倍交叉验证技术所得精度

算法	数据集	平均正确率 R_{acc}/%	标准偏差/%	最高正确率/%	最低正确率/%
SVM	D280	85.70	6.52	96.43	71.43
	D154	84.96	9.97	100.00	73.33
BNN	D280	85.62	7.68	100.00	73.33
	D154	84.00	7.76	100.00	73.33
FMMNN-FRE	D280	83.21	5.31	89.29	75.00
	D154	86.37	7.49	100.00	73.33

　　用 SVM-BFS 算法，在两个数据集上选择特征子集。所选择的特征子集上的预测精度结果显示在图 6.1。

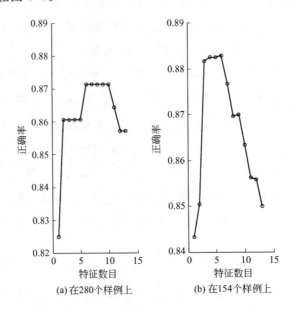

(a) 在280个样例上　　　　　(b) 在154个样例上

图 6.1　SVM-BFS 进行特征选择所得不同特征个数的特征集上的 R_{acc}

　　从图 6.1 中看出，在 280 个样例的数据集上，六个特征的子集得到了最高的精度，尽管有包含不同特征个数的三个子集得到了相同的精度，我们采用特征个数最小的子集，因为其中包含了最少的特征，所得六个特征为性别、年龄、形态、后增强、血供、出血。同样在 154 个样例的数据集上，同样选择了有六个特征的子集，它们是性别、年龄、后增强、血供、坏死、T2 加权，总共获得了 8 个特征。

　　事实上，根据我们的经验，所有特征与大脑胶质瘤的良恶性程度是相关的，但是不同组合可以得到不同的预报精度。

　　在 SVM-BFS 所选的子集上，分别运行支持向量机和神经网络，并用 10 倍交叉验证方法，得到分类预报精度，如表 6.2。

表 6.2 在 SVM-BFS 所选的子集上不同算法使用 10 倍交叉验证方法所得精度

算法	数据集	R_{acc} /%	标准偏差/%	最高正确率/%	最低正确率/%
SVM	D280	87.14	5.38	96.43	78.57
	D154	88.33	8.07	100.00	80.00
BNN	D280	86.07	6.61	96.42	78.57
	D154	84.75	9.28	100.00	68.75

比较表 6.1 和表 6.2 的结果可以看出：①支持向量机（SVM）在所选子集上精度高于 BNN；②支持向量机在所选子集上的精度高于所有方法在全集上的精度。

6.3 支持向量回归的特征选择

6.3.1 PRIFER 算法

在上面章节的研究中考虑的是分类问题，下面考虑支持向量回归（SVR）情况下的特征选择。将应用过滤式特征选择模型和嵌入式模型来提高 SVR 的泛化能力。互信息经常用在过滤式模型中来实现特征选择[9,16]，同时把它作为一个基本方法。另一个方法是嵌入式模型，尽管许多工作是在基于 SVR 的特征选择上提出，大部分是用来解决分类问题[17~19]，几乎没有解决回归问题。因此，这里提出新的算法 PRIFER（Prediction Risk based Features Election for Regression，特征选择预报风险用于回归）是将该特征选择方法结合支持向量机回归来解决多元校正问题。

预报风险准则由文献[20]提出，它是通过估计数据集中特征值被平均值所取代时的预测错误来评估每个特征。

$$R_i = RMSE(\overline{x^i}) - RMSE \tag{6.1}$$

式中，$RMSE$ 为训练误差；$RMSE(\overline{x^i})$ 是在训练集上的第 i 个特征的平均值测试误差。最后，特征相关性最小的将被去掉，因为这个特征导致最小的错误，是最不重要的特征。

6.3.2 计算结果的评价准则

通过上面的学习算法得到的回归精度用下面这些误差度量方法来比较。

（1）$RMSE$（均方根误差） 对 j 个部分，它被定义为：

$$RMSE_j = \sqrt{\frac{1}{l}\sum_{i=1}^{l}(y_{ij}^l - y_{ij})^2} \tag{6.2}$$

而对整体，它定义为：

$$RMSE = \sqrt{\frac{1}{n}\sum_{j=1}^{n}RMSE_j^2} \tag{6.3}$$

式中，y_{ij}^l 意思是第 i 个样本的第 j 个预测目标值；y_{ij} 意思是第 i 个样本的第 j 个真实目标值；l 是指样本数的个数；n 是指每个样本目标值的个数。

（2）MAE（绝对平均误差）　对 j 个组成部分，它被定义为：

$$MAE_j = \frac{1}{l}\sum_{i=1}^{l}|y_{ij}^l - y_{ij}| \tag{6.4}$$

而对整体，它定义为：

$$MAE = \frac{1}{n}\sum_{j=1}^{n}MAE_j \tag{6.5}$$

其中，y_{ij}^l、l 和 n 和上面的 $RMSE$ 是同样的意思。

6.3.3　PRIFER 方法与常规计算方法的结果比较

表 6.3 列出了各种学习算法的名称含义，各种算法用于附录 2 的有香味的氨基酸的质谱荧光反应测定的多元校正中，所得结果列于表 6.4。从表 6.4 可以看出：①在不用 PRIFER 方法的常规计算方法中，G-SVR 得到了最好的精度结果，其次是 BNN 的结果，PLS 的结果在这里不好；②SVR 总体上结果要比 ANN 的好；③G-SVR 比 L-SVR 要好；④BNN 比 ES 和 ANN 要好；⑤PRIFER 方法改进了 G-SVR 的结果。由此可见：当特征选择通过 PRIFER 方法实现后，特征选择之前 SVR 最好的预测结果也能进一步改进。

表 6.3　学习算法的名称含义

算　　法	含　　　义
L-SVR	线性 SVR
G-SVR	带有高斯核的 SVR
BNN	带有 Bayesian 框架的人工神经网络
WD	权重衰减神经网络
ES	早期停止神经网络
ANN	常用神经网络
PLS	偏最小二乘分类
PRIFER	基于 PRIFER 的 SVR

表 6.4　PRIFER 与其它方法的结果比较

算法	酪氨酸		色氨酸		苯丙氨酸		总误差	
	RMSE	MAE	RMSE	MAE	RMSE	MAE	RMSE	MAE
L-SVR	0.0766	0.0637	0.1334	0.0998	0.3762	0.2644	0.2347	0.1427
G-SVR	0.1249	0.0893	0.1308	0.0882	0.2781	0.2093	0.1915	0.1289

续表

算法	酪氨酸		色氨酸		苯丙氨酸		总误差	
	RMSE	*MAE*	*RMSE*	*MAE*	*RMSE*	*MAE*	*RMSE*	*MAE*
BNN	0.1558	0.1130	0.1677	0.1269	0.2632	0.2140	0.2014	0.1513
WD	0.2182	0.1355	0.1887	0.1406	0.2906	0.2270	0.2364	0.1677
ES	0.2881	0.1672	0.1618	0.1240	0.5057	0.3635	0.3488	0.2182
ANN	0.1950	0.1218	0.1873	0.1378	0.3240	0.2662	0.2436	0.1753
PLS	0.1177	0.0842	0.2769	0.2074	0.4260	0.3313	0.3011	0.2076
PRIFER	0.1205	0.0837	0.0788	0.0601	0.258	0.1889	0.1707	0.1109

6.4 集成学习及其特征选择

在集成学习中引入特征选择已是当前数据挖掘中的一大研究热点，其研究成果已被广泛地应用于提高单个学习器的泛化能力。集成学习因其个体学习器的误差分布于不同的输入空间而使得集成学习取得了比较好的效果。Bagging 算法和 Boosting 算法是目前比较流行的两种集成学习方法[21,22]。这两种算法的性能提高主要来自于对集成学习中子模型训练数据集的重复取样[23]。

目前，已有很多将特征选择应用于构建新的集成学习方法的研究。例如：Ho 首先提出了构建决策森林的随机子空间方法[24]，后来 Gunter 等人又提出了该方法的改进方法[25]；Opitz 提出了基于遗传算法的特征选择的集成学习算法[26]；Oliveira 等人运用了多目标的遗传算法研究集成学习中的特征选择[27]；Brylla 等人提出了基于随机特征选择的特征 Bagging 方法[28]；Tsymbal 等人先研究了集成特征选择方法的不同搜索策略[29]，后又提出了运用遗传算法进行集成特征选择[29]。从总体上看，以上基于特征选择的集成学习方法都是通过产生不同的特征子集来构建不同的个体模型[23]，而 Bagging 算法和 Boosting 算法则与这些不同——这两种算法均通过产生不同的样本子集来构建不同的个体学习模型。然而，目前却很少有人在重复取样的基础上进行特征选择方法的研究。针对这一点，研究了 Bagging 算法中的特征选择技术，并由此提出了若干新的算法。

特征选择在 Bagging 算法上的应用主要有以下两个方面。一方面是对 Bagging 算法中通过由 Boostrap 方法所产生的个体子集进行特征选择，从而提高个体模型之间的差异度和个体模型的精度。该研究主要运用嵌入式特征选择方法和滤波式特征选择方法对在 Bagging 基础上所产生的个体学习器进行最优特征子集的选择[31,32]。

Bagging 方法中特征选择应用的另一个方面在于对集成学习中个体学习器的选

择，也就是周志华等人提出的选择性集成学习[33]。周志华等人提出的基于遗传算法的选择性集成学习算法 GASEN 通过遗传算法对 Bagging 的个体学习器进行选择，从而取得了比较好的结果[33]。这表明选择部分子模型进行集成学习的效果优于运用所有子模型进行集成的效果。Caruana 等人后来也证明了这一说法的正确性[34,35]。GASEN 算法取得了比较好的效果，但是该算法的计算复杂度比较高。针对这一点，本章提出了基于聚类算法的选择性集成学习算法 CLUSEN。

6.4.1　个体子集的特征选择

目前，许多研究成果已经证明集成学习方法能够有效地提高单个学习器的泛化能力[21,22]，并且当运用 SVM（支持向量机）作为集成学习子模型的学习器时效果尤为明显[18]。Valentini 和 Dietterich 指出，通过降低 SVM 子模型的错误率能够有效地降低基于 SVM 的 Bagging 学习的错误率[36]。特征选择方法中，滤波式方法和卷积方法运用较为广泛[3,9,37]。目前，虽然已有研究人员将特征选择方法运用于集成学习，并且也获得了比较好的效果[24,26~30]，但是其中的大部分工作仅仅只局限于运用特征选择方法产生多样性的个体子模型。鉴于此，李国正等人提出对 Bagging 中数据子集进行特征选择从而提高 Bagging 算法的集成学习效果，并由此提出了两个新算法 PRIFEB 和 MIFEB[31,38]，前者是基于预报风险准则的嵌入式特征选择，后者是基于互信息准则的集成特征选择算法。这两个算法的基本思想可用图 6.2 所示的框架 FEB（Features Selection for Bagging）表示——首先利用 Bootstrap 进行子集生成，然后在子集上进行特征选择，再在经特征选择后的子集上分别建立子模型，最后集成所有个体子模型。

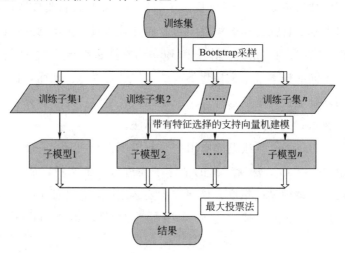

图 6.2　Bagging 子集特征选择的 FEB 框架

研究表明，特征选择既能减少数据中的无关特征，又能去除数据中的冗余特征，从而提高了个体模型的泛化能力。同时，因各个体模型中进行特征选择时所删除的特征不尽相同而增加了集成学习中个体子模型之间的差异。由文献[2]可知，通过提高个体模型的正确率或者增加个体模型之间的差异度均能有效地提高集成学习的性能，这也进一步证明了通过对个体子集进行特征选择确实能够有效地提高集成学习技术的泛化能力。

6.4.2　基于预报风险的特征选择

本工作集成学习的个体模型采用 SVM，风险预测标准被用到个体模型的特征排序。预报风险标准由 Moody 和 Utans[39] 提出，它通过估计预测数据集的错误来评估每个特征，这个特征的所有样本的值被它们的平均值替代：

$$S_i = ERR(\bar{x}^i) - ERR \tag{6.6}$$

式中，ERR 是训练错误；$ERR(\bar{x}^i)$ 是在第 i 个特征的平均值在训练数据集上的测试错误，它被定义为：

$$ERR(\bar{x}^i) = \frac{1}{p} \sum_{j=1}^{p} (\tilde{y}(x_j^1, \cdots, \bar{x}^i, \cdots, x_j^n) \neq y_j) \tag{6.7}$$

式中，n、p 分别是特征和样例的个数；$\bar{x}^i$ 是第 i 个特征的平均值。$\tilde{y}()$ 是第 i 个特征被它的平均值代替掉后，第 i 个样本的预测值。最后，特征相关性最小的特征被删掉，因为这个特征造成的影响最小，是最不重要的特征。

6.4.3　PRIFEB 算法

在基于预报风险的特征选择算法的基础上本章提出了基于预报风险的个体特征选择的集成学习算法 PRIFEB（Prediction Risk based Features Election for Bagging）。

在图 6.2 应用 PRIFEB 算法过程中，首先使用 Bootstrap 方法从原始的训练集中得到 N 个用于训练个体分类器的数据集（N 是预先设定的学习器的个数），然后用基于预报风险的嵌入式特征选择算法对上一步得到的 N 个训练数据集进行特征选择，去除每个数据集中的无效特征，得到 N 个经过特征选择的训练数据集，接着将经过特征选择后得到的新的训练数据集用于训练 N 个个体学习器，可以得到 N 个个体学习器，然后用前面训练得到的 N 个个体学习器对同样的一组测试数据集进行预测，得到 N 组预测结果，最后按照多数投票法对 N 组预测结果进行集成，得到最终的预测结果。

6.4.4 UCI 数据集上的计算结果

使用如附录 2 所示的 UCI 数据集，其中样本数范围从上百到上千，特征数 9～35 个。为了让适合本章算法，所有数据集都用数字表示。然后，所有的特征都被投影在 $[-1,1]$ 之间。

提出的方法被用来验证 PRIFEB 算法的结果。实验在每个数据集上重复 50 次。同一对 SVM 参数 $c=100$，$\sigma=10$ 被使用，在 Bagging 中的个体数量是 20。

实验结果中，精度是由不同的 Bagging 算法获得，结果见表 6.5，由此可见 PRIFEB 方法在不同数据集上不同程度地改善了 Bagging 方法的预测精度。改善的范围为 1%～6%，被 PRIFEB 改善的平均值是 3.17%，同时，标准差也在某种程度上减少了。

表 6.5　在 UCI 数据上的预测精度

数据集	PRIFEB 算法	Bagging 算法
all-bp	97.07±0.45	95.95±0.13
backup	91.99±1.41	89.90±2.06
Breast-cancer-W	94.38±1.02	91.23±1.71
glass	64.95±3.74	61.75±5.12
Proc-C	53.71±3.67	49.93±3.65
Proc-H	79.84±2.55	73.89±3.52
soybean-l	85.54±3.64	83.25±3.57
soybean-h	78.62±3.30	74.88±3.87
Average	80.75±2.47	77.60±2.59

参 考 文 献

[1] Mucciardi A N，E E Gose. A Comparison of Seven Techniques for Choosing Subsets of Pattern Recognition. IEEE Transactions on Computers，1971. C-20：1023-1031.

[2] Dietterich T. Machine-learning research：Four current directions. The AI Magazine，1998. 18（4）：97-136.

[3] Guyon I，A e Elisseeff. An Introduction to Variable and Feature Selection. Journal of Machine Learning Research，2003. 3：1157-1182.

[4] Jain A K，Duin R P W，Mao J. Statistical Pattern Recognition：A Review. IEEE Transactions on Pattern Analysis and Machine Intelligence，2000. 22（1）：4-37.

[5] Viola P，Jones M. Rapid Object Detection Using a Boosted Cascade of Simple Features. in Coference on Computer Vision and Pattern Recognition（CVPR）. 2001：IEEE Press.

[6] Tao D，et al. Asymmetric Bagging and Random Subspace for Support Vector Machines-Based Relevance Feedback in Image Retrieval. IEEE Transactions on Pattern Analysis and Machine Intelligence，2006. 28（7）：1088-1099.

［7］ Forman G. An Extensive Empirical Study of Feature Selection Metrics for Text Classification. Journal of Machine Learning Research, 2003. 3: 1289-1305.

［8］ Yan J, et al. OCFS: Optimal Orthogonal Centroid Feature Selection for Text Categorization. in Proceedings of the 28th Annual International ｛ACM｝｛SIGIR｝ Conference on Research and Development in Information Retrieval ｛SIGIR｝ ′05. New York, NY, USA: ACM Press, 2005.

［9］ Liu H, Yu L. Toward Integrating Feature Selection Algorithms for Classification and Clustering. IEEE Transactions on Knowledge and Data Engineering, 2005. 17 (3): 1-12.

［10］ Burdick D, et al. MAFIA: A Maximal Frequent Itemset Algorithm. Knowledge and Data Engineering, IEEE Transactions on, 2005. 17: 1490-1504.

［11］ Xing E, Jordan M, Karp R. Feature Selection for High Dimensional Genomic Microarray Data. in Proceedings of 15th International Conference on Machine Learning, 2001.

［12］ Zhang Y-Q, Rajapakse J C. Machine Learning in Bioinformatics. New York: John Wiley & Sons, 2007.

［13］ Pudil P, Novovicova J, Kittler J. Floating Search Methods in Feature Selection. Pattern Recognition Letters, 1994. 15: 1119-1125.

［14］ Li G-Z, et al. Degree Prediction of Malignancy in Brain Glioma Using Support Vector Machines. Computers in Biology and Medicine, 2006. 36 (3): 313-325.

［15］ Ye C-Z, Yang J, Geng D-Y, Zhou Y, Chen N-Y. Fuzzy rules to predict degree of malignancy in brain glioma, Medical and Biological Engineering and Computing, 2002, 40: 145-152.

［16］ Peng H, Long F, Ding C. Feature Selection Based on Mutual Information: Criteria of Max-Dependency, Max-Relevance, and Min-Redundancy. IEEE Transactions on Pattern Analysis and Machine Intelligence, 2005. 27 (8): 1226-1238.

［17］ Guyon I, et al. Gene Selection for Cancer Classification Using Support Vector Machines. Machine Learning, 2002. 46: 389-422.

［18］ Li G-Z, et al. Feature selection for multi-class problems using support vector machines. in Lecture Notes in Artificial Intelligence 3173 (｛PRICAI2004｝). Springer, 2004.

［19］ Lal T N, et al. Embedded Methods, in Feature Extraction, Foundations and Applications, I. Guyon, S. Gunn, and M. Nikravesh, Editors. Springer: Physica-Verlag, 2006.

［20］ Moody J, Utans J. Principled Architecture Selection for Neural Networks: Application to Corporate Bond Rating Prediction. in Advances in Neural Information Processing Systems. Morgan Kaufmann Publishers, Inc, 1992.

［21］ Bauer E, Kohavi R. An empirical comparison of voting classification algorithms: Bagging, Boosting, and variants. Machine Learning, 1999. 36 (1-2): 105-139.

［22］ Breiman L. Bagging predictors. Machine Learning. Machine learning, 1996. 24 (2): 123-140.

［23］ Brown G, Wyatt J L. Managing Diversity in Regression Ensembles. Journal of Machine Learning Research, 2005. 3: 1621-1650.

［24］ Ho T. The random subspace method for construction decision forests. IEEE Transaction Pattern Analysis and Machine Intelligence, 1998. 20 (8): 832-844.

［25］ Simon G, Horst B. Feature selection algorithms for the generation of multiple classifier systems and their application to handwritten word recognition. Pattern Recognition Letters，2004. 25（1）：1323-1336.

［26］ Opitz D. Feature selection for ensembles. in International Conference on Artificial Intelligence，1999.

［27］ Oliveira L，et al. Feature selection using multi-objective genetic algorithms for handwritten digit recogni-
tion. in The 16th International Conference on Pattern Recognation，2002.

［28］ Brylla R，Gutierrez-Osunab R，Queka F. Attribute Bagging：Improving Accuracy of Classifier Ensem-
bles by Using Random Feature Subsets. Pattern Recognition，2003. 36（6）：1291-1302.

［29］ Tsymbal A，Cunningham P. Search strategies for ensemble feature selection in medical diagnostics. in
Proceedings of the 16th IEEE Symposium.

［30］ Tsymbal A，Pechenizkiy M，Cunningham P. Sequential Genetic Search for Ensemble Feature Selection.
in Proceeding of International Joint Conference on Aritificial Intelligence 2005，｛IJCAI2005｝. Edin-
burgh，Scotland，2005.

［31］ Li G-Z，Liu T-Y，Cheng V S. Classification of Brain Glioma by Using SVMs Bagging with Feature Se-
lection. in｛BioDM｝2006，Lecture Notes in Bioinformatics 3916. Springer，2006.

［32］ Liu T-Y，et al. Estimation of the Future Earthquake Situation by Using Neural Networks Ensemble. in
｛ISNN2006｝，Lecture Notes in Computer Science 3973. Springer，2006.

［33］ 周志华，陈世福. 神经网络集成学习. 计算机学报，2002. 125（1）：1-8.

［34］ Caruana R，et al. Ensemble Selection from Libraries of Models. in｛ICML｝2004.

［35］ Caruana R，Munson A，Niculescu-Mizil A. Getting the Most Out of Ensemble Selection. in Data Min-
ing，2006.｛ICDM｝'06. Sixth International Conference on. IEEE Press，2006.

［36］ Valentini G，Dietterich T. Bias-Variance Analysis of Support Vector Machines for the Development of
SVM-Based Ensemble Methods. Journal of Machine Learning Research，2004. 5（1）：725-775.

［37］ Yu L，Liu H. Efficient Feature Selection via Analysis of Relevance and Redundancy. Journal of Machine
Learning Research，2004. 5：1205-1224.

［38］ Li G-Z，Liu T-Y. Feature Selection for Bagging of Support Vector Machines. in｛PRICAI2006｝，
Lecuture Notes in Computer Science 4099. Springer，2006.

［39］ Weston J，et al. Feature Selection for Support Vector Machines. in Neural Information Processing Sys-
tems｛（NIPS）｝14（2000）. Cambridge，MA：MIT Press，2001.

7 钙钛矿型离子导体导电性的数据挖掘

钙钛矿型离子导体在传感、探测和能源上有着广泛应用，尤其在固体氧化物燃料电池上是一种重要材料。研究者对钙钛矿型离子导体，最感兴趣的是其氧离子电导率。本章通过数据挖掘方法探索钙钛矿型氧化物氧离子导电能力与其原子参数（或分子参数）之间的关系，旨在为钙钛矿型氧化物的材料设计及其氧离子导电能力改进提供参考依据。

7.1 钙钛矿型离子导体与燃料电池材料

钙钛矿型离子导体是一类层状无机氧化物，常被应用于气敏材料传感器，金属探测等汽车以及制造业中[1]。尤其在固体氧化物燃料电池中，钙钛矿型离子导体是重要的电极与电解质材料[2]。

燃料电池（Fuel Cell，FC）早在 1802 年即由 Humphrey Davy 提出。而在 1839 年 William Grove 成功地将传统的电解水实验进行了逆反应，进而产生电流。20 世纪 50 年代，第一个千瓦级燃料电池的出现，为 60 年代阿波罗登月的飞船燃料电池系统打下了基础。从此，燃料电池发电技术受到各国的高度重视[2,3]。

现代社会能源和环境问题日益严重，相当大的原因是化石燃料的大规模燃烧。这种能量转换是通过热机来实现，而热机必然受到卡诺循环的限制，效率较低造成严重的能源浪费且污染严重。燃料电池则直接将燃料中的化学能转化成为电能，故无所谓热机过程，不受卡诺循环的限制，能量转化率在 40%～80% 之间。同时，不排放氮氧化物和硫氧化物，对环境较为友好。二氧化碳的排放量也降低到常规火力发电厂的 40% 甚至更低。于是，燃料电池被称为新世纪的清洁高效能源利用方式。

而燃料电池根据其电解质的不同，基本可分为碱性燃料电池（Alkaline Fuel Cell，AFC）、直接甲醇燃料电池（Direct Methanol Fuel Cell，DMFC）、磷酸盐燃料电池（Phosphoric Acid Fuel Cell，PAFC）、熔融碳酸盐燃料电池（Molten Carbonate Fuel Cell，MCFC)、质子交换膜燃料电池 (Proton Exchange Membrane Fuel Cell，PEMFC)、固体氧化物燃料电池 (Solid Oxide Fuel Cell，SOFC)。

燃料电池与传统化石燃料直接燃烧的供能方式比，一般都有能量转换效率高，环境污染少，无噪声，使用寿命较长且较为可靠等特点。而 SOFC 在燃料电池中由于其可选择燃料范围广，可做分散式处理，可热电联用，以及其具有一定军事用途等，一直是研究的热点[4]。目前其可应用领域有四大块。

(1) 高温大规模固定式供电站　SOFC 高温特性和大功率密度可适合于城市电网供电，通过高度模块化设计即能大为缩小其体积，减少城市占地，且对环境友好而噪声极低。而 SOFC 的热电联用效应也可在冬季对城市进行集中供暖。

(2) 小型分散式供电站　SOFC 由于体积小，功率高，因此在大型电网无法覆盖的地方，如山区、海岛、边防哨所等，依然能够独立进行供电。

(3) 车载电源　SOFC 很有可能解决电动汽车功率低、成本高的问题，最终将其商业化。在铁路交通上，其高功率输出也很适合替代现有燃煤和燃油的机车。

(4) 军事和航天发电　SOFC 的低燃料耗量和低噪声，可作军用船舶、舰艇以及宇航等特殊用途。在现有基础上，若能达到 8MW 的功率，则可做全电力驱动舰艇的动力系统，极大加强续航能力与作战半径。

SOFC 的主要部件包括阴极、阳极、电解质和连接支撑材料。阴阳两个电极的主要功能是使燃料或氧气发生电化学反应，但要求是本身不被消耗腐蚀（或者损耗量极小）。连接材料一般用于各单体的阴阳两极串联，实现电子连接。而支撑材料用于固定和容纳电池各部件。电解质则是 SOFC 最为关键的材料。其决定燃料电池的工作温度，传递载流子（氧离子或者氢离子），分隔氧气（或空气等氧化剂）与燃料，分隔阴阳两极防止短路。电解质材料一旦确定，其余各部必须以之为中心进行选材。实际中对电解质材料的要求很多：氧离子电导率高，而电子电导率尽可能低，以减少欧姆极化损耗和防止短路；成膜性能好，加工无污染；致密度高，避免反应气体的相互渗透；在氧化或还原气氛中，必须具备足够的化学稳定性和物理稳定性；与其它部件热膨胀率匹配；在电池组件烧制与最终工作温度下均保持化学相容性；此外还应具备高强度、高韧性、易加工、低成本等特点。

现阶段，SOFC 常用电解质材料为萤石结构的氧化锆（一般对其掺杂氧化钇作为稳定剂，故写为 Yttria-Stabilized Zirconia，简称 YSZ)。YSZ 在 SOFC 电解质材料中抗氧化还原的化学稳定性非常好，且相当价廉易得，在高温下具有足够高的氧离子电导率与机械性能。YSZ 的离子电导率对氧分压有不敏感区，在氧分压变化十几个数量级时，都不发生明显的变化，这就使得其运行时具有相当的可靠性与可连续性。但 YSZ 的几个缺点也非常致命，例如工作温度相当高，必须达到 1273K

即一千摄氏度，如此高温下，电极材料、连接材料及密封材料的选择和各材料之间的热膨胀不均匀，扩散反应等问题难以克服，极大地限制了 SOFC 的发展。解决的出路在于 SOFC 的中低温化。而温度一旦降低，YSZ 的电导率急剧下降，又导致其无法正常工作。

因此探索具有高离子导电性的新型电解质材料成为必然。钙钛矿型离子导体由于其高温热稳定性和较高的离子导电率，很快进入研究者的视野。尤其是掺杂的 ABO_3 型钙钛矿体系，其中 $LaGaO_3$ 系列钙钛矿离子导体[5]，在比 YSZ 工作温度低 200K 的中温条件下（1073K，800℃），即可达到与之相当的离子电导率（$\sigma \approx 0.1S/cm$）。如此 SOFC 的中低温化迈出了很大的一步。

钙钛矿型离子导体已成为 SOFC 电解质材料的重要研究对象。它不仅具有相对稳定的晶体结构，而且对 A 位和 B 位离子半径变化有着较强的容忍性。因此可通过低价金属离子掺杂，从而大幅度增加离子电导率。同时，A 位和 B 位可以进行不同配比的双掺杂，很可能构成丰富的可选择的电解质品种。此外，钙钛矿型氧化物中，$SrCeO_3$、$BaCeO_3$、$Ca_{12}A_{14}O_{33}$、$NaBi_3V_2O_3$ 等材料也被认为是新型的优良离子导体，很有潜力被应用于 SOFC 的电解质中[6]。

7.2 钙钛矿的结构特性

作为 SOFC 的电解质材料，最为关键的指标是其在中低温时氧离子的导电能力，一般以其离子电导率 σ 来表征。钙钛矿型离子导体的导电能力，显然与其结构和组成有很大关系。不掺杂的 $LaGaO_3$ 钙钛矿晶体在高温下会产生一级相变，由原先对称的正交结构变为菱形结构。而掺杂的 $LaGaO_3$ 晶体又往往会在高温下转变为高对称性的立方结构。不掺杂的 $LaGaO_3$ 钙钛矿晶体离子电导率非常低，而掺杂的 $LaGaO_3$ 晶体离子电导率却很高。当然用于电解质材料，则离子电导率越高越占优势，因此研究其结构与离子电导率的关系，有很重要的应用意义。另一方面，钙钛矿在材料科学领域一直是研究热点。该化合物的结构和成分略有差异，就能产生各种各样的物理化学性质，如铁磁性、庞磁电阻性、光催化性、超导性和导电性等[7]。其中蕴含了多原子化合物晶体材料物理化学的深层法则，因此探索其结构与性能的关系，在理论上亦有很大价值。

钙钛矿化合物，是自然界中广泛存在、数量众多的一类重要化合物。其英文命名，来自钙钛矿的早期发现者，俄罗斯地质学家 Perovski 的名字。最初的时候，钙钛矿是专指一种稀有的矿石品种 $CaTiO_3$ 化合物。钙钛矿自然结晶石一般为立方体或八面体形状，具有些许浅色到棕色的光泽。阳光下晶体呈现褐色至灰黑色，断口有时呈灰黄色。

典型的钙钛矿结构，可表示成 ABX_3 的分子式通式。其中 B 位置的元素为可配位形成八面体的金属阳离子，常由 50 余种金属或者非金属元素如 Ti、Fe、Ga 和 Nb 等构成。而 X 位置的元素为可与 B 配位形成八面体的阴离子，例如氧离子（O^{2-}）、氯离子（Cl^-）、溴离子（Br^-）和碘离子（I^-）等。A 位元素为可以平衡 BX_3 阴离子电荷，使整个的体系呈电中性的金属阳离子，可由 20 多种元素，例如 Ca、Ba、Sr、Pb 以及从 La 到 Lu 的镧系金属构成。

现在通常所说的"理想钙钛矿"就仅仅是指立方的 ABX_3，如果没有特殊标明为立方钙钛矿的，则指一些晶格发生扭曲但依然有序的变体。理想钙钛矿是以 B 位阳离子为结点的立方晶体。以经典的 $CaTiO_3$ 晶体（ABO_3 型）为例，A（Ca）、B（Ti）和 O 原子在空间中有一个简单而规则的立方式排列。

如图 7.1 所示，B（Ti）原子位于立方体的顶角之上，A（Ca）原子位于立方体的中心，氧（O）原子位于立方体 12 条边的中点处。但通常研究者从另一个角度来看此结构。如图 7.2 所示，6 个 O 原子与 B 原子配位，形成较完美的正八面体型 BO_6，这些八面体通过角共享，形成扩展的三维网络，A 阳离子则均衡地填充于 BO_6 八面体三维网络形成的空隙中。

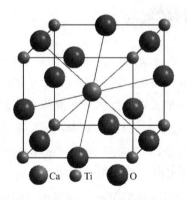

图 7.1 ABO_3 型钙钛矿立方体图

如此，这种钙钛矿结构就可以看成 BO_6 连接所形成的网络，每一个 BO_6 八面体与其它六个 BO_6 相连接形成三维框架，而 A 原子占据了 BO_6 八面体框架形成的空隙位置。

很多钙钛矿的 A 位和 B 位，并不一定被单一的元素所占据，即有两个甚至更多的阳离子会随机占据 A 点与 B 点的位置。引起这种现象的原因，有的是自然界中的矿物共生，有的则是人为的掺杂。例如（$Ce_{0.5}K_{0.5}$）TiO_3，Ce 和 K 各有一半的概率在 A 位点出现。又如 Ba（$Na_{0.25}Ta_{0.75}$）O_3，Na 有 25% 的可能在 B 位点出

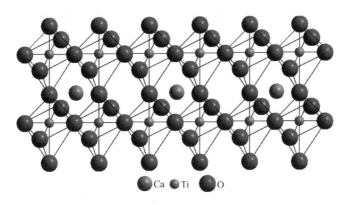

图 7.2 ABO_3 型钙钛矿八面体图

现，而 Ta 则有 75% 的可能。当然也会出现双掺杂的情况，即 A 位和 B 位都不是单一元素。如在 SOFC 中被广泛研究的钙钛矿型离子导体 $La_{0.9}Sr_{0.1}Ga_{0.8}Mg_{0.2}O_{2.85}$[8~10]，La 和 Sr 在 A 位出现的概率各为 90% 和 10%，而 Ga 和 Mg 在 B 位出现的概率各为 80% 和 20%。这种钙钛矿往往会形成扭曲的结构。此结构与理想钙钛矿结构类似，所不同之处在于，其 B 离子稍微有一点偏离中心，形成扭曲的非中心对称的八面体。一般此种结构即称为类钙钛矿结构，而具有该结构的化合物，往往被称为类钙钛矿。由氧原子八面体（BO_6）共顶而形成类钙钛矿的网络结构，具有扩展性和多样性的特征。同时，分别位于氧八面体中心位置与氧八面体间隙位置的阳离子，其种类与数量更可以进行众多的变化，可直接导致类钙钛矿结构类型的多样性与复杂性。从而，其中蕴藏着一系列有重要功能的新材料。在具有钙钛矿和类钙钛矿结构的无机化合物中，存在有一系列重要特性功能的材料如压电材料、铁电材料、高温超导材料、巨磁电阻材料等。

例如，层状钙钛矿结构铜酸盐的高温超导性，在多年前，即吸引了广泛的基础与应用方面的研究兴趣。后来发现，已知具有导电性的其他金属氧化物，如 $(La_{1-x}Sr_x)Mn_nO_{3n+1}$，$La_{n+1}Ni_nO_{3n+1}$ 和 $Ba_{n+1}Pb_nO_{3n+1}$ 也是层状钙钛矿结构化合物。所有这类化合物都有一个倾向，就是当钙钛矿层数 n 增加时其金属性增加。这些层状钙钛矿结构化合物通常用三维钙钛矿沿某一晶向的平行切片来表示，这些切片之间还可以再插入其它的基元。这种相间生长的结构模式，不仅为合成新的层状钙钛矿结构化合物提供了物质基础，而且在调制这些化合物的物理性质上具有非常重要的作用。比如受到广泛研究的铜氧钙钛矿[11]，它的结构特点是基于 Cu_2O 的钙钛矿活性层，即超导发生层，与非超导性的调制层，把铜酸盐层分隔开，并起到了电子掺杂存储器的作用。调制层起到了调节钙钛矿片层导电性质的作用，但并没有引入大量的缺陷而导致钙钛矿层的无序。又比如，许多具有钙钛矿结构的晶体，包括人造多晶体陶瓷，具有在外电场作用下沿外电场方向重新定向的性质，因而是铁电体和压电体，并已被广泛应用于电子技术等领域。

通常每种晶体结构都有其相对应的典型的电气性能，而钙钛矿则不然，它覆盖了整个的电气性能范围：铁电体、顺电体、压电体、反铁电体、绝缘体、半导体、快离子导体、金属导体和超导体。

对理想钙钛矿结构的微小偏离往往会导致新的性能的产生，虽然至今人们还不能预测结构的某一变化会导致怎样的性能，也不能完全控制这种变化，但这种变化引起性能的改变是十分明显的。

7.3 钙钛矿型晶体的原子参数

导电能力可以说是一种宏观性质，钙钛矿型离子导体的导电能力预报，从根本上说是量子力学与统计力学求解。但该问题非常复杂，单单利用第一性原理还是不够的。对钙钛矿或其它类型的晶体进行性质预测的较为广泛方法，是原子参数（或分子参数）与数据信息挖掘结合等半经验的方法[12~16]。如 Eglitis[12] 利用统计方法与半经验公式计算 ABO_3 型钙钛矿在不同情况下的可能结构；Kuzmanovski[13] 和 Javed[16] 以人工神经网络和支持向量机等多种方法预测钙钛矿的晶格常数等。这种半经验的统计方法，是基于简单的物系实验测量或理论计算，抽提出某种近似概念，以便采取某种简单的数值（即原子参数）表征或者近似结构因子，从而单独或者联合描述物质宏观性质。

从上述可知，要进行钙钛矿体系的数据挖掘，首先要有原子参数。而不同的物系，不同的宏观性质，要求不同的参数。对本文而言，钙钛矿体系使用的原子参数与其他物系既有相同，又有不同。

7.3.1 钙钛矿容忍因子

容忍因子（Tolerance Factor，TF）是由 Goldschmidt[17] 提出的一种评判钙钛矿晶体畸变程度的参数，同时也作为某种晶体是否已经形成钙钛矿或者类钙钛矿结构的判别标准。对本文研究的 ABO_3 型钙钛矿，其定义式如下：

$$TF = \frac{R_A + R_O}{\sqrt{2}(R_B + R_O)} \tag{7.1}$$

式中，R_A 为 A 位离子的半径；R_B 为 B 位离子的半径；R_O 为氧离子半径。若从立体几何入手，假设 A、B 与 O 三种离子均为球形且相切，那么容忍因子的数值恰好等于 1，即有 $R_A + R_O = \sqrt{2}(R_B + R_O)$。当然，这是一种非常理想的情形。

实际当中大部分钙钛矿的离子半径不可能使得容忍因子为 1，而是令其有一定范围的波动。通常认为容忍因子在 0.77～1.10 之间。当 A 离子偏大而 B 离子偏小，就会有容忍因子大于 1；当 A 离子偏小而 B 离子偏大，那么就会有容忍因子小于 1。若出现了容忍因子超出 0.77～1.10 的范围，那么往往该晶体就不是钙钛矿结构了。

观察容忍因子＝1，容忍因子＞1，容忍因子＜1 三种情况。等于 1 时，A、B、O 三种离子相切，结构最为稳定，结合能最高；大于 1 时，A、O 离子间隔拉大，B、O 离子受到挤压使得离子壳层相互渗透，稳定性减小，结合能降低；小于 1 时，A、O 离子受到挤压而 B、O 离子间隔拉大，同样使得稳定性减小，结合能降低。晶体的稳定性与结合能不直接影响其离子导电能力，但对构型的影响巨大。容忍因子既然表征了畸变程度和钙钛矿稳定性，那么则有理由被选择进行数据挖掘建模。

7.3.2 钙钛矿平均离子半径

电子服从 Pauli 不相容原理，导致原子间存在相互的近程排斥力，故原子之间存在某种刚性，因此，原子可以近似地看成对称球形，这就使原子半径（Atomic Radius）这一近似概念成立。原子半径的主要范围是由外层电子即价电子的轨道位置所决定，但已知价电子的轨道函数受到原子所处的微环境影响非常大，故严格来说，某种元素的原子半径并不是常数。不同价型和键型的物系中原子半径变化尤其大。于是通用方式是规定好三大不同物系（离子化合物，共价化合物与金属）下的具体原子半径数值，即离子半径、共价半径和金属半径。

显然钙钛矿晶体总体而言是离子化合物，故本工作采用的是离子半径。对于不掺杂的纯钙钛矿晶体，A 原子半径即占据 A 位的离子的半径，如 $CaTiO_3$ 晶体，A 离子半径即为 Ca^{2+} 的离子半径，B 离子半径即为 Ti^{4+} 的离子半径。

但对于掺杂的钙钛矿情况就复杂了。如 $La_{0.9}Sr_{0.1}Ga_{0.8}Mg_{0.2}O_{2.85}$ 晶体，A 位有两个元素占据，此时不能简单说是 La^{3+} 或者是 Sr^{2+}。故规定 A 位的离子半径为占据 A 位的各离子与其所占百分比乘积的加和，如式(7.2) 所示：

$$R_A = \sum_{i=1}^{n} R_{Ai} C_{Ai} \tag{7.2}$$

式中，n 为占据 A 位的离子种类数；R_{Ai} 为占据着 A 位的第 i 个离子的半径数值；C_{Ai} 为其对应的百分比。仍旧以 $La_{0.9}Sr_{0.1}Ga_{0.8}Mg_{0.2}O_{2.85}$ 晶体为例，其 A 位的离子半径 $R_A = R_{La^{3+}} \times 90\% + R_{Sr^{2+}} \times 10\%$。同理，B 位的依此类推即可。

由于离子半径也属于一种半经验的参数，故其精确值是不可能得到的，一般来说都是利用其近似值，而这些近似经验值往往有几个体系。离子半径有 Goldschmidt 体系、Quill 体系、Pauling 体系、Sanderson 体系和 Zachariasen 体系。本文根据具体钙钛矿的 A、B 离子配位情况，主要选择了 Pauling 体系进行运算。

7.3.3　钙钛矿单位晶格边值与临界半径

1991 年和 1992 年，Ronald L. Cook 和 Anthony F. Sammells 两人[18,19]在研究钙钛矿的内部自由体积和氧离子迁移能量时，提出了两个相关参数：单位晶格边值（Unit Cell Lattice Edge，通常写作 α_{O^3}）和临界半径（Critical Radius，通常写作 $r_{critical}$，本文简写为 r_c）。

单位晶格边值 α_{O^3} 的定义如下：

$$\alpha_{O^3} = 2.37 R_B + 2.47 - 2\left(\frac{1}{TF} - 1\right) \tag{7.3}$$

临界半径 r_c 的定义如下：

$$r_c = \frac{R_A^2 + \frac{3}{4}(\alpha_{O^3})^2 - \sqrt{2}(\alpha_{O^3} R_B) + R_B^2}{2R_A + \sqrt{2}\alpha_{O^3} - 2R_B} \tag{7.4}$$

从几何意义上，可以将两者结合起来理解。如图 7.3 所示。

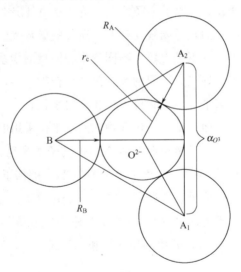

图 7.3　钙钛矿单位晶格边值与临界半径示意图

需要注意的是，这里的 r_c 在理想情况下（即 $TF = 1$，钙钛矿晶体为立方紧密堆积时）是恰好等于氧离子的半径的。但通常情况下，r_c 表征的是氧离子中心到 A 离子边缘的距离。

Ronald L. Cook 和 Anthony F. Sammells 认为 α_{O^3} 会影响钙钛矿内部的自由体积，而 r_c 关联着钙钛矿中氧离子的迁移能量。因此本工作中也将其作为参数，收集并整理进训练样本中。

7.3.4 钙钛矿组成元素的电负性

电负性（Electronegativity）[20~22] 的概念较为模糊，它综合考虑了电离能和电子亲和能，首先由 L. Pauling 于 1932 年提出。电负性是近似描述原子间电子（或者电荷）迁移的极有用的参数之一。

它通常以一组数值的相对大小，来表示每个元素原子在分子中对成键电子的吸引能力，称为相对电负性，简称电负性。如果元素电负性数值越大，原子在形成化学键时对成键电子的吸引力越强。

事实上不同的科研人员对电负性有着不同的定义。以 Pauling 提出的电负性最为著名，也最为有用。他定义电负性是原子在分子或者化学键中吸引电子的能力（Power of Attraction of Electrons），并给出了一套电负性数据。Pauling 认为他这套数据中的元素电负性，是由热化学数据推导而得到，但这些推导并不甚严密。与其说是推导计算得到，不如说它是能与很多化学事实吻合的经验值[20,23]。

最具有严格物理意义的电负性为 Mulliken[24,25] 提出的：

$$\chi_m = \frac{1}{2}(I+E) \tag{7.5}$$

式中，χ_m 为 Mulliken 电负性；I 为原子电离势；E 则为原子的电子亲和势。作为原子吸引电子的势能表征，Mulliken 电负性物理含义非常清楚。可惜的是实际中用 Mulliken 电负性描述物质的宏观物理化学特性，远不如 Pauling 电负性那么有效。这样一来，Pauling 电负性就在化学界逐渐普及。

很快研究者又发现，Pauling 电负性未考虑元素价态的影响，无法使用到经常会变价的元素中去。Basanov 遂在 Pauling 电负性的基础上进行了很多工作，修正了若干变价元素的电负性数值，使得元素变价时电负性值也会不同。

钙钛矿中的各离子除氧之外，基本都是变价元素，因此本工作中主要用到的电负性数值是 Pauling 给出并由 Basanov 修正的数据。

对掺杂的钙钛矿，同样有 A、B 位不同比例的元素电负性如何确定的问题。参照离子半径的解决方案，令 A 位的电负性为占据 A 位的各元素电负性与其所占百分比乘积的加和，如式（7.6）所示：

$$\chi_A = \sum_{i=1}^{n} \chi_{Ai} C_{Ai} \tag{7.6}$$

式中，n 为占据 A 位的元素种类数；χ_{Ai} 为占据着 A 位的第 i 个离子的电负性数值；C_{Ai} 则为其对应的百分比。以 $La_{0.9}Sr_{0.1}Ga_{0.8}Mg_{0.2}O_{2.85}$ 晶体为例，其 A 位

的电负性 $\chi_A = \chi_{La^{3+}} \times 90\% + \chi_{Sr^{2+}} \times 10\%$，B 位的依此类推。

7.3.5 钙钛矿平均离子极化率与所带电荷

离子极化率（Ionic Polarizability）是指离子因感受到外电场的作用，而改变其正常电子云形状的程度。离子极化率也是一种半经验的参数，其与有效核电荷、离子半径、电价、粒子间推斥力等都有极大关系。

Slater[26] 将离子极化率定义如下：

$$\alpha = \frac{Sa_0^3}{Z^{*4}} \times \frac{n^{*4}(n^*+1)^2\left(n^*+\frac{1}{2}\right)^2}{2} \tag{7.7}$$

式中，n^* 为离子最外层轨道有效主量子数。Z^* 为有效核电荷数，其值为原子序数 Z，减去屏蔽系数 σ，即 $Z^* = Z - \sigma$。S 值指的是最外层轨道的电子数，有价电子数的含义，a_0 为 Bohr 半径。

若为等电子体系，对主量子数 n^* 可以进行简化，式(7.7) 则改写为：

$$\alpha = \frac{a_n}{Z - \sigma} \tag{7.8}$$

式中，a_n 为主量子数 n^* 与 Bohr 半径的函数。

研究者一直以来都把 Slater 的定义作为一种经验公式使用，因为其中的几个数值如有效主量子数、有效核电荷数和屏蔽系数等都不是很容易得到的值。因此，很多人将估计的 n^* 值与 Z^*、σ 值代入，得到的实际还是估算出来的离子极化率。

这样不同离子的极化率就有了基本的数值。但 Slater 的离子极化率在实际应用中必须经过一系列的修正，否则很多体系如过渡金属、惰性气体等会产生很大的误差，本文采用的是进行过多次修正后的离子极化率数据[27,28]。

离子极化率和离子半径、离子所带电荷等另外几个原子参数都有关联。一般的经验规律是：

① 离子半径越大，则离子极化率越大；

② 负离子的极化率要大于正离子的极化率；

③ 对正离子而言，所带电荷少的极化率大，所带电荷大的极化率小，而对负离子而言，所带电荷多的极化率大，所带电荷少的极化率小。

④ 价电子所处的轨道越在外层，则极化率越大。

但离子半径、离子电荷等也并不能完全替代离子极化率。本工作在涉及掺杂钙钛矿时候，采用的是平均离子极化率。若 A 位有掺杂，则令 A 位的平均离子极化率为占据 A 位的各元素离子极化率与其所占百分比乘积的加和，B 位掺杂采用类似办法处理。

有效核电荷数 Z^* 也是一种很有用的半经验参数，但其计算非常复杂，而且由于争论较多，至今没有形成一套可供使用的数据。研究者通常以原子（或原子团、离子、分子等）在微观下所自带的电荷代替使用，即直接用所带电荷数 C。

本文中提及的所带电荷数是按位置平均的，与求解平均离子半径、平均电负性和平均离子极化率都是类似，对 A 位置所带的平均电荷数为 C_A，对 B 位置所带的平均电荷数为 C_B。

7.3.6 钙钛矿原子参数与量化参数的组合

在进行数据挖掘时，本文对参数进行了一些组合，主要以钙钛矿中的各个电负性为基础。首先定义 ΔEDB 为 B 位元素的平均电负性与氧元素的电负性差值（Electronegativity Difference between B and Oxygen），定义 ΔEDA 为 A 位元素的平均电负性与氧元素的电负性差值（Electronegativity Difference between A and Oxygen）。

$$\Delta EDB = \chi_B - \chi_O \tag{7.9}$$

$$\Delta EDA = \chi_A - \chi_O \tag{7.10}$$

电负性差值原来只是判断成键的一种参考数值，如 AB 化合物中两元素电负性差为 1.7 以上绝大多数形成离子键，1.7 以下往往是共价键。事实上电负性差包含的物理化学涵义非常丰富。

在钙钛矿研究中，单个元素的电负性当然也很重要，但考虑到这种结构较为复杂的化合物，单一电负性不容易理解其在整个体系中起到的作用。本文最为关注的 ABO_3 型钙钛矿，主要是以八面体进行空间拓展。B 元素与氧元素间的作用最大，大部分都存在具有方向性的 B—O 键。A 元素也与氧元素有一定作用，而 A 与 B 两元素之间直接的作用并不大，因为间隔太远，即使是有作用，也是通过形成一个整体的电场后，长程库仑力的作用。把视线集中在 B 与 O 的电负性，A 与 O 的电负性，效果可能会更好些，这样 B、O 与 A、O 两个电负性差就很适合考虑 BO 与 AO 间的作用。

我们曾通过量子化学计算 P/L 值，即 BO_6 八面体中，O—O 键上的平均电荷布居数与 O—O 键长的比值。八面体中的电荷布居数，受到 A 位元素的影响不大，而关键在于 B 与 O 的电负性。受到 P/L 形式的启发，我们摸索出了一个基于 B、O 间电负性差和 BO 键长的一个新的参数如下：

$$\Delta EDB / R_{BO} = \frac{\Delta EDB}{\text{B 与 O 之间的距离}} \tag{7.11}$$

式（7.11）的分子是电负性差，这是一个原子参数的组合，而分母为八面体中

B 与 O 之间的距离（若成键则为 B—O 的键长），这是一个量化参数，是进行量子化学计算的初步结果。要计算 B 与 O 之间的距离，只需要进行少量的几何优化计算，这是可以接受的。

$\Delta EDB/R_{BO}$ 这个参数物理意义较为模糊，但在数据挖掘的实际应用中，我们发现它有很大的作用。事实上，电负性差 ΔEDB 的数值，原本就是判断 B 与 O 之间化学键性质的一个参数。而化学键的性质与键上的电荷布居、成键轨道能量、键的强弱息息相关，故本文认为 $\Delta EDB/R_{BO}$ 参数的数值在一定程度上能表征 B—O 键或 B 离子至氧离子之间区域的平均的键性能。

同理我们也定义了 $\Delta EDA/R_{AO}$ 参数，但在进行导电能力数据挖掘建模计算时发现该参数的作用并不是很大。还不如使用单独的 ΔEDA 值。

这很好理解，$\Delta EDB/R_{BO}$ 参数之所以有效，是因为其与 BO_6 八面体中 B—O 键有很大关系。而钙钛矿中 A 位离子与氧离子之间的作用非常小，且与影响导电能力的氧空穴浓度、迁移以及扩散等并不直接关联，因此在数据挖掘训练和建模中可能会显得可有可无。

7.4　钙钛矿离子导体数据的收集

并非所有钙钛矿和类钙钛矿化合物都有潜力作为 SOFC 的电解质，本文收集了文献中提及的大部分可能会被用于燃料电池的钙钛矿数据，建立了一个微型的存储数据库。从该数据库中获取在 1073K 下具有离子电导率数值的 117 个掺杂或非掺杂的钙钛矿晶体[29~38]作为建模的训练样本集。其中主要包括：

（1）Hayashi[29]研究组对多种掺杂与非掺杂钙钛矿型稀土矿物晶体、多种常见掺杂与非掺杂钙钛矿型晶体的工作；

（2）Ishihara[29,30]研究组做得较多的掺杂 $NdAlO_3$ 系列，该系列的导电能力处于中上游，制备工艺简单，是非常有潜力的电解质材料；

（3）Goodenough[31]研究组在掺杂 $BaZrO_3$ 系列的工作，该系列既有作为离子导体的可能，又有作为质子导体的可能，很有探索价值；

（4）Furutani[32]研究组、Ishihara[33,34]研究组、Shibayama[35]研究组对研究热点 $La_{0.8}Sr_{0.2}Ga_{0.8}Mg_{0.2}O_3$ 系钙钛矿的加掺 Co、Ni 等的工作；

（5）Hashimoto[36]研究组对 $CaTiO_3$ 系钙钛矿的掺杂工作；Dorthe Ly-bye[37,38]对 $LaAlO_3$、$LaGaO_3$、$LaScO_3$ 和 $LaInO_3$ 体系的掺杂研究。

将上述数据进行整理后，以导电能力的表征 $\ln(\sigma)$ 值为目标（即变量），以 7.2 节中提及的原子参数为输入特征（即自变量），形成训练样本集，而后开始进行数据挖掘建模。

对于原子参数的计算，大多数研究者都认可一些基本而常用的资料和方法，而在导电能力方面，$\ln(\sigma)$ 值的测定有些钙钛矿存在争议。这是由于测定样本的制造工艺不同所导致的结果。各个研究组的合成路线、烧结温度、烧结时间、成膜方法等都存在或多或少的差异，种种不同则肯定导致最终电导率测定的不尽相同。本文首选采用较权威文献的公认数据，有些若确实存在较大争议的，采用平均值，涉及具体的数值时本文不再做特殊说明。

7.5 数据集的自变量筛选

7.5.1 自变量的经典统计相关性分析

经典的统计分析方法以线性关系为基础，在线性关系的前提下，表征 x 和 y 两个变量之间存在何种程度的相关，常用一个数量性指标"相关系数"来描述：

$$r(x,y) = \frac{\sum_{i=1}^{n}(x_i - \bar{x})(y_i - \bar{y})}{\sqrt{\sum_{i=1}^{n}(x_i - \bar{x})^2 \sum_{i=1}^{n}(y_i - \bar{y})^2}} \tag{7.12}$$

其中 $\bar{x}$ 与 $\bar{y}$，分别为 x 与 y 的平均值。即有：

$$\bar{x} = \frac{1}{n}\sum_{i=1}^{n} x_i \tag{7.13}$$

$$\bar{y} = \frac{1}{n}\sum_{i=1}^{n} y_i \tag{7.14}$$

相关系数即为 r，显然有 $|r| \leqslant 1$。当 $r = 1$ 时，x 与 y 正相关；当 $r = -1$ 时，x 与 y 呈负相关。绝大部分情况下 $0 < |r| < 1$。故相关系数可进行变量筛选的一个参考。若两者之间相关系数过高，可以斟酌去掉其中之一。而本文用到的参数有：容忍因子，即 TF；A 位置平均离子半径，即 R_A；B 位置平均离子半径，即 R_B；单位晶格边值，即 α_{O^3}；临界半径，即 r_c；A 位置平均电负性，即 χ_A；B 位置平均电负性，即 χ_B；A 位置的平均离子极化率 α_A；B 位置的平均离子极化率 α_B；A 位置所带的平均电荷数 C_A；B 位置所带的平均电荷数 C_B；A 位离子与氧的电负性差值 ΔEDA；B 位离子与氧的电负性差值 ΔEDB；组合参数 $\Delta EDA/R_{AO}$ 与 $\Delta EDB/R_{BO}$。

计算表明，目标变量 $\ln(\sigma)$ 值与各参数都不存在较大的线性相关系数，可知导电能力与各结构参数之间不是简单的线性因果，而是复杂的非线性关系。而单位晶格边值 α_{O^3} 与临界半径 r_c 与 A、B 两个位置的离子半径强相关，系数高达 0.8。这是因为根据式（7.3）与式（7.4），晶格边值 α_{O^3} 是离子半径和容忍因子的线性组合，本章的数据中，容忍因子主要在 $0.91\sim0.86$ 之间做小幅的变化，即变化量非常少，那么 α_{O^3} 自然随着另一个因素离子半径的变化而变化，导致了这种强相关现象。

而 A 位置的平均电负性 χ_A、平均电荷数 C_A、平均离子半径 R_A 和组合参数 $\Delta EDA/R_{AO}$ 之间都存在着较强的相关性，这可能是因为 A 位离子主要是独立存在，在它身上体现出的是较单一的电场库仑力作用，上述四个参数影响因素非常一致，故互相之间相似程度很高。但 B 位置就没有这种现象，除了 $\Delta EDB/R_{BO}$ 与平均电负性 χ_B，离子半径 R_B 与平均离子极化率 α_B 有些相关外，其余的相关性都不算大。这可能是 B 离子在 BO_6 八面体中与氧离子存在着复杂的相互作用，各参数值受多种不同因素不同程度的影响，其相关度自然不高。

7.5.2 贝叶斯网络进行变量关联性分析

对变量的依赖关系和关联关系分析，贝叶斯网络有天然的优势。其所得到的模型一般是有向图解模式，通过可视化的网络图进行变量关系的直观表达，适用于不确定性知识的推理。理论上贝叶斯网络可以将具体问题里面的复杂关系体现在一个网络结构之中，使得研究者可以依靠简洁的图论形式解释变量之间的内在本质。本文采用 BMAEstimator 贝叶斯网络[39,40]，搜索算法分别为 HillClimber 与 TabuSearch，得到变量之间的贝叶斯网络结构图，观察其具体关联情况。

HillClimber 搜索建立的网络结构如图 7.4 所示。

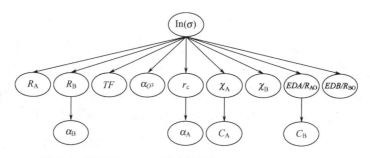

图 7.4　BMAEstimator 贝叶斯网络 HillClimber 获得结构

TabuSearch 搜索建立的网络结构如图 7.5 所示。

由图 7.4 和图 7.5 可见，平均电荷数 C_A 和 C_B 并不直接与目标 $\ln(\sigma)$ 值发生联系，而是分别与平均电负性 χ_A 和参数 $\Delta EDA/R_{AO}$ 产生联系；平均离子极化率 α_A 和 α_B 也不是直接与 $\ln(\sigma)$ 值发生联系，却与临界半径 r_c 和离子半径 R_B 有关。

平均电荷数 C_A 与平均电负性 χ_A 有因果关联，这很好解释，本来电负性就是导致电荷转移并产生离子的原因。B 位置的平均电荷 C_B 与参数 $\Delta EDB/R_{AO}$ 之间的

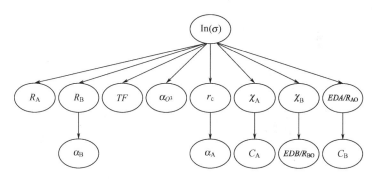

图 7.5 BMAEstimator 贝叶斯网络 TabuSearch 获得结构

关系就比较模糊。平均离子极化率 α_B 与离子半径 R_B 有因果关联也可解释为极化率大当然会使得电子活动范围变化，这实际就是离子半径的变化。A 位置的离子极化率 α_A 却与临界半径 r_c（其为 R_A，R_B 与单位晶格边值 α_{O^3} 的函数）关联起来，原因就很难找到。因此，本文认为贝叶斯网络结构图不足以说要必须筛除平均电荷数 C_A 和 C_B，以及平均离子极化率 α_A 和 α_B，贝叶斯网络仅提供了变量间可能的因果关系，如何筛选仍需要结合实际建模的效果。

7.5.3 前进-后退法进行自变量筛选

前进法（Forward）和后退法（Backward）[41]是进行自变量筛选的两种较经典方法，原理简单但非常有效。所谓前进法，是指一开始保留某个变量，然后逐步加入其他变量，同时观察变量对模型的贡献，保留有贡献的变量并剔除贡献小的变量，直到模型达到一个最优为止。而所谓后退法，简单来说，就是在开始建立模型的时候，将所有的变量全部采用，然后逐步剔除对模型没有显著贡献的变量，直到模型中所有的变量都有显著贡献为止。

本文同时采用两种方法，并将其结果归并在一起进行对比，以期得到较为理想的变量筛选结果。如图 7.6 所示。

对于模型的好坏，在进行自变量筛选时，本文采用留一法交叉验证（Leave One Out Cross Validation，LOOCV）[42~44]的均方根误差 ［Root Mean Square Error，$RMSE$，其定义见式(7.15)，n 为样本数，p_i 为预报值，e_i 为实际值。］来进行判断。显而易见，$RMSE$ 的值越小，则模型就越优良，此时采用的变量就可认为对模型的贡献较大。

$$RMSE = \sqrt{\frac{\sum_{i=1}^{n}(p_i - e_i)^2}{n}} \tag{7.15}$$

留一法是考查所建立的数据挖掘模型有效性和可靠性的方法之一。每次取去一

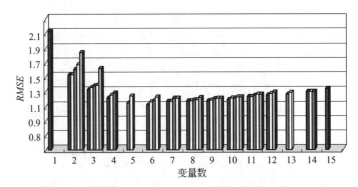

图 7.6　模型 LOOCV 的 $RMSE$ 值随着变量数的变化

个样本，以其余样本作训练集，并将求得的数学模型对取去的这个样本作预报。在依次对每一个样本都预报后，将预报结果（$RMSE$ 值或成功率、准确率等）的平均值作为预报能力的指标。

图 7.6 中，每一根矩形柱代表一种变量集合所对应 SVR 模型的 $RMSE$ 值。在变量数为 1 的时候，一共有 15 种选择（15 个变量各自建立模型），本文取其中 $RMSE$ 值最低的列于图上。在变量数为 2 的时候，算法给出了十余种选择，本文取其中 $RMSE$ 值较低的 5 种变量集合（即 5 根矩形柱）列于图上。其它与之类似。最后一根矩形柱为 15 个变量都用到的模型。

可见，只采用一个变量时，模型的效果最差，这说明钙钛矿导电能力并不是简单的单因子问题。但也不是所有的变量都用上时模型的效果最好。当 15 个变量都用上的时候，$RMSE$ 值并非最低，显然说明不少变量中有冗余信息，或者说噪声的存在。$RMSE$ 最低值很可能出现在采用 5～7 个变量的时候。之所以只是说可能，是因为前进法和后退法都不是严格意义上的全局搜索算法，也就是得到的变量集往往只是局部最优。

那么根据上两节经典相关性分析与贝叶斯网络推算的结果，结合前进法和后退法，本文保留了一共六个变量：容忍因子、电负性差 ΔEDB、电负性差 ΔEDA、A 位置所带的平均电荷数 C_A 和 B 位置所带的平均电荷数 C_B。

A 位置的平均电负性 χ_A、平均电荷数 C_A、平均离子半径 R_A 和组合参数 $\Delta EDA/R_{AO}$ 之间线性相关很强，只需要保留一个，而前进后退法的结果是保留了电荷数 C_A，故其余可以删除。

而平均离子极化率 α_A 和 α_B，由于和平均电负性等的相关系数较高，贝叶斯网络也发现，它们是无法直接影响钙钛矿导电能力，而是影响其他变量而已。且前进后退法中，发现其对模型的影响并不是很大，故予以删除。晶格边值、临界半径、平均离子半径 R_A 与 R_B 对模型的贡献也不是很大，也予以删除。

在保留的几个参数中，容忍因子体现了钙钛矿晶体内部的畸变程度，它的变化会使得氧离子位置上的各向异性发生变化[29]，导致离子导电能力也产生一定的变化；电负性差 ΔEDB、电负性差 ΔEDA 在很大程度上决定着阴阳离子的相互作用势；A 位置所带的平均电荷数 C_A 和 B 位置所带的平均电荷数为 C_B 可部分表征在钙钛矿内部的电场中，两个位置上的离子受到的库仑作用大小；而 $\Delta EDB/R_{BO}$ 来自氧八面体中，无论前进法还是后退法，都显示出其重要性。

7.6 多种数据挖掘方法建立原子参数-钙钛矿导电能力模型

本工作采用了 PLS 算法、BP-ANN 算法和 SVR 算法来对 117 个常见的钙钛矿型离子导体原子参数数据进行数据挖掘建模。接着用留一法对模型的准确性与泛化能力予以交叉验证，并比较各个模型的特点。最后用独立测试集检验各模型在实际预测未知时的优劣。

7.6.1 PLS，BP-ANN 与 SVR 建立的回归模型

采用 PLS 算法时其残差（$PRESS$）[45]变化如图 7.7 所示，显然采用 PLS 转化后变量数为 5 时进行回归，此时残差值降至最低。

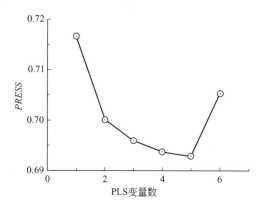

图 7.7 残差 $PRESS$ 值随 PLS 变量数变化图

PLS 回归的相关系数值为 0.604，可以认为该数据中变量与自变量之间的关系并非是线性关系，而应为非线性。故较为适合线性数据的 PLS 算法恐怕不能得到较好的结果，而需采用非线性算法。PLS 所得的线性方程式为：

$$\ln(\sigma) = 43.386 - 46.568TF - 9.275\Delta EDA + 18.336\Delta EDB +$$

$$1.267C_A - 3.176C_B + 12.573\Delta EDB/R_{BO} \tag{7.16}$$

以式（7.16）对 $\ln(\sigma)$ 值进行分析，容忍因子 TF、电负性差 ΔEDA、B 位离子

电荷 C_B 对其起到的是负作用，即上述三项值越大，则 $\ln(\sigma)$ 值越小。而 ΔEDB、A 位离子电荷 C_A 与 $\Delta EDB/R_{BO}$ 起到了正作用，钙钛矿的离子导电能力随这三项值的增大而增大。这些结果显然不是太与实际情况相吻合的。以容忍因子为例子，$LaSc_{0.9}Mg_{0.1}O_{2.95}$ 的其余各参数与 $La_{0.9}Sr_{0.1}Sc_{0.9}Mg_{0.1}O_{2.9}$ 相差不多，而容忍因子较小，其 $\ln(\sigma)$ 值较大，而观察 $La_{0.5}Sr_{0.5}Ga_{0.7}Zr_{0.3}O_{2.9}$ 与 $La_{0.5}Sr_{0.5}Ga_{0.65}Zr_{0.35}O_{2.925}$ 却得到相反的结果。

因此，可以说 PLS 回归得到的线性方程不能反映出原子参数与钙钛矿离子导电能力的全部真实关系。故本文接着采用了人工神经网络算法中建模效果较好的 BP-ANN。而该算法设定参数为：输入层节点数 6，隐蔽层节点数 3，输出层节点数 1，激活函数为 sigmoid 函数，输入层至隐蔽层的学习效率为 0.6，隐蔽层至输出层的学习效率为 0.5，动量项的值为 0.4，训练次数为 25 万次。

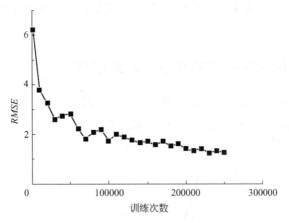

图 7.8　BP-ANN 建模的 $RMSE$ 值随训练次数变化图

对于 BP-ANN 的参数设定，是多次摸索的结果。由图 7.8 可见，其训练误差随着训练次数加大而降低。但在 10 万次训练以后误差下降的程度已经趋缓，10 万次至 20 万次训练，误差（$RMSE$）下降为 0.5 左右，20 万次训练至 25 万次训练下降为 0.1 左右，基本可认为再训练下去意义不大。

所得模型概况如下：输入层至第一隐节点的权重系数为 -0.6419，0.5204，-0.8857，-2.6273，-0.9823，-2.6995；输入层至第二隐节点的权重系数为 -0.8804，2.7218，-0.4383，4.6373，4.3180，-2.7666；输入层至第三隐节点的权重系数为 -0.1867，3.2482，1.0108，0.7832，1.5520，0.8757；三个隐节点至输出层的权重系数为 2.5560，-2.0083，2.2285。建立 BP-ANN 模型后，回归的相关系数为 0.861，这说明模型的计算值与实际值比较吻合。而 BP-ANN 建立的显然是非线性模型，从侧面说明本文的钙钛矿离子导体数据是一组非线性较强的数据。

SVR 处理非线性数据效果也较好。本文采用 SVR 算法建立钙钛矿离子导体数据时采用的建模参数为：采用径向基核函数，$\sigma=1$，$C=70$，$\varepsilon=0.03$ 这些参数也是多次摸索得到的。所得模型概况如下：

$$\ln(\sigma) = \sum_{i=1}^{n} \beta_i \exp(- \parallel x - x_i \parallel^2) - 0.3007 \tag{7.17}$$

此处的 n 为建模得到的多支持向量总个数，x_i 即为对应的支持向量，β_i 即为支持向量对应的拉格朗日乘子差值，其部分主要值见表 7.1 所示。

表 7.1 主要支持向量对应的拉格朗日乘子

β_i	α_i^*	α_i
-53.30	0	53.30
70	70	0
-2.68	0	2.68
-70	0	70
-24.75	0	24.75
6.03	6.03	0
16.40	16.40	0
43.84	43.84	0
20.02	20.02	0
53.07	53.07	0
-48.84	0	48.84
50.06	50.06	0
5.06	5.06	0
33.02	33.02	0
-67.84	0	67.84
-51.69	0	51.69

SVR 模型的回归相关系数为 0.93，模型的计算值与实际值比较吻合。而 SVR 采用的是非线性很强的径向基核函数，也说明了该数据变量间有较强的非线性关系。

7.6.2 回归模型的留一法交叉验证与独立测试集验证

留一法交叉验证是典型的内部交叉验证方法。在统计学上，将样本切割为若干子集，留下一个子集，然后在其它子集上建模分析，用留下的子集对此分析做后续的验证以及确认，然后，留下另一子集，重复上述同样工作，直至所有子集得到检测，这即是交叉验证。参与训练的子集被称为训练集。而其它的子集则被称为验证集或测试集。

本文除了进行交叉验证外，还有一个独立的外部测试样本集（见表 7.1）。所谓独立,是指这些样本完全不参与建模,而是在模型建立后,将其作为新的未知样本,以模型预测其 $\ln(\sigma)$ 值,并与真实值进行比较,从中可以看出该模型的推广能力。

组成外部测试集的 11 个独立测试样本来自较新的钙钛矿离子导体数据,$\ln(\sigma)$ 实验值最高为 -1.5,最低为 -9.88,覆盖了 $BaZrO_3$ 系列、$BaInO_3$ 系列、$CaTiO_3$ 系列、$SrTiO_3$ 系列、$PrGaO_3$ 系列、$NdAlO_3$ 系列以及 $LaGaO_3$ 系列,若所建立模型对这些样本的 $\ln(\sigma)$ 值能预报得较为准确,则可认为模型能够推广到大部分的钙钛矿离子导体之中,可大致描述其离子导电能力。

PLS、BP-ANN 与 SVR 回归模型的留一法交叉验证结果见表 7.2 所示。

表 7.2　SVR、BP-ANN 和 PLS 模型的留一法交叉验证结果

方法	$RMSE$	$MRE/\%$	$\mathrm{Max}\|\ln(\sigma)_{exp}-\ln(\sigma)_{cal}\|$	$\mathrm{Min}\|\ln(\sigma)_{exp}-\ln(\sigma)_{cal}\|$
SVR	1.08	16.63	5.01	0.001
BP-ANN	1.42	23.05	6.91	0.005
PLS	2.39	33.05	9.66	0.002

表 7.2 中 $RMSE$ 的定义见式(7.15),而 MRE 为平均相对误差,令 n 为样本数,p_i 为预报值,e_i 为实际值,其定义如下:

$$MRE = \frac{1}{n}\sum_{i=1}^{n}\left|\frac{p_i-e_i}{e_i}\right| \tag{7.18}$$

而 $\mathrm{Max}\,|\ln(\sigma)_{exp}-\ln(\sigma)_{cal}|$ 指实际值与计算值之差中,绝对值最大的,$\mathrm{Min}\,|\ln(\sigma)_{exp}-\ln(\sigma)_{cal}|$ 与之相反,是绝对值最小的。通过两者的数值,可大致看出实验值和计算值之间偏差的幅度。

从 $RMSE$ 值上看,PLS 模型 > BP-ANN 模型 > SVR 模型。同样,从 MRE 值上看,也有同样的顺序。而从实际值与计算值之差的绝对值中,PLS 模型的波动在 9.66~0.002 之间,BP-ANN 模型的波动在 6.91~0.005 之间,SVR 模型在 5.01~0.001 之间。显然 PLS 模型的波动较大,而 BP-ANN 和 SVR 模型的波动相对就小些。

由此可知,留一法交叉验证的结果,PLS 模型推广能力较差,BP-ANN 和 SVR 相对较好,而后两者中,SVR 还要略优于 BP-ANN。PLS 建模较适合于线性关系的数据而对非线性数据则会产生大的误差。相对来说,BP-ANN 和 SVR 则可处理非线性数据,交叉验证的结果自然会好些。

图 7.9 为 $\ln(\sigma)$ 实验值与 PLS 模型交叉验证值的对比。横坐标为 $\ln(\sigma)$ 的实际实验值,纵坐标为 PLS 模型交叉验证时,对每一个样本的预报值。两者之间的相关系数为 0.488。从图上可见,很多样本点与直线 $y=x$(即 $\ln(\sigma)$ 预报值 $=$ $\ln(\sigma)$实验值)偏离较大,说明模型预报所得与实际实验的结果对应并不理想。

在直线 $y=x$ 的上方有多个点距离其非常远，这是 PLS 模型计算出的 $\ln(\sigma)$ 值很高，但实际上 $\ln(\sigma)$ 实验值却很低，才会造成该现象。

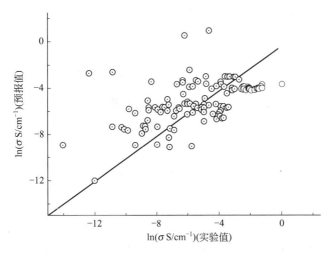

图 7.9　$\ln(\sigma)$ 实验值与 PLS 模型留一法交叉验证值对比

图 7.10 为 $\ln(\sigma)$ 实验值与 BP-ANN 模型交叉验证值的对比。横坐标为 $\ln(\sigma)$ 的实际实验值，纵坐标为 BP-ANN 模型交叉验证时，对每一个样本的预报值。两者之间的相关系数为 0.719。

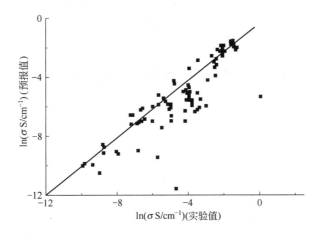

图 7.10　$\ln(\sigma)$ 实验值与 BP-ANN 模型留一法交叉验证值对比

从图 7.10 上可见，各点与直线 $y=x$（即 $\ln(\sigma)$ 预报值＝$\ln(\sigma)$ 实验值）大多接近，但有部分点偏离非常远。这说明模型预报所得与实际实验的结果还算大部分对应，可惜有部分样本预报出现很大偏差，模型仍不够完善。

在直线 $y=x$ 的右下方有几个点距离该直线非常远，这是 BP-ANN 模型计算出的 $\ln(\sigma)$ 值很低，但实际上 $\ln(\sigma)$ 实验值却很高，才会造成该现象。

图 7.11 为 $\ln(\sigma)$ 实验值与 SVR 模型交叉验证值的对比。横坐标为 $\ln(\sigma)$ 的实际实验值，纵坐标为 SVR 模型交叉验证时，对每一个样本的预报值。两者之间的相关系数为 0.776。该相关系数较 PLS 模型和 BP-ANN 模型都高一些。

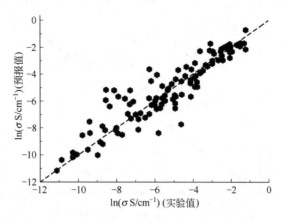

图 7.11　$\ln(\sigma)$ 实验值与 SVR 模型留一法交叉验证值对比

从图 7.11 可见，各点与直线 $y=x$（即 $\ln(\sigma)$ 预报值 $=\ln(\sigma)$ 实验值）大多接近，部分点有偏离，但偏离不多，且在直线 $y=x$ 的两边分布较均匀。这说明模型预报所得与实际实验的结果大致吻合。

为了更好检验模型对新的实验样本的预测能力和准确性，本工作准备了独立测试样本集。它们是 11 个新实验数据即对模型而言是全新的样本。该测试样本如表 7.3 所示。

表 7.3　独立测试样本集包含的钙钛矿离子导体导电能力与部分原子参数

序号	钙钛矿离子导体	$\ln(\sigma)$	X_1	X_2	X_3	X_4	X_5	X_6
1	$BaZr_{0.9}In_{0.1}O_{2.95}$	-9.39	0.914	-2.60	-1.98	2.00	3.90	0.930
2	$BaIn_{0.9}Ca_{0.1}O_{2.45}$	-5.34	0.876	-2.60	-1.87	2.00	2.90	0.842
3	$SrTi_{0.9}Al_{0.1}O_{2.95}$	-5.69	0.913	-2.50	-1.91	2.00	3.90	0.956
4	$PrGa_{0.8}Mg_{0.2}O_{2.9}$	-3.45	0.828	-2.30	-1.98	3.00	2.80	0.971
5	$CaTi_{0.8}Sc_{0.2}O_{2.9}$	-4.02	0.835	-2.50	-1.96	2.00	3.80	0.964
6	$Sr_{0.5}Ba_{0.1}Sc_{0.5}Al_{0.5}O_{2.5}$	-9.88	0.900	-2.51	-2.10	2.00	3.00	1.029
7	$Nd_{0.9}Ca_{0.1}Al_{0.9}Ni_{0.1}O_{2.9}$	-7.21	0.869	-2.23	-1.97	2.90	3.00	1.015
8	$La_{0.9}Sr_{0.1}GaO_{2.95}$	-4.14	0.857	-2.32	-1.90	2.90	3.00	0.941
9	$La_{0.9}Sr_{0.1}Ga_{0.8}Mg_{0.2}O_{2.85}$	-2.49	0.848	-2.32	-1.98	2.90	2.80	0.971
10	$La_{0.8}Sr_{0.2}Ga_{0.8}Mg_{0.1}Co_{0.1}O_{2.85}$	-1.50	0.858	-2.34	-1.93	2.80	2.90	0.951
11	$(La_{0.9}Nd_{0.1})_{0.8}Sr_{0.2}Ga_{0.8}Mg_{0.2}O_{2.8}$	-2.46	0.852	-2.33	-1.98	2.80	2.80	0.971

将独立测试集的样本点（见表 7.3）分别代入上述 PLS、BP-ANN 和 SVR 三个模型中，它们对 $\ln(\sigma)$ 值的预测见表 7.4 所示。

表 7.4　PLS、BP-ANN 和 SVR 模型对独立测试样本集的预报

序号	钙钛矿离子导体	$\ln(\sigma)_{EXP}$	$\ln(\sigma)_{SVR}$	$\ln(\sigma)_{PLS}$	$\ln(\sigma)_{ANN}$
1	$BaZr_{0.9}In_{0.1}O_{2.95}$	-9.39	-8.42	-8.77	-6.88
2	$BaIn_{0.9}Ca_{0.1}O_{2.45}$	-5.34	-5.35	-4.41	-8.78
3	$SrTi_{0.9}Al_{0.1}O_{2.95}$	-5.69	-6.38	-9.36	-5.75
4	$PrGa_{0.8}Mg_{0.2}O_{2.9}$	-3.45	-3.22	-1.84	-2.58
5	$CaTi_{0.8}Sc_{0.2}O_{2.9}$	-4.02	-3.89	-5.19	-4.02
6	$Sr_{0.9}Ba_{0.1}Sc_{0.5}Al_{0.5}O_{2.5}$	-9.88	-9.94	-8.00	-10.23
7	$Nd_{0.9}Ca_{0.1}Al_{0.9}Ni_{0.1}O_{2.9}$	-7.21	-7.12	-6.67	-6.84
8	$La_{0.9}Sr_{0.1}GaO_{2.95}$	-4.14	-4.65	-3.47	-5.10
9	$La_{0.9}Sr_{0.1}Ga_{0.8}Mg_{0.2}O_{2.85}$	-2.49	-2.16	-3.21	-2.49
10	$La_{0.8}Sr_{0.2}Ga_{0.8}Mg_{0.1}Co_{0.1}O_{2.85}$	-1.50	-1.78	-3.64	-1.45
11	$(La_{0.9}Nd_{0.1})_{0.8}Sr_{0.2}Ga_{0.8}Mg_{0.2}O_{2.8}$	-2.46	-2.32	-3.64	-2.17

其中，$\ln(\sigma)_{EXP}$ 指的是实验得到的 1027K 下的钙钛矿离子导体的 $\ln(\sigma)$ 值，$\ln(\sigma)_{SVR}$ 指的是 SVR 模型对独立测试样本集的预报值，$\ln(\sigma)_{PLS}$ 指的是 PLS 模型对独立测试样本集的预报值，$\ln(\sigma)_{ANN}$ 指的是 BP-ANN 模型对独立测试样本集预报值。

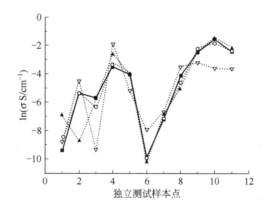

图 7.12　独立测试样本集的 $\ln(\sigma)$ 实验值与各模型预测值对比
——■——$\ln(\sigma)_{EXP}$ 即独立测试样本的实验值；……▽……$\ln(\sigma)_{PLS}$ 即
独立测试样本的 PLS 模型预测值；……▲——$\ln(\sigma)_{ANN}$ 即独立测试样本的
BP-ANN 模型预测值；……○——$\ln(\sigma)_{SVR}$ 即独立测试样本的 SVR 模型预测值

图 7.12 可清楚看到 PLS 模型预测的点，与实际实验值差别很大，有的甚至相差到 50% 左右。BP-ANN 模型和 SVR 模型所预测的样本点与实验值比较接近，但 BP-ANN 模型对第 1、第 2 两个样本的预测不如 SVR 模型那么成功。因此总结留一法交叉验证与独立测试集验证，可以说 SVR 模型优于 PLS 和 BP-ANN 模型。

7.6.3　SVR 模型的敏感性分析

所谓模型的敏感性分析，就是在固定其它变量的时候考察目标变量随某一变量的变化情况。下面以 SVR 模型对于掺杂的 $BaZrO_3$ 系列的敏感性分析为例说明。对于该系列的钙钛矿，电负性差 ΔEDA 没有变化，都为 -2.6；平均电荷数 G_A 没有变化，都为 $+2$；取容忍因子在其平均值为 0.9，电负性差 ΔEDB 在其平均值为 -1.9；平均电荷数 C_B 在其平均值为 3.5。考察 SVR 模型中组合参数 $\Delta EDB/R_{BO}$ 取值变化对 $\ln(\sigma)$ 值的影响如图 7.13 所示。

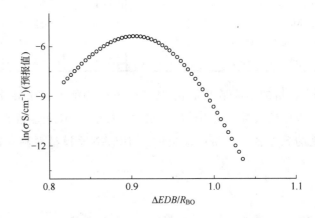

图 7.13　$BaZrO_3$ 系列组合参数 $\Delta EDB/R_{BO}$ 取值变化对 $\ln(\sigma)$ 值的影响

显然在其它原子参数不变时，参数 $\Delta EDB/R_{BO}$ 值与 $\ln(\sigma)$ 值有类似抛物线的关系，$\Delta EDB/R_{BO}$ 值在 $0.8 \sim 0.91$ 之间，$\ln(\sigma)$ 值随着 $\Delta EDB/R_{BO}$ 值增加而增加，但 $\Delta EDB/R_{BO} > 0.91$ 以后，$\ln(\sigma)$ 值迅速下降。这样可以给研究者一个线索：既然要寻找 $\ln(\sigma)$ 值较高的掺杂 $BaZrO_3$ 系列钙钛矿，那么这种钙钛矿的 $\Delta EDB/R_{BO}$ 值应该在 0.91 附近。纯 $BaZrO_3$ 钙钛矿的 $\Delta EDB/R_{BO}$ 值为 0.943，R_{BO} 变化不大时，可掺杂进电负性较 Zr 大的金属元素，使得 ΔEDB 缩小，$\Delta EDB/R_{BO}$ 值向 0.91 逼近，从而可能会提高离子导电能力。但掺杂的金属元素电负性不能过大，掺杂量也不能过多，否则 ΔEDB 减小太多，$\Delta EDB/R_{BO}$ 值低于 0.91，那么离子导电能力同样会下降的。

参　考　文　献

[1]　Atanu Dutta, Tatsumi Ishihara, Amperometric NOX sensor based on oxygen pumping current by using LaGaO$_3$-based solid electrolyte for monitoring exhaust gas, Sensors and Actuators B, 2005, 108: 309-313.

[2]　黄镇江. 燃料电池及其应用. 北京：电子工业出版社，2005.

［3］ 毛宗强. 燃料电池. 北京：化学工业出版社，2005.

［4］ 韩敏芳，彭苏萍. 固体氧化物燃料电池材料及制备. 北京：科学出版社，2004.

［5］ Tatsumi Ishihara, Hideaki Matsuda, and Yusaku Takita, Doped LaGaO$_3$ Perovskite Type Oxide as a New Oxide Ionic Conductor, J. Am. Chem. Soc, 1994, 116: 3801-3803.

［6］ Schober T, Krug F, Schilling W. Criteria for the application of high temperature proton conductors in SOFCs. Solid State Ionics, 1997, 97: 369-373.

［7］ Salamon Myron B, Jaime Marcelo. The physics of manganites: Structure and transport, Reviews of Modern Physics, 2001, 73 (3): 583-628.

［8］ Keqin Huang, Robin S. Tichy, John B. Goodenough, Superior Perovskite Oxide-Ion Conductor; Strontium- and Magnesium-Doped LaGaO$_3$: I, Phase Relationships and Electrical Properties. J. Am. Ceram. Soc., 1998, 81 (10): 2565-2575.

［9］ Keqin Huang, Robin S. Tichy, John B. Goodenough, Superior Perovskite Oxide-Ion Conductor Strontium- and Magnesium-Doped LaGaO$_3$: II, ac Impedance Spectroscopy, J. Am. Ceram. Soc., 1998, 81 (10):, 2576-2580.

［10］ Keqin Huang, Robin S. Tichy, John B. Goodenough, Superior Perovskite Oxide-Ion Conductor Strontium- and Magnesium-Doped LaGaO$_3$: III, Performance Tests of Single Ceramic Fuel Cells. J. Am. Ceram. Soc., 1998, 81 (10): 2581-2585.

［11］ Cava R A. Synthesis and Characterization of Ba$_3$(Pb$_{1-x}$Bi$_x$)$_2$O$_7$, Phys. Rev., 1992, B46: 14101-14104.

［12］ Eglitis R I, Kotomin E A, Borstel G, Kapphan S E, Vikhnin V S. Semi-empirical calculations of the electronic and atomic structure of polarons and excitons in ABO$_3$ perovskite crystals. Computational Materials Science, 2003, 27: 81-86.

［13］ Igor Kuzmanovski, Slobotka Aleksovska, Optimization of artificial neural networks for prediction of the unit cell parameters in orthorhombic perovskites. Comparison with multiple linear regression, Chemometrics and Intelligent Laboratory Systems, 2003, 67: 167-174.

［14］ Mårten E. Björketun, Per G. Sundell, Göran Wahnström, Dennis Engberg, A kinetic Monte Carlo study of proton diffusion in disordered perovskite structured lattices based on first-principles calculations, Solid State Ionics, 2005, 176: 3035-3040.

［15］ Iles N, Kellou A, Driss Khodja K, Amrani B, Lemoigno F, Bourbie D, Aourag H. Atomistic study of structural, elastic, electronic and thermal properties of perovskites Ba (Ti, Zr, Nb) O$_3$, Computational Materials Science, 2007, 39: 896-902.

［16］ Syed Gibran Javed, Asifullah Khan, Abdul Majid, Anwar M. Mirza, J. Bashir, Lattice constant prediction of orthorhombic ABO$_3$ perovskites using support vector machines, Computational Materials Science, 2007, 39: 627-634.

［17］ Goldschmidt V M. Shrifter Norske Videnskop-Adad. Oslo: Matemot. Naturuid Klasse, 1926: 11.

［18］ Ronald L. Cook, Anthony F. Sammells. On the systematic selection of perovskite solid electrolytes for intermediate temperature fuel cells, Solid State Ionics, 1991, 45: 311-321.

［19］ Anthony F. Sammells, Ronald L. Cook, James H. White, Jeremy J. Osborne, Robert C. MacDuff. Rational selection of advanced solid electrolytes for intermediate temperature fuel cells, Solid

State Ionics, 1992, 52: 111-123.

[20] 陈念贻. 键参数及其应用. 北京: 科学出版社, 1976.

[21] Pauling L. Nature of Chemical Bond. Ithaca, NY: Cornell University Press, 1960.

[22] Pauling L. The theoretical prediction of the physical properties of mang-electron atoms and ion. J Proc Roy Soc (A), 1927: 114-191.

[23] 陈念贻, 钦佩, 陈瑞亮, 陆文聪. 模式识别方法在化学化工中的应用. 北京, 科学出版社, 2000.

[24] Mulliken R S. A New Electroaffinity Scale: Together with Data on Valence States and on Valence Ionization Potentials and Electron Affinities, Journal of Chemical Physics, 1934, 2: 782-793.

[25] Mulliken R S. Electronic Structures of Molecules XI. Electroaffinity, Molecular Orbitals and Dipole Moments. J. Chem. Phys., 1935, 3: 573-585.

[26] Slater J, KirkWood J. The van der waals forces in gases. J. Phys Rev, 1931, 37: 682.

[27] Fajans K, Joos G. Molecular refraction by ions and molecules in the light of atomic structure. Z. Phys, 1924, 23: 20.

[28] Feng Yu-biao, Zhang Shao-yin, Sun Hong-tao, Li Yuan, Zhu Yan-yun, Ionic polarizability, Journal of Dal ian Institute of Light Industry (in Chinese), 2000, 19: 98-101.

[29] Hayashi H, Inaba H, Matsuyama M, Lan N G, Dokiya M, Tagawa H. Structural consideration on the ionic conductivity of perovskite-type, Solid State Ionics, 1999, 122: 1-15.

[30] Ishihara T, Matsuda H, Takita Y. J. Electrochem. Soc, 1994, 141: 3444.

[31] Manthiram A, Kuo J F, Goodenough J B. Solid State Ionics, 1993, 62: 225.

[32] Haruyoshi Furutani, Miho Honda, Takashi Yamad. Improved Oxide Ion Conductivity in $La_{0.8}Sr_{0.2}Ga_{0.8}Mg_{0.2}O_3$ by Doping Co, Chem. Mater., 1999, 11: 2081-2088.

[33] Tatsumi Ishihara, Shinji Ishikawa, Chunying Yu, Taner Akbay, Kei Hosoi. Oxide ion and electronic conductivity in Co doped $La_{0.8}Sr_{0.2}Ga_{0.8}Mg_{0.2}O_3$ perovskite oxide. Phys. Chem. Chem. Phys., 2003, 5: 2257-2263.

[34] Tatsumi Ishihara, Shinji Ishikawa, Kei Hosoi, Hiroyasu Nishiguchi, Yusaku Takita, Oxide ionic and electronic conduction in Ni-doped $LaGaO_3$-based oxide, Solid State Ionics, 2004, 175: 319-322.

[35] Shibayama, Nishiguchi H, Takita Y. Oxide ion conductivity in $La_{0.8}Sr_{0.2}Ga_{0.8}Mg_{0.2-x}Ni_xO_3$ perovskite oxide and application for the electrolyte of solid oxide fuel cells. Journal of materials science, 2001: 36: 1125-1131.

[36] Hashimoto, Hidefumi Kishimoto, Hiroyasu Iwahara. Conduction properties of $CaTi_{1-x}M_xO_{3-a}$ (M=Ga, Sc) at elevated temperatures. Solid State Ionics, 2001, 139: 179-187.

[37] Dorthe Lybye, Nikolaos Bonanos. Proton and oxide ion conductivity of doped $LaScO_3$, Solid State Ionics, 1999, 125: 339-344.

[38] Dorthe Lybye, Finn Willy Poulsen, Mogens Mogensen. Conductivity of A- and B-site doped $LaAlO_3$, $LaGaO_3$, $LaScO_3$ and $LaInO_3$ perovskites. Solid State Ionics, 2000, 128: 91-103.

[39] David Heckerman. A Tutorial on Learning With Bayesian Networks, March 1995, Technical Report MSR-TR-95-06, Microsoft Research, Advanced Technology Division, Microsoft Corporation.

[40] Heckerman D. Probabilistic Similarity Networks, MIT Press, Cambridge, MA, 1991.

[41] Isabelle Guyon. An Introduction to Variable and Feature Selection，Journal of Machine Learning Research，2003，3：1157-1182.

[42] Amendolia S R，Cossu G，Ganadu M L，Golosio B，Masala G L，Mura G M. A comparative study of K-Nearest Neighbour，Support Vector Machine and Multi-Layer Perceptron for Thalassemia screening，Chemom. Intell. Lab. Syst. ，2003，69：13-20.

[43] Kearns Mj，Ron D. Algorithmic stability and sanity-check bounds for leave-one-out cross-validation，Proceedings of the Tenth Annual ACM Workshop on Computational Learning Theory，Nashville，Tennessee，1997 Jul. 6-9，ACM Press，New York，1997：152-162.

[44] Holden S B. PAC-like upper bounds for the sample complexity of leave-one-out cross validation，Paper Presented at：Ninth Annual ACM Workshop on Computational Learning Theory；Jun. 28；Desenzano del Garda，Italy，1996.

[45] McIntosh A R，Bookstein F L，Haxby J V，Grady C L. Spatial Pattern Analysis of Functional Brain Images Using Partial Least Squares，NEUROIMAGE 3，1996：143-157.

8 熔盐相图数据库的数据挖掘

8.1 相图计算的意义[1~15]

相图是对体系相平衡信息进行图示的总称，它描述的是一个体系在处于相平衡时在给定状态条件下其它热力学性质的变化轨迹，是材料研制，特别是材料设计的重要理论依据。相图研究可分为相图测定、相图计算和相图理论等。

从相图研究涉及的体系组分数来看，有二元系、三元系、四元系以及多元系；从体系物种来看，有合金系、氧化物系、卤化物系以及熔盐、水溶液系和有机化合物系等。其中合金系、氧化物系、熔盐系相图对冶金和无机材料科学有重要的指导意义。近百年来，合金系、氧化物系和熔盐系相图已做了大量实验测量工作，出版了合金系、氧化物系以及熔盐系相图的手册并建立了数据库，但仍不能满足各种实际需要。以熔盐系相图为例，已知的金属离子有 62 种（不考虑离子的变价），常见的酸根有 9 种（F^-、Cl^-、Br^-、I^-、SO_4^{2-}、NO_3^-、PO_4^{3-}、CO_3^{2-}、BO_3^{3-}等），仅考查二元体系，同阳离子系相图应有 2232 个，同阴离子系相图应有 17019 个，互易系相图应有 68076 个。三元相图的数目就更多了。而目前，我们搜集到的熔盐系（主要是二元和三元系）相图总共约 3600 个体系，其中两个手册（Справочник по Плавкости Систем из Безводных Неоргнических Солеи Изд 包括了 1961 年前的熔盐相图体系，Диаграммы Плавкости Солейвых Систем 包括了1961～1979 年的熔盐相图体系）共有 2700 个体系，通过 CA 查阅到 1979 年以来的新体系有 900 个。上述所有体系中仅 1500 个有相图，其它体系只有文字资料（大部分文献是俄文）。

鉴于相图对材料设计极为重要，目前已知的相图数据尚不能满足实际需求，相图的计算机预报遂成为热门学科，这门称为 Calphad（Calculation of phase diagram）的学科致力于根据已知的二元相图用热力学方法预测三元相图。目前 Calphad 研究的主流是基于热力学定律，根据体系初始条件，利用最小自由能和等化学势约束等确定体系在指定温度、压强下的平衡状态。这里面临的主要困难是大量待定参数及热力学近似模型的局限性。尽管如此，目前 Calphad 已成为材料科学中相图研究领域的一个重要分支。Calphad 使人们能够从组分的热力学资料，通过计算预测相图，绕过某些实验的困难；从低组分体系相图及相应的热力学数据来计算多元体系相图，可节省时间、人力和物力；或由实验容易测准的部分来预测实验难以测准的部分，以提高相图的准确性。Calphad 在寻找和合成新材料时，亦可起到定性和半定量的预测作用。这一研究方向已取得较大成功。但计算相图的热力学方法也有不足之处，即热力学方法无法预测新相的形成与否。它在由二元系预报三元系热力学性质和计算三元系相图时都是以三元系不形成新的中间相或新的中间化合物为基本假设的。若三元系中有未知的三元化合物产生（或二元系中有未知的二元化合物产生），热力学方法将无法预测其热力学性质。因此，在热力学方法之外找一种预测未知中间相形成的手段，乃成为相图计算所急需。

由于 Calphad 方法无法预报未知中间相，于是，我们运用原子参数方法与数据信息采掘技术（模式识别方法）相结合来补充。

8.2 原子参数-模式识别方法概述[16~19]

早在 20 世纪 70 年代，陈念贻先生在《键参数函数及其应用》一书中阐述了键参数（原子参数）的理论基础，总结了包括原子半径、元素电负性、原子价数等目前常用的原子参数在冶金、化工、半导体材料等方面研究中的应用，原子参数及其函数在物质化学键结构与宏观物性关系规律性的研究中获得了广泛而成功的应用，如金属间化合物稳定性、离子键-共价键间的过渡、无机化合物结晶构造等方面的应用。

原子参数-模式识别方法是一种半经验方法，它要求用能描述有关物系的原子参数（如电负性、原子或离子半径、价电子数等）及其函数（如半径差、电负性差、荷径比之差等）的集合张成多维空间，将已知相图的知识（中间相形成与否；中间相化学配比、晶型和晶格常数、熔点、分解点；中间相液相面数据等）作为以原子参数表征的模式向量（样本点）记于其中，然后用模式识别或人工神经网络总结出原子参数与宏观物性间关系的数学模型，进而用以预报未知。只要已知数据够多，就能总结出半经验规律。

对于氧化物系和熔盐系中的带有部分共价性的离子键化合物，可参照静电硬球模型和表征共价性的电负性构成原子参数集。根据 Reiss 的离子系量纲分析理论，离子系的物性取决于用下列函数式表征的位形积分：

$$I = f\left(\frac{Z_1 Z_2}{r_1 + r_2} \cdot \frac{1}{kT}, \frac{V}{(r_1 + r_2)^3}, \cdots\right) \tag{8.1}$$

式中，r_1 和 r_2 分别为阴阳离子的半径；Z_1 和 Z_2 分别为阴阳离子的电荷数；V 为摩尔体积；T 为温度。$\frac{Z_1 Z_2}{r_1 + r_2} \cdot \frac{1}{kT}$ 和 $\frac{V}{(r_1 + r_2)^3}$ 都是无量纲数，前者代表离子势能与动能之比，后者为摩尔体积与离子半径和的三次方之比。陈念贻先生在 Reiss 的基础上进一步研究，认为有必要考虑几何因素和部分共价性影响，应增加阴阳离子半径比（R_1/R_2）和电负性（χ）两种参数。据此，我们用离子价数、离子半径和两种元素的电负性作为描述氧化物系或熔盐系的原子参数集。

将上述参数张成多维空间，或作为人工神经网络的输入值，将已知相图的数据记入多维空间，或作为人工神经网络的输出值，即可用数据信息采掘方法总结出原子参数和相图特征的关系，即数学模型。因每种元素都要用几个原子参数联合表征，二元系和三元系需要所有组分元素各自的原子参数或它们的函数（如电负性差、原子或离子半径比等）联合描述。因此，这需要多维空间信息处理技术（主要是模式识别、人工神经网络及多元统计等方法）来解决。我们称这种将原子参数与多维空间信息处理技术相结合的方法为原子参数-模式识别方法。

8.3 智能数据库技术在材料科学中的应用[20~26]

材料设计是研究材料的合成和制备问题的终极目标之一。材料科学的发展现状，离开材料设计这一终极目标尚远。尽管如此，许多化学家、物理学家和材料学家仍然在这一方向上进行着艰难和持续的努力。他们将材料方面的大量数据和经验积累起来，在数据库的基础上形成了大大小小的专家系统，有些工作已经取得了很好的结果。

计算机信息处理技术的建立和发展，特别是人工智能、模式识别、计算机模拟、知识库和数据库等技术的发展，使人们能将物理、化学理论和大批杂乱的实验资料沟通起来，用归纳和演绎相结合的方式对新材料研制做出决策，为材料设计的实施提供了行之有效的技术和方法。

材料数据库是以存取材料性能数据为主要内容的数值数据库。目前世界上已有的化合物达四千多万种，现有的工程材料也有上百万种。它们的成分、结构、性能及使用等构成了庞大的信息体系。而且这一体系还在日新月异地不断更新、扩大和更加详尽。因此，单凭个人的经验和查阅书面出版物是远远不能满足要求的，计算机化的材料数据库就应运而生了。

美国是世界上数据活动最为发达的国家，其国家标准局就拥有数十个数据库，其中材料数据库占有很大比例，如力学性能数据库、金属弹性性能数据中心、材料腐蚀数据库、材料摩擦及磨损数据库等。著名的 M/Vision 软件是把数据库技术与结构分析软件结合起来的商业化产品，其数据库部分包括美国军用数据手册。欧洲各国的数据库开发情况受欧盟的推动。德国技术实验协会的金属数据库 SOLMA 有 3000 种黑色和有色金属数据 2 万多条。荷兰 PETTER 欧洲研究中心的高温材料数据库 HT-DB 收集各种金属、非金属、复合材料的力学和热力学数据。从法国 1989 年发表的法国数据库指南中可以看到，法国有 40 多个材料数据库，内容覆盖了大部分工业材料，如金属、陶瓷、玻璃等。英国有色金属数据中心、石油化学公司、钢铁公司、金属研究所国家物理实验室、RollsRoyce 公司等 19 个单位建有各自的材料性能数据库。前苏联大约有 70 个材料数据库分布在研究室、大学、科学院和工业部门，航空工业还有自己的结构材料数据库。日本的数据库多数建于 20 世纪 80 年代，日本金属研究所、日本金属学会建有金属和复合材料力学性能数据库，包括疲劳、断裂、腐蚀、高温长时蠕变等数据。

国际上数据库技术的一个发展特点是国际合作与联网。如美国金属学会与英国金属学会合作开发金属数据文档库，美国、英国、法国、德国、意大利、加拿大等 7 国联合开发数据库计划（VAMAS），前苏联与东欧国家联合开发 COMECOM 计划等。

材料数据库是指导人们选择现有材料的有用工具。如果在已知数据的基础上，利用经验公式推算未知物性数据，可有助于材料设计和新材料研制。在用经验公式推算未知物性方面，如估算热力学性质，物理化学家取得了较为成功的结果。若能将这些经验估算方法与数据库技术连接起来，建立智能数据库，将对材料设计做出很有用的贡献。

我们知道，在新材料研制工作中，成分设计和工艺优化具有巨大的潜力，如果对所有可能的成分组合或工艺路线都进行实验，则将耗费大量的人力、物力和时间。而如果利用材料数据库和其它信息处理技术，则有可能减少研制工作量；缩短研究周期；降低成本和提高效率。例如美国贝尔实验室在制备电子材料时，利用数据库预测 Si 中的 Ge、P、F 和 Al 的浓度。日本东京大学的陶瓷数据库存有 3000 个三元氧化物系统的数据，可以回答在某一给定成分下能否形成玻璃相的问题。

8.4 熔盐相图智能数据库的研究和开发

相图数据库是以存取各类体系（合金系、氧化物系、熔盐系等）的相图及相关资料为主要内容的数据库。随着新材料的不断开发和应用，各种相图数据及相关资料构成了庞大的信息体系。而且这一体系还在日新月异地不断更新、扩大和更加详尽。因此，单凭个人的经验和查阅书面出版物是远远不能满足要求的，计算机化的相图数据库就应运而生了[27]。

根据文献调研结果，合金系和氧化物系（陶瓷）相图已经有了比较完全的数据库，如由 MPDS 出版的手册和数据库[28]。熔盐系的相图数据库现在还没有较完全的数据库。而且这方面的文献资料多数为俄文[29,30]，使用起来不很方便。所以有必要建立一个熔盐系的相图数据库。

数据库技术只是将数据有效地组织和存储在数据库中，并对这些数据作一些简单分析，大量隐藏在数据内部的有用信息无法得到。熔盐相图智能数据库不同于上述单纯的相图数据库，除了具有快速检索的功能外，具有利用数据库资料进行数据挖掘，评估相图，计算和预测相图的若干特征，甚至相图的功能。更接近人工智能范畴的专家系统。

熔盐相图是冶金、化工和材料科学研究的重要理论依据。近百年来，熔盐系相图已做了大量实验测量工作，出版了熔盐系相图的手册并建立了数据库，但仍不能满足各种实际需要。例如熔盐系相图的二元、三元系相图多达数十万种，而已测相图者仅数千种，故现有相图远不能满足需要，因此相图的计算机预报成为重要任务。用热力学预报相图已取得较好效果。但热力学方法亦有其局限性。单凭热力学方法无法预报未测相图是否有未知的中间化合物，在无热力学数据时亦难预报未知相图的液相线（面）。事实上，有时为了应付实用的急需，即使是粗略的估计也是很有用的。为此，我们寻找计算机预报熔盐相图的其它途径。

这里介绍我们基本建成的熔盐相图智能数据库（Intelligent Molten Salt Phase Diagram Data Base，IMSPDB）已收集了三千多个熔盐系的二元、三元和多元相图的图文资料。资料来源于四种英、俄文熔盐相图手册，以及若干主要学术刊物截至 2002 年底的文献资料。

IMSPDB 储存了根据这些已知相图总结的数学模型。据此可对大批未知相图作计算机预报。熔盐相图智能数据库设计思想的最高目标是要做成这样一个智能数据库，输入体系的组成元素或基团，就能显示相图。不但该相图已经被测定，而且，如果数据库中没有该相图，即该相图不曾被测定，则可根据数据库中储存的相关的数据挖掘成果并运用相图计算与预报软件进行相图特征的预报乃至对该相图做出局部或全部的预报。

这一目标分三步完成：第一步，建立一个完整的熔盐相图数据库，能够进行相图检索和浏览；第二步，能够从数据库相图中提取数据，形成一个可供数据挖掘的数据表，运用相图计算与预报软件进行计算，总结规律，例如判断能否形成中间化合物或判断能否形成连续固溶体等；第三步，利用和不断开发相图计算与预报软件，对熔盐系相图分类进行评估，建立相图特征乃至相图预测的数学模型。

这里介绍我们建成的熔盐相图智能数据库，其基本结构如图 8.1。包括数据库和利用这些资料的软件两大部分。数据库包含熔盐相图数据库，相图相关资料数据库，用于数据挖掘的元素、纯物质、化合物的参数数据库和数据挖掘的有关成果数据库。利用这些资料的软件（用 VB 语言编写[31~33]）包括相图数据库系统软件和相图与物性的计算与预报软件。

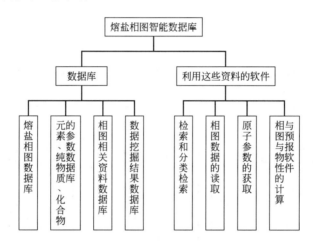

图 8.1　熔盐相图智能数据库结构图

熔盐相图智能数据库建设和发展的重点在其智能上。所谓智能，指的是其具有计算和预报相图的能力。这个能力一般通过这样的流程（图 8.2）来实现。首先要有一个相图数据库；然后是能从数据库中获取计算所需的相图数据和相关的原子参数及元素和化合物的物性参数，生成一张数据挖掘软件能够读取的数据文件；最后进行数据挖掘（数据挖掘流程略），得到数学模型。

为实现上述智能数据库的设计思想，在程序中，通过编写三大程序模块（图 8.3）来实现，即相图矢量化输入模块、数据库系统模块和数据挖掘模块。

相图矢量化输入模块是利用计算机交互式矢量绘图技术人工地把相图从点阵格式转换为矢量格式输入熔盐相图数据库。程序以现有的光栅图像为底图，然后对照底图像矢量绘图软件一样交互式任意地绘制、编辑图元。实现"所见即所得"。在数据库接口技术方面，采用 DAO 接口方便地与 Access 数据库交互，进行存储、

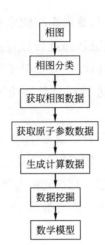

图 8.2　相图计算与预测流程图

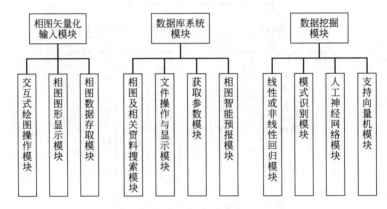

图 8.3　数据库程序结构图

读取、编辑的操作。

　　熔盐相图数据库采用 Access 数据库存储格式（图 8.4）。该数据库（Msdata-Base. mdb）是转化后的相图存储的存放格式。MsdataBase. mdb 由几个表组成。其中 Diagram 表存储了每张相图的整体信息。对于直线，只需记录两个端点的坐标。对于曲线，采用三次样条（Triple Spline）曲线拟合，在曲线上取若干个点，即可拟合成一条曲线。对于文字，需记录文字的内容及其位置。

　　数据库系统模块包括相图及相关资料搜索模块、文件操作与显示模块、获取参数模块和相图预报智能模块。实现相图搜索；相图浏览；相图分类检索；相图相关资料的搜索；原子参数等数据表的生成；相图数据的提取，尤其是液相线数据的提取；进行数据挖掘工作，预测相图特征；进行相图的热力学计算，如 Limiting Slope 计算以判断是否形成固溶体。显示方式分别采用图形方式、表格方式和文本

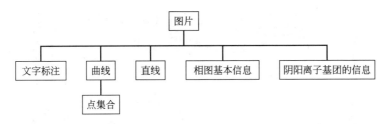

图 8.4　数据库存储格式示意图

方式。

　　数据挖掘模块集成了数据挖掘的多种算法，例如线性回归方法、非线性回归方法、主成分分析法（PCA）、偏最小二乘法（PLS）、Fisher 判别分析法、K 最邻近法（KNN）、人工神经网络（ANN）、最佳投影法、超多面体法和支持向量机方法等。这个模块的程序由陆文聪教授编写[34,35]。

　　熔盐相图智能数据库实现的主要功能（图 8.5）如下。

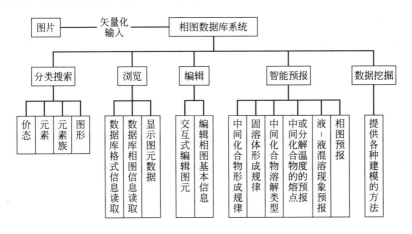

图 8.5　程序实现功能图

　　(1) 相图数字化，相图数据获取自动化　利用计算机交互式矢量绘图技术人工地将扫描得到的相图从点阵格式转换为矢量格式输入 Access 数据库。图片的矢量化输入功能可以使图片可以任意放缩，而不影响图形质量，并且图片数据储存量减小，为数据库网络化提供了方便；更重要的是图片矢量化后，读取数据更为方便，能够编写程序从相图上读取数据挖掘所需的数据，例如相图特征点的组分和温度，尤其是液相线的数据。获取相图数据是利用计算机计算和预测相图的基础。这一功能的实现为相图评估和相图计算的自动化打下了坚实的基础。

　　(2) 相图及相关资料的搜索和浏览　用户可以方便地在搜索界面（图 8.6）上点击相图的组成元素或基团，然后点击 OK 按钮即可搜索到相图及相关资料。

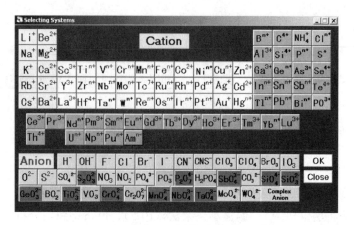

图 8.6　熔盐相图智能数据库的搜索界面

（3）相图的分类检索　用户点选相图 \ 搜索相图菜单项，在弹出的分类检索对话框中，可以按相图体系组分离子的价态、元素族、图形、元素等进行检索，检索结果以检索到的相图体系名称在窗口以文本形式依次显示，用户点击相图名称即可浏览相图。我们用原子参数-数据挖掘方法总结相图特征的规律，往往需要收集同类型或者相似类型相图的数据，一般数据库检索相图的功能是一对一的检索，不能满足我们的需要。分类检索实现按价态、元素族、图形、元素等进行检索，我们可以根据研究的需要对熔盐体系的相图进行分类，然后提取数据，进行数据挖掘，总结规律。这将大大减少相图评估和相图计算的工作量，为计算机逐步实现自动计算和预测相图打下技术基础。

（4）原子参数的读取　用户在生成原子参数界面（图 8.7）上选取需要的原子

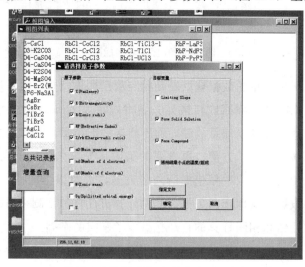

8.7　熔盐相图智能数据库的读取原子参数界面

参数，然后"确认"即可，程序会生成一张文本格式的原子参数数据表。该数据表可以被相图计算或数据挖掘软件读取。

（5）相图智能预报　在相图智能预报模块中存储了根据数据库中相图数据总结的数学模型。据此可预报大批未知相图的相图特征。我们对同阴离子卤化物相图进行数据挖掘，在是否形成中间化合物、是否有固溶体生成、是否有液-液混溶现象、相图预报（预报完全互溶体系 AX_2-BX_2 的液相线）等方面总结规律，将得到数学模型编入程序。如果用户想要知道 NaCl 和 KCl 之间能否形成固溶体，只要从智能数据库的主界面中进入 Intelligent Prediction，选择 Solid Solubility，然后，在类似于搜索界面（图 8.6）上选定"Na"、"K"和"Cl"，确认后，即可看到预报结果。

（6）相图与物性的计算与预报　除上述智能相图预报外，数据库提供各种用于数据挖掘的计算方法，数据库的高级用户可以利用熔盐相图智能数据库的功能和计算工具对未知相图自行建模。

8.5　判别卤化物体系是否形成中间化合物

我们用智能数据库技术和原子参数-支持向量机方法对 47 个已知的 MeBr-Me$'$Br$_2$ 类相图建模、预报，发现 CsBr-CaBr$_2$ 体系文献报道与计算预报结果不一致[36,37]，于是我们怀疑该报道可能有误，决定重测 CsBr-CaBr$_2$ 体系的相图，实验结果证明了我们的计算预报结果，即该体系不是简单共晶型相图，确有中间化合物生成。

按 CsBr 和 CaBr$_2$ 的不同摩尔比配样品测得部分 DTA 降温曲线见图 8.8。图中可见，在富 CsBr 一边，1∶1 中间化合物相凝固后还有三个放热峰。高温 X 衍射分析表明在这个温度范围内没有固体相变发生，所以这些放热峰应该对应相图的凝固点或转熔点。

因为 CsCaBr$_3$ 的容忍因子（t）等于 0.876。按照哥希米德（Goldschmidt）的概念，它很容易形成钙钛矿结构。原子参数-支持向量机方法也预报 CsCaBr$_3$ 化合物具有钙钛矿结构。按照这个预报结果，我们对 CsCaBr$_3$ 化合物的 X 衍射谱图进行指标化，指标化结果列于表 8.1。我们假定 CsCaBr$_3$ 的结构为钙钛矿结构，其 $a_0 = 0.578$nm，$c_0 = 0.572$nm 时，晶面间距（d）和衍射线条的相对强度的理论计算值（I_{calc}）与实验数据（I_{obs}）符合得很好，所以，可以确定 CsCaBr$_3$ 的结构为稍稍有点变形的钙钛矿结构。CsCaBr$_3$ 结构中各原子排列如图 8.9。

根据 DTA 和高温、常温 X 衍射分析的结果，我们可以画出 CsBr-CaBr$_2$ 系相图（图 8.10）。图中可见，该体系有一个具有稍稍变形钙钛矿结构的 1∶1 稳定化

合物 $CsCaBr_3$，它的熔点是 823℃；还有两个异分熔化的化合物 Cs_2CaBr_4 和 $Cs_3Ca_2Br_7$。相应的转熔点温度为 597℃ 和 635℃。共晶点位置是 570℃，86%（摩尔分数）CsBr 和 590℃，13%（摩尔分数）CsBr。

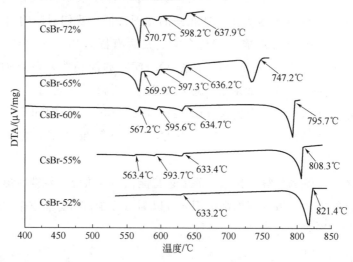

图 8.8　$CsBr-CaBr_2$ 系 DTA 降温曲线

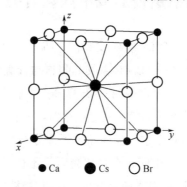

● Ca　　● Cs　　○ Br

图 8.9　$CsCaBr_3$ 的钙钛矿结构

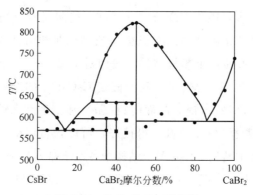

图 8.10　$CsBr-CaBr_2$ 系相图

表 8.1 CsCaBr₃ 的 X 射线衍射图的计算结果

（轻度扭曲的钙钛矿结构 $a_0 = 0.578$nm，$c_0 = 0.572$nm）

hkl	$2\theta/(°)$	d_{calc}/Å	d_{obs}/Å	I_{calc}	I_{obs}
110	21.72	4.087	4.088	m	m
101	22.00	4.066	4.036	m	m
111	26.82	3.325	3.321	vs	vs
200	30.96	2.890	2.886	s	s
002	31.14	2.860	2.869	s	s
211	38.38	2.356	2.343	m	m
220	44.66	2.044	2.027	s	s
311	52.92	1.741	1.728	s	m
222	55.06	1.663	1.666	m	m
320	58.06	1.603	1.587	w	w
321	59.9	1.544	1.542	w	w
400	64.86	1.445	1.436	w	w
004	65.48	1.430	1.424	w	w
411	69.46	1.362	1.352	w	w

注：$1Å = 10^{-10}$m。

CsBr-CaBr₂ 系相图重测工作结果证实了原子参数-支持向量机方法对 CsBr-Ca-Br₂ 系存在中间化合物的预测。

按照鲍林关于复杂离子晶体稳定性的第四条规则[38]，在含有不同阳离子的晶体中，为了减少晶格内的库仑斥力，具有高离子电荷的阳离子彼此总是趋向于尽可能的远离。这意味着 CsBr-CaBr₂ 体系的中间化合物中的大的单价阳离子 Cs⁺ 的存在能减少钙离子间的静电斥力。这正是这些中间化合物形成的驱动力。此外，文献报道[39] 的 CsCl-CaCl₂ 体系相图与 CsBr-CaBr₂ 体系非常相似，也有三个中间化合物。

8.6 白钨矿结构物相含稀土异价固溶体的形成规律

白钨矿（Scheelite）是成分为钨酸钙的矿物。许多钨酸盐和钼酸盐都具有白钨矿型或类似白钨矿型的晶体结构。这类晶体结构的一个特点是对异价离子有特别好的相容性，故能与许多稀土元素或过渡元素的钨酸盐或钼酸盐形成广泛固溶体。若干固溶体（如掺钕的钨酸钙）已用作激光材料，还有些固溶体具有催化或荧光性能。因此探讨此类固溶体的形成规律，在稀土材料设计方面是一个有意义的研究领域[40]。

用熔盐相图智能数据库[41~44]结合原子参数-支持向量机方法（SVM）总结白钨矿型含稀土元素的异价固溶体的形成条件和晶格常数变化规律，结果如下所述。

8.6.1 白钨矿型物相及其异价固溶体的形成规律

Ba、Sr、Ca、Pb 的钨酸盐和钼酸盐均形成白钨矿结构的晶体。其中有些能与稀土元素或其它三价元素的钨酸盐或钼酸盐形成连续固溶体，其它一些则生成有限固溶体或不形成显著的固溶体。运用原子参数-支持向量机算法研究这类固溶体的形成规律。取现有 15 个白钨矿结构化合物系作训练样本集，定义其中形成连续固溶体的化合物系为"1"类样本，不形成连续固溶体的化合物系为"2"类样本。以样本的有关离子半径（R）、电负性（χ）构成数据文件，并作为特征变量构成多维模式空间。Fisher 法投影图（图 8.11）显示分类良好。

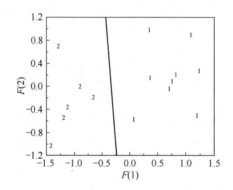

图 8.11　白钨矿结构化合物与稀土元素钨酸盐
或钼酸盐形成固溶体的规律性（Fisher 法）

$$F(1) = -3.187[R_{2+} - R_{3+}] + 12.724[R_-] + 1.360[\chi_{2+}] - 3.644[\chi_{3+}] - 28.839$$

$$F(2) = -7.171[R_{2+} - R_{3+}] - 23.403[R_-] - 1.122[\chi_{2+}] + 0.490[\chi_{3+}] + 61.906$$

1—形成连续固溶体；2—不形成连续固溶体

用 SVC 留一法交叉验证 LOOCV 分类的预测正确率 P_A 作为建模参数选择标准，选取简单的线性核函数，取可调参数 $C=100$ 建立支持向量分类（SVC）模型。在计算过程中线性核函数为：

$$f(X) = \text{sgn}(\sum y_i \times \alpha_i \times k(X_i, X) + b)$$

SVC 求得形成连续固溶体的判据为：

$$2.86 - 10.16|R_{2+} - R_{3+}| + 1.92R_- + 3.16\chi_{2+} - 7.02\chi_{3+} > 0 \tag{8.2}$$

式中，R_{2+}、χ_{2+} 分别代表钨酸盐或钼酸盐中二价元素的阳离子半径和电负性；R_{3+}、χ_{3+} 分别代表稀土元素的离子半径和电负性（因二价和三价阳离子在白钨矿晶格中配位数为 8，上述阳离子半径均取配位数为 8 的值）。支持向量机分类判据留一法检验预报正确率为 100%，即所建立的数学模型总结了白钨矿结构化合物形成连续固溶体的规律。

8.6.2 白钨矿型 $M^I M'^{III} (XO_4)_2$（X＝Mo，W）物相及其异价固溶体的形成规律

将白钨矿晶格中的二价钙离子用 1 : 1 的一价金属（M^I）离子和稀土元素或其它三价元素（M'^{III}）离子取代，则形成通式为 $M^I M'^{III} (XO_4)_2$ 的白钨矿结构的化合物系列。许多这类含稀土元素的化合物与三价元素通式为 $M_2^{III} (XO_4)_3$ 的钨酸盐或钼酸盐（这些化合物具有带缺陷的类白钨矿结构）能形成广泛固溶体，另外一些则无显著固溶度。运用原子参数-支持向量机算法总结这类化合物晶型规律和形成广泛固溶体的规律。

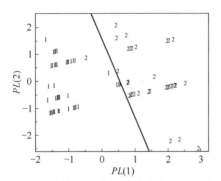

图 8.12 白钨矿结构的形成条件（PLS 法）

$$PL (1) = +2.845 [R_+ - R_{3+}] - 2.425 [R_-] - 8.898 [\chi_+] + 1.971 [\chi_{3+}] + 10.320$$

$$PL (2) = +0.703 [R_+ - R_{3+}] + 57.151 [R_-] - 2.514 [\chi_+] - 4.506 [\chi_{3+}] - 138.122$$

1—白钨矿结构；2—非白钨矿结构

以这些化合物组分的离子半径、电负性为特征量，作模式识别 PLS 法投影。如图 8.12，可以看出两类化合物的代表点分布在不同区域。用支持向量机算法，线性核函数，取 $C＝1000$，可得白钨矿结构的判别方程：

$$126.00 - 27.21[R_+ - R_{3+}] - 37.20[R_-] - 21.77\chi_+ - 2.58\chi_{3+} > 0 \quad (8.3)$$

用留一法检验，预报正确率达 96.2%。式（8.3）可以看出：一价与三价离子半径差是形成白钨矿结构的决定因素。因一价离子和三价离子都占有同类晶格点，二者半径相差过大显然不利于晶格稳定，这是可以理解的。

统计表明：非白钨矿结构的 $M^I M'^{III} (XO_4)_2$ 型化合物都不能与稀土元素的钼酸盐或钨酸盐形成显著固溶体，而白钨矿结构的 $M^I M'^{III} (XO_4)_2$ 型化合物也只有

一部分与稀土元素的钼酸盐或钨酸盐形成连续固溶体。为总结规律，取能形成相应的连续固溶体的化合物和不形成连续固溶体的化合物的原子参数为特征量作模式识别分类。图 8.13 为 PLS 投影图。

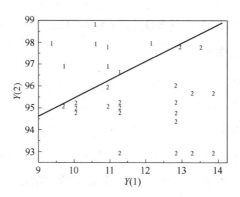

图 8.13 $M^I M'^{III} (XO_4)_2$ 和

$M'^{III}_2 (XO_4)_3$ 形成固溶体的规律性

1—形成连续固溶体；2—不形成连续固溶体

根据支持向量机分类计算，可以得到能形成连续固溶体的化合物的如下判据：

$$20.27[R_{3+}] - 4.93[R_+] - 1.18[\chi_+] - 3.38[\chi_{3+}] + 29.30R_- - 85.37 > 0$$

$$(8.4)$$

留一法检验预报正确率为 96.7%。

可以应用求得的经验判据式(8.4)预测未列入训练集的含稀土元素的钼酸盐或钨酸盐系形成固溶体的情况。例如：根据式（8.4）估计 TlPr（MoO$_4$）$_2$-Pr$_2$(MoO$_4$)$_3$ 系固溶体形成情况，所得计算结果为负值，故判为不形成连续固溶体。此估计已为近年文献中发表的结果证实[45]。

8.7 钙钛矿及类钙钛矿结构的物相的若干规律性

众所周知，钙钛矿本身并不很重要，但具有钙钛矿结构或类似钙钛矿结构的化合物却代表一大批氧化物系、卤化物系和合金系相图中的中间化合物。其中不少化合物具有优越的高温超导、铁电、压电、激光调制等宝贵特性[46,47]。因此，探索具有钙钛矿或类似钙钛矿结构的新物相是无机物系相图研究的热门课题之一。另一方面，氧化物系和卤化物系相图中的中间相有很多是钙钛矿和类钙钛矿型化合物，研究这类化合物的形成规律，也是使用计算机预报氧化物和卤化物系未知相图的必要前提。

近几十年来国内外对钙钛矿结构及类钙钛矿结构化合物的若干规律进行了大量的研究，总结出了许多半经验判据和数学模型。原子参数-模式识别方法以常用的原子参数（如电负性、原子或离子半径、价电子数等）作为自变量，把性质已知的该类化合物作为训练集，运用各种模式识别算法找出其中的规律性。

8.7.1 钙钛矿结构的复卤化物的若干规律性

关于钙钛矿结构的形成条件，地球化学家 Goldschmidt 曾提出"允许因子"（Tolerance Factor）这一著名论断，即认为对于化合物 ABX_3，允许因子为

$$t = \frac{R_A + R_X}{\sqrt{2}(R_B + R_X)}$$

此处各 R 值为相应元素的离子半径。Goldschmidt 指出：若 t 值在 $0.8 \sim 0.9$ 之间，则形成钙钛矿结构。这一判据直到今日仍被广泛引用。但由于近年发现许多新钙钛矿型化合物，其允许因子略偏在外，故有作者提出应将范围扩大到 $0.75 \sim 1.00$。仔细考察所有 $0.75 < t < 1.00$ 的 ABX_3 型化合物容易发现，Goldschmidt 提出的允许因子只是钙钛矿结构形成的必要条件而非充分条件。事实上有大批的允许因子在此范围但却以其它结构存在的化合物。因此，为了给探索新材料的工作提供更有效的钙钛矿结构的形成判据，有必要对此问题进一步探索。

有关钙钛矿结构的另一重要课题，是有关钙钛矿晶格畸变规律的研究。众所周知：许多钙钛矿型化合物的晶格畸变与压电、激光调制、高温超导性质密切相关，为材料科学家所关注。而单靠允许因子一个参数并不能对某一化合物是否有晶格畸变作出有效判断。因此这是本工作研究的另一目标。

8.7.1.1 卤化物系形成钙钛矿结构物相的原子参数判据

以允许因子 t、离子半径、电负性和表征配位场对中心离子四面体和八面体影响的能量差的参数 D_q 张成多维空间，对形成钙钛矿结构的化合物和以其它晶型（六方钛酸钡结构，NH_4CdCl_3 结构）存在的化合物代表点作模式识别分析。投影图如图 8.14 所示。可以看出：两类化合物的代表点分布在不同区域，其间有明显分界。

8.7.1.2 钙钛矿型复卤化物晶格畸变的规律性

以与上节相同的原子参数组成的参数集张成多维空间，作模式识别投影，结果如图 8.15。

8.7.1.3 估算立方钙钛矿型化合物的晶格常数的经验式

从几何模型可知，计算表明：立方结构的钙钛矿型化合物的晶格常数应为 B—X 键长的二倍。但此键长并不能简单地用离子半径和计算，因为部分共价性以及 A

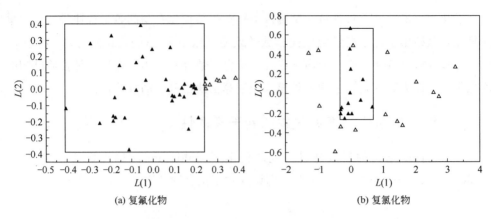

(a) 复氟化物   (b) 复氯化物

图 8.14 钙钛矿结构化合物与其它结构的化合物在原子参数空间中的分布

▲—形成钙钛矿结构化合物；△—以其它晶型存在的化合物

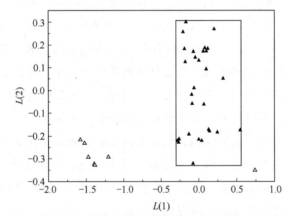

$$L(1)=100.1049[t]-30.6698[R_a]+39.7840[R_b]+0.3071[\chi_a]-9.2316E-3[\chi_b]+7.5989E-3[D_q]-79.8516$$
$$L(2)=-21.1367[t]+7.4513[R_a]-8.0271[R_b]+0.3823[\chi_a]-0.2351[\chi_b]+1.3916E-2[D_q]+15.0264$$

图 8.15 立方型和畸变型钙钛矿结构化合物在原子参数空间中的分布

▲—立方型钙钛矿结构化合物；△—畸变型钙钛矿结构化合物

离子的尺寸都会影响这一键长。取离子半径和与此键长实测值之差 δ

$$\delta=(R_B+R_X)-D_{(B\text{-}X)}$$

用 PLS 方法计算 δ 与原子参数的回归方程，结果有明显的线性对应关系：

$$\delta=0.0177-0.0235(\chi_X-\chi_B)-0.7026R_A+1.1183R_B+0.1726R_X$$

换言之，X、B 间电负性差小（部分共价性强），则键长缩短多；A 离子大，则键长缩短少。从化学键理论看，这是可以理解的。

8.7.2 含钙钛矿结构层的夹层化合物的规律

许多具有钙钛矿或类钙钛矿结构（Perovskite-like Structure）的化合物的最简

单的结构原型是 K_2NiF_4 型晶格。其结构如图 8.16，系由 $KNiF_3$ 组成的钙钛矿结构层和 KF 组成的立方结构层交替堆垛而成。更为复杂的夹层结构是一层以上的钙钛矿结构与一层或一层以上的其它结构交替堆垛的产物。研究这些夹层的类钙钛矿结构化合物的形成条件和晶型规律，可为新材料探索提供有用信息。

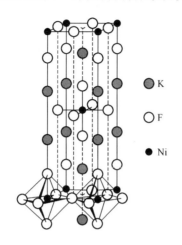

图 8.16　K_2NiF_4 晶体的夹层结构

文献［48］讨论夹层的类钙钛矿结构的形成条件时，沿用 Goldschmidt 提出的 t 因子为判据。认为 $0.8 < t < 1.0$ 是这类夹层化合物的形成判据。事实上夹层类钙钛矿结构的形成条件和钙钛矿并不一致，文献［49］企图用 K_2NiF_4 结构因离子配位数不同，因而晶格内应力不同来解释钙钛矿结构和 K_2NiF_4 结构热力学稳定性的差异。但他用内应力并未能提出这两类化合物形成的符合实际的判据。为此，这一课题有重新研究的必要。

8.7.2.1　离子晶体夹层化合物的静电能——几何匹配模型

根据图 8.16 所示的夹层化合物晶格结构，提出有关其形成条件的结晶化学模型，其要点为：①夹层化合物中的高价阳离子间的距离因被低价离子层隔离而增大，从而使高价阳离子间的静电互斥势能下降，是推动夹层化合物形成的动力（Forland 研究熔盐熔液统计理论时，曾论证阳离子互斥力变化对热力学性质的影响，故可称这类现象为 Forland 效应[50]）；②夹层化合物不同层间晶格尺寸不同，互相匹配造成内应力，即失配效应（Misfit Effect），是形成夹层化合物的阻力。Forland 效应和失配效应共同决定夹层化合物的形成、稳定性和晶格尺寸。以图 8.16 的 K_2NiF_4 结构为例：和钙钛矿结构相比，K_2NiF_4 结构中的 Ni^{2+} 层间的距离较远。因 Ni^{2+} 在此为高价离子，其层间距增加可导致内能和自由能下降（Forland 效应），从而产生夹层间的化学亲和力。可以认为这是这类夹层化合物形成的推动力。对于具有 A_2BX_4 通式的 K_2NiF_4 型化合物，高价离子层间的静电势因有夹层而减少的数值可用下列参数近似表征：

$$\delta = \frac{Z^2}{2(R_A+R_X)} - \frac{Z^2}{2(R_B+R_X)+(R_A+R_X)} \tag{8.5}$$

式中，Z 为高价离子的电荷数；各 R 值代表各离子的半径。从图 8.16 还可看出：晶体为了维持长程有序，夹层间离子排布必须对应，以 K_2NiF_4 为例，夹层间必须维持下列关系：

$$a_0 = \sqrt{2}D_{(K\text{-}F)} = 2D_{(Ni\text{-}F)} \tag{8.6}$$

式中，a_0 为 K_2NiF_4 型化合物的晶胞参数。根据 K_2NiF_4 晶体结构的实测数据，其 KF 层的 K、F 离子间距（权重平均值）大致与六配位的 K^+ 半径（0.152nm）相等，故可以六配位的 K^+ 半径代入下式，作为表征其晶格匹配的参数：

$$t' = \frac{R_K + R_F}{\sqrt{2}(R_{Li}+R_F)} \tag{8.7}$$

上述论证应可适用于这类夹层化合物的一般情况：作为夹层结构形成的推动力，A_2BX_4 晶格中高价离子的离子电荷数 Z 愈大、半径愈小，则愈有利于夹层结构的形成和稳定；作为阻力表征，t' 值远小于 1.0 时，夹层结构即难于形成。当晶格中的化学键具有部分共价性时，夹层化合物的稳定性应与电负性有关，故电负性差 $\Delta\chi$ 也应是影响夹层化合物生成阻力的一个因素。

根据上述模型，δ、t' 和 $\Delta\chi$ 都应是决定夹层化合物是否生成的因素。应可用以作为自变量总结夹层化合物的形成规律。图 8.17 为用这三个变量张成的空间中生成复卤化物呈钙钛矿结构同时也生成夹层化合物的化合物代表点（"1"类样本）和只生成钙钛矿结构不生成夹层化合物的代表点（"2"类样本）的分布的模式识别投影，可看出规律甚好。二类样本的分类判据可表示为：

$$55.55\delta + 3.11t' - 1.69(\chi_x - \chi_B) \geqslant 2.77 \tag{8.8}$$

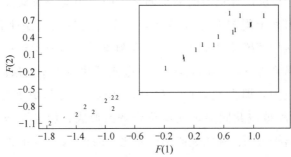

图 8.17 K_2NiF_4 结构的形成条件的模式识别投影

1—生成夹层化合物；2—不生成夹层化合物

即代表推动力的参数 δ 愈大，愈易生成夹层化合物；代表阻力的 t' 距 1.0 愈远，愈难生成夹层化合物；电负性差愈小，部分共价型愈强，使 B—X 键愈缩短，即内应力减小，愈有利于夹层化合物形成。

应当指出：本文提出的参数 t'，虽然数学形式和 Goldschmidt 的 t 参数一样，其物理意义并不相同，它表征夹层间匹配程度。

为验证上述判据的预报能力，我们对 $CsBr\text{-}PbBr_2$ 等未列入训练集的二元系形成夹层化合物的情况作判断，结果表明不生成夹层化合物，此结果已为最近的实测相图所证实[51]。

8.7.2.2 夹层化合物的晶格常数

从图 8.16 可看出：K_2NiF_4 型化合物的晶胞参数 a_0 应等于其 B—X 键长的两倍。但其实测值恒较 B、X 离子半径和的两倍略短。对于复卤化物，其差值 Δ 和原子参数的关系可表达如下式：

$$\Delta = 0.345R_X - 1.488t' + 0.0903(\chi_X - \chi_B) \tag{8.9}$$

对于复卤化物，其 K_2NiF_4 型化合物的晶胞参数 c_0 常较相应的离子半径和略长。其差值 Δ' 和原子参数的关系可表达如下式：

$$\Delta' = -8.115t' + 0.994R_I + 0.743(\chi_I - \chi_B) - 0.408(\chi_I - \chi_A) + 5.539 \tag{8.10}$$

对于 K_2NiF_4 型复氧化物，因有各种价型，尚需考虑离子价数的影响。其 a_0 差值 Δ 可表达为下式：

$$\Delta = -1.085t' - 0.0493(Z_B - Z_A) + 1.179 \tag{8.11}$$

其 c_0 差值 Δ' 可表达为：

$$\Delta' = 27.648t' - 10.85R_A + 15.200R_B + 0.1262(Z_B - Z_A) - 21.863 \tag{8.12}$$

如前所述，一个夹层中的离子的原子参数，能对夹层化合物的其它夹层的结构发生影响。这一现象可能用以调控材料的关键部位的微结构，从而达到调控材料性能的目的。例如：已有文献指出[52]：高温超导的超导体复氧化物的 Cu—O 层中的

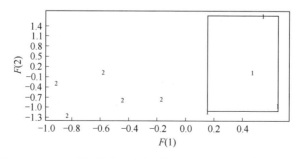

图 8.18　1222 型超导化合物超导转变温度和原子参数的关系

$1—T_c > 30K$；$2—T_c < 30K$

Cu-O(1)-Cu 键角以及 Cu—O 键长对超导转变温度 T_c 影响甚大。故改变具有 $MA_2'A_2''Cu_2O_{8+\delta}$ 通式的 "1222" 型高温超导化合物系列中的元素 M，就有可能影响 Cu—O 键长和 Cu—O(1)—Cu 键角，从而影响 T_c 值。图 8.18 表示若干 1222 型超导化合物的元素 M 的原子参数与超导转变温度 $T_c^{[53]}$ 的对应关系，可以看出明显的规律性。说明这是一个有应用前景值得进一步研究的方向。

<h2 style="text-align:center">参 考 文 献</h2>

[1] 叶于浦，顾菡珍. 无机物相平衡（无机化学丛书，第十四卷）. 北京：科学出版社，1997.

[2] 赵匡华. 化学通史. 北京：高等教育出版社，1990.

[3] НКВоскренсенская：Справочник по Плавкости Систем из Безводных Неоргнических Солеи Изд. А Н СССР，1961.

[4] В. И. Посыпайко，И. А. Алексеива，Н. А. Васина：Диаграммы Плавкости Солейвых Систем，Изд. Металугия，Москова，1979.

[5] Sangster A，Pelton A D. Thermodynamic Calculation of Phase Diagrams of the 60 Common—Ion Ternary Systems Containing Cations Li，Na，K，Rb，Cs，and Anions F，Cl，Br，I. Journal of Phase Equilibria (USA)，1991，12（5）：511-537.

[6] Yves Dessureault，James Sangster，Arthur D. Pelton. Coupled Phase Diagram-Thermodynamic Analysis of the 24 Binary Systems，A_2CO_3-AX and A_2SO_4-AX Where A＝Li，Na，K and X＝Cl，F，NO_3，OH. Journal of Physical and Chemical Reference Data，1990，19（5）：1149-1178.

[7] Dessureault Y，Sangster J，Pelton A D. Coupled phase diagram/thermodynamic analysis of the nine common-ion binary systems involving the carbonates and sulfates of lithium，sodium，and potassium. J. Electrochem. Soc. Vol.，1990，137（9）：2941-2950.

[8] Chartrand P，Pelton A D. Thermodynamic Evaluation and Optimization of the LiF-NaF-KF-MgF_2-CaF_2 System Using the Modified Quasi-Chemical Model. Metallurgical and Materials Transactions A，2001，32，（6）：1385-1396.

[9] Sangster J. Thermodynamics and Phase Diagrams of 32 Binary Common-Ion Systems of the Group Li，Na，K，Rb，Cs//F，Cl，Br，I，OH，NO_3. Journal of Phase Equilibria，2000，21（3）：241-268 (28).

[10] Sangster，James Malcolm. Calculation of phase diagrams and thermodynamic properties of 18 binary common-ion systems of Na，K，Ba//F，MoO_4，WO_4. Canadian Journal of Chemistry，1996，74（3）：402-418.

[11] 乔芝郁，邢献然，桂玮珍等. 含稀土氯化物相图的优化计算. 自然科学进展，1994，4（3）：307.

[12] 邢献然，乔芝郁，郑朝贵，段淑珍. $RECl_3$-$CaCl_2$-LiCl（RE＝La，Ce，Pr，Nd）三元相图的优化计算. 中国稀土学报，1994，12，（4）：303.

[13] 乔芝郁，邢献然，郑朝贵，段淑珍. $RECl_3$-$SrCl_2$-LiCl 三元相图计算. 北京科技大学学报，1992，14（5）：599.

[14] 袁文霞，马淑兰，乔欣，庄卫东，邢献然，乔芝郁. YCl_3-$AECl_2$（AE＝Mg，Ca，Sr，Ba）二元相图

的研究. 金属学报, 1996, 32 (2): 135.

[15] 段淑珍, 乔芝郁主编. 熔盐化学原理和应用. 北京: 北京冶金工业出版社, 1990: 112.

[16] 陈念贻等. 模式识别方法在化学化工中的应用. 北京: 科学出版社, 2000.

[17] 陈念贻. 键参数函数及其应用. 北京: 科学出版社, 1976.

[18] Miedema R. J. Less-Common Metals, 1973, 32: 117.

[19] Reiss H, Mayer S W, Katz J L. J. Chem. Phys., 1961, 35: 820.

[20] 曾汉民主编. 高技术新材料要览. 北京: 中国科学技术出版社, 1993, 9-16.

[21] 郝建伟, 肇研. 先进材料性能数据库发展现状及建议. 航空制造技术, 2001, 6: 30.

[22] Aaron. Blicblaw. Developing materials education with modern technology. Metals and Materials, 1990, 6 (4): 216.

[23] Feldt J. Material Science and Technology Databases. Advanced Material & Progress, 1994, 145 (4): 41.

[24] Price D. A Guide to Material Databases. Materials, 1993, 1 (7): 418.

[25] 周洪范. 材料数据库的进展与应用. 机械工程材料, 1993, 17 (1): 21-22.

[26] 姚熹. 材料科学与微型电脑. 微型电脑应用, 1999, 3: 2.

[27] Essentials of Advanced Materials for High Technology (高技术新材料要览). 北京: 中国科学技术出版社, 1993.

[28] Villars P. Pearson's Handbook, Crystallographic Data for Intermetallic Phase, The Materials Information Society, 1997.

[29] НКВоскренсенская. Справочник по Плавкости Систем из Безводных Неоргнических Солеи Изд. А Н СССР, 1961.

[30] В. И. Посыпайко, И. А. Алексеива, Н. А. Васина: Диаграммы Плавкости Солейвых Систем, Изд. Металугия, Москова, 1979.

[31] Eric A. Smith, Valor Whisler, Hank Marquis. Visual Basic 6 Bible. 蒋洪军, 沈瀛生, 魏永明等译. 北京: 电子工业出版社, 1999.

[32] John W. Fronckowiak, David J. Helda. Visual Basic 6 Database Programming. 全刚, 杨领峰, 申耀军等译. 北京: 电子工业出版社, 1999.

[33] 李怀明, 骆原, 王育新. Visual Basic 6 参考详解. 北京: 清华大学出版社, 1999.

[34] Chen Nianyi, Lu Wencong, Chen Ruiliang, Qin Pei. Chemometrics and Intelligent Laboratory Systems, 1999, 45: 329.

[35] 陈念贻, 钦佩, 陈瑞亮, 陆文聪. 模式识别方法在化学化工中的应用. 北京: 科学出版社, 2000.

[36] Nianyi Chen, Wencong Lu, Jie Yang, Guozheng Li. Support vector machine in chemistry. Singapore: World Scientific Publishing Company, 2004.

[37] Chikanov V N, Chikanov N D. Interaction in binary bromide systems, Journal of Inorganic chemistry (Russia), 2000, 45, 1221-1224.

[38] Pauling L. The nature of chemical bond. Ithaca: Cornell University Pree, 1960.

[39] Von H J Seifert, Langenbach U. Thermoanalytische und rontgenographische Untersuchungen an Systemen Alkalichlorid/Calciumchlorid, Zeitschrift fur anorganische und allgemeine Chemie. 1969, 368:

36-43.

[40] Muller O, Roy R. The Major Ternary Families. Berlin: Springer-Verlag, 1974.

[41] Nianyi Chen, Wencong Lu, Jie Yang, Guozheng Li. Support vector machine in chemistry. World Scientific Publishing Company, Singapore, 2004.

[42] 包新华, 陆文聪, 陈念贻. 支持向量机算法在熔盐相图数据库智能化中的应用. 计算机与应用化学. 2002. 19 (6): 723.

[43] Chen Nianyi, Yan Licheng, Lu Wencong, Bao Xinhua. Computerized Prediction of Thermodynamic Properties and Intelligent Data Base for Phase Diagrams of Molten Salt Systems. Proceedings of 6th International Symposium on Molten Salt Chemistry and Technology, 2001, 10: 1-8.

[44] 陈念贻, 陆文聪, 包新华等. 熔盐相图的计算机预报和熔盐相图智能数据库研究. 中国稀土学报, 2002, 20 卷, 专辑: 170.

[45] Basovich O M, Haikina E G. Phase equilibria of Li_2MoO_4-Tl_2MoO_4-$Pr_2(MoO_4)_3$ system (in Russian). Journal of inorganic chemistry, 2000, 45: 1542.

[46] Muller, et al. The major ternary structure families. Heidelberg: Springer-Verlag, 1974.

[47] Galosso F. Perovskite and high temperature superconductors. John-Wiley Inc, 1990.

[48] Ю. Д. Третьяков, ЕАГудилин. Успехи химии, 2000, 69 (3).

[49] Yokokawa H. J. Solid state chemistry, 1991. 94: 106.

[50] Forland T. J. Phys. Chem. , 1955, 59: 152.

[51] И. Я. Кузнецова, И. С. К′овалева, В. А. Федоров. Журналнеораниче-ской химии, 2001, 46: 1900.

[52] Tamura M. J. Physica C, 1998, 303, (1).

[53] ВВАупаров. Перспектвый матери-алы, 2000, 3: 10.

9 镀锡薄钢板质量的数据挖掘

9.1 镀锡薄钢板的发展[1,2]

镀锡钢板或称镀锡板，是在薄钢板上镀锡后软熔制成的产品。它将钢的强度和锡的耐蚀性、锡焊性及其美观的外表等优点结合于一种材料之中，而且能够进行精美的印刷和涂饰等，已成为一种重要的包装材料。果汁、蜜橘和其它许多食品罐头的铁罐，大都是用镀锡板制成的。

1697 年，在英国的威尔士用水力驱动的轧钢机对钢板进行热轧获得成功，但英国用热轧薄钢板制造镀锡原板的最早记录是 1730 年。用轧钢机生产镀锡板，质量好、成本低，所以产量很快增加而满足了英国国内的需要，并且使英国在当时成为输出镀锡板最多的国家。1810 年，在英国开始用镀锡板制成的容器贮存食品。这个发明还传到美国，并被推广作为广大平原地区农畜产品的保存手段。

1858 年美国匹兹堡生产出美国最初的镀锡板，但由于外国产品的廉价销售，当初开工的几个工厂全都过不多久就被迫关闭了。为了扶植本国的镀锡板工业，美国于 1890 年规定提高进口镀锡板的进口税。镀锡板生产又有了新的发展，1891 年美国镀锡板的产量只有 1198t，1893 年增加到 61803t。这样，美国的镀锡板生产得到顺利的发展，后来进口税降低了，到 1912 年产量仍继续增加到 100 万吨，超过了英国的产量。在此期间，镀锡板的生产技术和制罐技术日新月异，而其中最重要的则是采用冷轧钢板作为原板和用电镀法生产电镀锡板。

日本镀锡板的生产，最初是在 1921 年，计划在当时的川崎造船公司生产镀锡板，但未达到实际应用阶段。1922 年日本制铁公司试制镀锡板成功，1923 年起产品在市场上出售，日本的镀锡板技术也得到迅速发展，而且应用技术不断有新的发展。1968 年日本的产量继美国、英国之后占世界第三位，并且成为镀锡板主要输出国之一。

目前，世界上有 140 多条生产线，年总产量约为 2100×10^4 t，美国的产量占世界产量的 19.7％，日本占 14.9％，他们仍然是世界上镀锡板的主要输出国。我国起步比较晚，20 世纪 60 年代初上钢十厂试制了热镀锡板，年产 1000t；70 年代以来，陆续引进了德国、日本和韩国的设备和技术，建设了上钢十厂、武钢、中山中粤马口铁厂、广州太平洋马口铁有限公司等 10 余条电镀锡钢板生产线。1998 年初，上海宝钢集团从日本新日铁公司引进了 2 条总年产量为 40 万吨的电镀锡板生产线。我国无锡也从川崎制铁引进生产能力为 15 万吨的镀锡线，但目前我国镀锡板的产量仍然不能满足国内的需求，每年需要从国外进口大量镀锡板。近年来，对镀锡板质量要求越来越高，这就需要国内钢铁生产厂家生产更多、更薄、更宽的低碳带钢，同时改进电镀锡工艺、设备，生产各种优质镀锡板以满足市场需求。镀锡板本身不含对人体有害物质，是一种理想的包装材料，与铝制罐相比，镀锡板罐在生产成本、价格上还稍占优势，故镀锡板罐在食品、饮料等市场上的消费量会进一步增加，刺激和促进镀锡板工业的不断发展。所以增加镀锡板产量，提高其实物水平和合格率，对我国镀锡板工业具有重要意义。

9.2　镀锡板生产过程简介[3,4]

用热浸工艺生产出的镀锡板称为热镀锡板，用电镀工艺生产出的镀锡板称为电镀锡板，目前市场上的镀锡板大都是电镀锡板。电镀锡板生产流程如图 9.1 所示，简单可以分三个过程：镀锡前处理、镀锡、镀锡后处理。具体说：镀锡板要经过开卷、剪边焊接、碱洗、酸洗、电镀、活化、软熔、淬水、钝化、涂油、成卷等工艺过程（见图 9.1）。

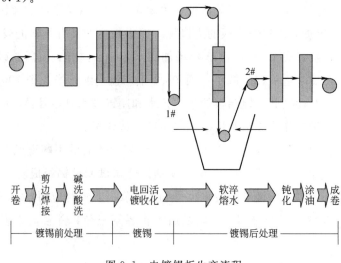

图 9.1　电镀锡板生产流程

（1）开卷、剪切、焊接　当轧制好的钢卷被送到镀锡机组，开卷机首先将钢卷顺利打开并稳定运行。为了连续运行，带钢经过双层剪切机切除不合要求的部分，再与下一块带钢焊接起来，并平整。

（2）碱洗　镀锡前因为在带钢上有许多轧制时留下较厚的油污，一般经过化学碱洗和电解碱洗两次将其洗掉。带钢清洗作业线所用的清洗液通常是用有专利权的复合清洗剂配制的，化学碱洗是用有碱性的磷酸盐或硅酸盐，以及氢氧化钠和润湿剂，再用电解碱洗除去剩下的油污，最后水洗镀锡板除碱。

（3）酸洗　酸洗目的是除去氧化膜：FeO、Fe_2O_3、Fe_3O_4。使之露出清净的钢表面，以保证带钢和锡之间能够较好地结合。所用的酸一般是一定浓度的硫酸或者盐酸。

（4）电镀锡　锡可以通过热浸、电镀、化学镀等方法沉积在铁表面，其中电镀是应用最广泛的一种。电镀是高速的连续式生产工艺，镀锡层的厚度范围很宽并且镀层控制简单而精确，能够生产正反两面镀锡量不同的差厚镀层。电镀中最常用一种方法是弗洛斯坦法。它是以硫酸亚锡为电解液，附加其它湿润剂、光亮剂等成分。带钢经过连续几个电镀槽后将锡镀到带钢表面。

（5）软熔、淬水　电镀后带钢表面上的锡在显微镜下观察是微粒状的锡粒，附着力差，没有光泽，抗氧化能力弱，所以通常需要经过一个软熔过程。软熔是使表面锡层瞬时熔化，淬水后可形成光亮的表面，软熔过程中在镀锡层和钢基板的界面之间还形成一层很薄的铁锡合金层，它能改善镀锡板的锡焊性和耐腐蚀性。软熔操作只需要几秒钟时间，且软熔温度只是稍微超过锡的熔点温度。锡层熔化之后，带钢立即在80℃左右的水中淬冷。在软熔段中，可以用电阻加热法、感应加热法或两种加热方法联合使用。电阻加热法是用导电辊使很大的交流电流通过带钢，进行加热。带钢运行穿过一组线圈，线圈由铜管弯成，管内通水冷却，向此线圈通入$100\sim200kHz$的高频电流，感应产生的涡流电流和磁滞能耗对带钢进行加热，使镀锡层熔化。

（6）钝化　软熔后的镀锡板在其表面上有一层很薄的锡氧化物膜。在镀锡板长期储存过程中或在涂漆后的烘烤过程中，这种氧化物膜会增长而引起镀锡板变色。为了改善抗变色性和涂漆性能，以及提高镀锡板的耐腐蚀性能，需要对镀锡带钢进行化学的或电化学的"钝化"处理。比如，用化学的浸渍法进行"钝化"处理，则让淬水后的带钢通过装有重铬酸盐或碳酸盐溶液的钝化槽。用电解法可以进行电化学"钝化"处理。

（7）涂油成卷保存　在镀锡板表面均匀涂上一层防护性润滑油，常用的油有二辛基癸二酸酯或乙酰基三丁基柠檬酸酯，是为防止镀锡板在运输和高速制罐中被擦伤，同时也可以防锈。

9.3 镀锡板耐蚀性能与工业生产软熔条件的关系

生产上判断镀锡板耐腐蚀性能好坏的方法有[5,6]：合金-锡偶合电流值（ATC）大小、充气介质极化试验、铁溶出值试验、酸洗时滞试验、锡晶粒度试验等，其中 ATC 值方法最常用，它是模拟酸性果品实罐腐蚀的测试方法，该方法以葡萄柚汁或番茄汁为介质，测量脱掉锡层的镀锡薄钢板与纯锡电极间的电流密度，作为合金层抑制腐蚀作用能力的表征。ATC 单位是 $\mu A/cm^2$，其值越小，产品越耐腐蚀。

镀锡板耐腐蚀与生产工艺条件有很大关系，不合适的生产工艺参数也是造成产品耐腐蚀性能低的一个重要因素。根据生产工艺条件的数据记录，将 $ATC \leqslant 0.05\mu A/cm^2$ 的样品定义为"1"类样本，$ATC > 0.05\mu A/cm^2$ 的样品定义为"2"类样本。以生产上可控的操作参数 V（钢板速度），T_{loop}（线圈出口处温度），W（感应线圈功率），A（加热电流），M_{Line}（软熔线高度）为特征量构筑多维空间，用 PCA（Principal Component Analysis，主成分分析)[7]法考察"1"、"2"类样本在该空间的分布（如图 9.2）。

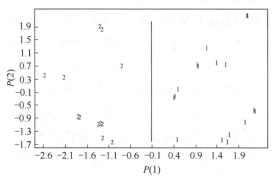

$P(1) = 1.314 \times 10^{-2}[V] + 2.252[M_{Line}] + 5.940 \times 10^{-2}[T_{loop}] + 1.130 \times 10^{-2}[W] + 0.444[A] - 34.706$
$P(2) = -1.458 \times 10^{-2}[V] - 3.338[M_{Line}] - 3.077 \times 10^{-2}[T_{loop}] + 1.272 \times 10^{-2}[W] + 0.440[A] + 22.721$

图 9.2　镀锡钢板生产条件 PCA 投影图

$1—ATC \leqslant 0.05\mu A/cm^2$ 的样品；$2—ATC > 0.05\mu A/cm^2$ 的样品

由图 9.2，可得耐蚀优级品的生产工艺条件为：

$1.314 \times 10^{-2}[V] + 2.252[M_{Line}] + 5.940 \times 10^{-2}[T_{loop}] + 1.130 \times 10^{-2}[W] + 0.444[A] - 34.606 > 0$

由数据挖掘结果可知：在生产线现有条件下（即保持钢板速度 V，线圈出口处温度 T_{loop}，软熔线高度 M_{Line} 不变），若适当提高功率（加大加热电流 A 和感

应线圈功率 W），则有利于提高镀锡板产品的耐蚀性能。这一结论可以根据我们的模拟实验结果得到解释：功率大，特别是加热电流大，有利于固相反应的进行，为液相反应造成致密合金层创造了条件，从而导致耐蚀性能好的镀锡板的产生。

9.4 镀锡板耐蚀性能与实验室模拟软熔条件的关系

为进一步考察镀锡板 ATC 与软熔条件的关系，我们在实验室模拟了用不同功率比例的电阻加热和感应加热联合，将镀锡板软熔并淬水，测定其 ATC 参数，结果见表 9.1。将 $ATC \leqslant 0.05\mu A/cm^2$ 的样品类别（见表 9.1 中的类别列）定义为"1"类，将 $ATC > 0.05\mu A/cm^2$ 的样品类别定义为"2"类。联合软熔参数有感应电压 U_1、感应电流 I_1、感应功率 W_1、电阻加热电压 U_2、电阻加热电流 I_2、电阻加热功率 W_2、固液相反应时间 t_1、液相反应时间 t_2、感应加热功率在总功率中所占比例 W。

表 9.1 联合软熔参数及 ATC 值

序号	类别	ATC /(μA /cm^2)	U_1 /V	I_1 /A	W_1 /W	U_2 /V	I_2 /A	W_2 /W	t_1 /s	t_2 /s	W/%
1	2	0.24	150	80	12000	3.5	700	2450	6	1	0.83
2	2	0.32	150	80	12000	4	700	2800	6	0.5	0.81
3	1	0.02	200	100	20000	3	800	2400	6	0.5	0.89
4	1	0.02	200	100	20000	3	800	2400	6	1	0.89
5	1	0.02	125	70	8750	3.5	800	2800	6	1	0.76
6	2	0.09	125	70	8750	3.5	800	2800	6	0.5	0.76
7	2	0.09	110	60	6600	3.8	820	3116	6	0.5	0.68
8	1	0.04	110	70	7700	4.1	900	3690	5	1	0.68
9	2	0.07	150	75	11250	4.1	900	3690	5	1	0.75
10	2	0.14	120	70	8400	4.5	920	4140	5	0.5	0.67
11	1	0.02	200	100	20000	4.5	920	4140	5	0.5	0.83
12	2	0.06	180	100	18000	4	900	3600	5	1	0.83
13	2	0.24	200	100	20000	0	0	0	5.5	1.2	1.0
14	2	0.17	140	70	9800	0	0	0	10	1.2	1.0
15	2	0.27	0	0	0	2.4	620	1488	10	1.2	0
16	1	0.05	0	0	0	4.0	810	3240	5.5	1.2	0

通过特征投影图的数据挖掘表明，ATC 值小于 $0.05\mu A/cm^2$ 的样本的分布范围在下列不等式限定的空间中：

$$U_2 \geqslant 3.0V$$

$$U_1 \geqslant 125V$$

$$W < 0.0017U_1 + 0.56$$

由此可见，电阻功率（电阻加热电压 U_2）大、感应功率（感应电压 U_1）大、感应加热功率在总功率中所占比例 W 小（反之电阻功率在总功率中所占的比例大）有利于产品改善耐蚀性能。这一结果和工业数据处理结果趋势上是一致的，也与我们的模拟实验结果相符合，即电阻加热功率大，有利于固相反应，能使合金层致密，从而改善耐蚀性能。对此经验规律可作如下理解：增大加热电流能使镀锡钢板提早到达固相反应温度，使均匀致密的固相反应产物发育完全，加大感应功率能提高软熔温度，这都有利于形成致密合金层。

9.5 工业生产中防止淬水斑产生的数学模型

镀锡板表面缺陷是影响其质量的严重问题。镀锡板表面缺陷有多种，其中文献 [3] 介绍镀锡薄钢板有结疤、氧化皮、孔洞、淬水斑等缺陷。淬水斑（Quench Stain）也是宝钢产品的一种缺陷。文献 [3] 中报道淬水斑是镀锡层表面上像黏附了污水又干燥的残迹的缺陷。有的像地图状，有的像霜花状遍布整个镀锡板。淬水斑的存在影响镀锡板表面美观程度，且影响其表面印染质量。文献中并没有详细论述淬水斑形成的原因。因此，防止淬水斑产生的研究有重要的实际意义。

淬水过程受到多种复杂物理化学作用的交叉影响，其中包括喷水冷却、水蒸发、锡液凝固结晶、传热、固体冷却收缩等。根据传热理论[8]，温度高于水沸点的物体没入温度低于沸点的水中时，热物体表面的水局部汽化产生气膜和气泡，然后又因水冷使气泡或气膜冷凝湮灭。在传热理论中这类过程称为表面局部沸腾（Surface Local Boiling）现象。

镀锡钢板淬水过程是用温度约 260℃、表面上附有熔锡薄层的热钢板快速没入温度 75～90℃ 的水面下，其冷却传热模式很可能有一段是过渡沸腾传热模式。如果液体锡的凝固过程恰与上述过渡传热模式的过程同时发生，传热过程气膜的发生和湮灭势必对锡层表面产生冲击，就可能使凝固的锡表面凹凸不平。

镀锡钢板的软熔-淬水过程包括一系列复杂的传热、传质和流体流动，是相变和化学反应交叉的过程。这些过程受多种工艺条件的影响，欲全面查明这些过程和条件的机理与相互影响，必须同时从两方面入手：一方面运用各种实验手段，对各个具体过程逐个作单因子分析（不如此不能弄清各个过程的物理化学原理，也就没有了解整体复杂过程的基础。但单靠实验室的单因子分析和模拟并不能全面重现工业规模生产的全面特点）；另一方面则必须运用数据挖掘方法，从工业生产技术记录的数据中直接总结多种工艺条件与产品质量（耐蚀性能和淬水斑情况等）间的经验关系及其数学模型。最后要把上述两方面得到的信息相互印证，得到对整个过程的全面了解。镀锡板淬水斑形成与其生产工艺（包括淬水速度、淬水水温、镀锡钢板淬水前温度等）都有关系，因此，本工作试图通过数据挖掘方法处理其工业生产数据，探索淬水斑的成因，总结生产工艺条件与淬水斑形成的关系，建立防止淬水斑产生的数学模型，用于直接指导生产实践，并在镀锡钢板生产中采取措施以抑制淬水斑的形成，达到降低镀锡板淬水斑次品率、提高企业生产效益的目的。

淬水斑是由波纹状凹凸不平的小斑点的群落组成，与正常镀锡板的光亮表面相比，因其凹凸不平造成的光散射使其较正常镀锡板的光亮表面暗些（但在光学显微镜下侧面光照时为亮斑点）。淬水斑表面仍为锡和锡的氧化膜。有些淬水斑附近有密集的以钙、硅、铝氧化物为主成分的小白点。

实验室实验结果可以为淬水斑形成与淬水过程的关系提供线索，但因实验室实验条件与工业生产中钢板高速进入水中的传热情况相差甚远，生产中镀锡钢板系高速通过水中，淬水槽中水还被强力循环，这都会对传热有很大影响。此外，钢板的厚度、宽度（它们影响钢板的热容量）、淬水槽水温（它影响温差），以及钢板表面的异物（它影响水气成核）都会影响传热和淬水斑的形成。工业生产中不稳定沸腾和淬水斑的形成条件只能通过工业生产的技术记录的模式识别分析来确定。从镀锡板生产数据来看，影响因素包括钢板厚度 D、淬水槽水温 T_1、镀锡板软熔线圈出口侧温度 T_2、钢板速度 V、循环泵水压 p 等。不合适的生产工艺参数是形成淬水斑的一个原因，为此，令无淬水斑的生产工艺条件为 "1" 类样本，有淬水斑的为 "2" 类样本，通过简单双因子分析（如图 9.3 所示）可见：生产这种较薄的镀锡板时，线圈出口侧温度较高、钢板运行速度较快可以减少淬水斑的产生。

上述样本集经样本筛选后，用 Fisher 法[7] 处理生产记录数据，得到两类样本模式识别分类投影图（如图 9.4），由此求得工业上防止淬水斑产生的工艺条件判据为：

$$24.842[D]+0.707[T_1]-0.288[T_2]-2.075\times10^{-2}[V]+51.319[p]-4.267<0$$

由上式可见：厚度小、水温低、线圈出口侧温度高、钢板速度大、循环泵水压低则可避免产生淬水斑。

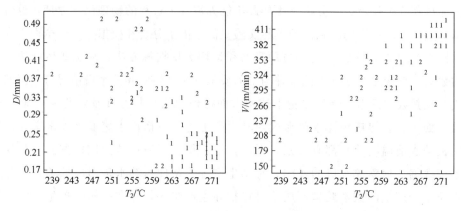

图 9.3　简单双因子投影图

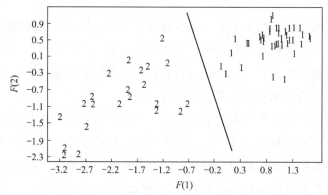

$F(1)=-6.463[D]-0.124[T_1]+8.578\times10^{-2}[T_2]+2.290\times10^{-3}[V]-11.952[p]-6.637$
$F(2)=-0.267[D]-0.237[T_1]-3.850\times10^{-2}[T_2]+1.204\times10^{-3}[V]-5.870[p]+27.893$

图 9.4　防止淬水斑形成与生产中软熔工艺条件的关系（Fisher 法）

9.6　镀锡板淬水斑的实验室模拟研究

在我们的模拟实验中，一些样品带有淬水斑缺陷，典型扫描电镜照片也具有小白点和凸凹不平的特点，与工业生产中的淬水斑缺陷相似。

用电阻加热和感应加热两种加热方式同时以不同功率加热相同规格的样品（镀锡量 $5.6g/m^2$ 的镀锡板），实验条件见表 9.2。第一组 13 个样本（序号为 1～13）构成训练集，第二组 10 个样本（序号为 14～23）作为预报样本集，可以控制的参数（变量）一共有 9 个，即感应电压 U_1、感应电流 I_1、感应功率 W_1、电阻加热电压 U_2、电阻加热电流 I_2、电阻加热功率 W_2、固液相反应总时间 t_1、液相反应时间 t_2 以及感应功率占总功率百分比 W（见表 9.2）。定义样本类别为"1"的是合格的镀锡板（无淬水斑的正常板），"2"表示带有淬水斑的样本，"0"表示被预报的样本。

表 9.2　联合软熔不同规格的镀锡板的实验条件参数和淬水斑情况

序号	样本类别（定义）	样本类别（实际）	U_1/V	I_1/A	W_1/W	U_2/V	I_2/A	W_2/W	t_1/s	t_2/s	W/%
1	2	2	150	80	12000	3.5	700	2450	7	1	0.83
2	2	2	110	70	7700	4.1	900	3690	6	1	0.67
3	2	2	180	100	18000	4	900	3600	6	1	0.83
4	2	2	110	60	6600	3.8	820	3116	6	0.5	0.68
5	2	2	200	100	20000	3	800	2400	7	1	0.89
6	1	1	200	100	20000	4.5	920	4140	6	0.5	0.83
7	1	1	120	70	8400	4.5	920	4140	6	0.5	0.67
8	1	1	200	100	20000	3	800	2400	7	0.5	0.89
9	1	1	125	70	8750	3.5	800	2800	7	0.5	0.76
10	1	1	150	80	12000	4	700	2800	7	0.5	0.81
11	1	1	125	75	9375	4	900	3600	6	0.5	0.72
12	1	1	170	90	15300	3.8	850	3230	7	1	0.82
13	1	1	180	95	17100	3.5	800	2800	7	1	0.86
14	0	2	160	82	13120	4	950	3800	6	1	0.77
15	0	2	175	100	17500	4	950	3800	6	0.5	0.82
16	0	1	175	100	17500	4	950	3800	6	0.5	0.82
17	0	1	170	90	15300	3.8	800	3040	7	1	0.83
18	0	2	180	105	18900	3.5	800	2800	7	0.5	0.87
19	0	1	200	110	22000	2.5	650	1625	8	1	0.93
20	0	1	125	75	9375	3.8	800	3040	7	0.5	0.75
21	0	2	110	70	7700	4	900	3600	7	1	0.68
22	0	1	170	90	15300	2.5	650	1625	8	1	0.90
23	0	2	200	110	22000	2.5	650	1625	9	1	0.53

以 U_1，U_2，t_1 和 t_2 为自变量进行模式识别分析，所得镀锡板淬水斑模拟样品的分类预报图（Fisher 投影图结果）见图 9.5。从图 9.5 中可以得出如下结论。

(1) 分类的正确率 100%，预报正确率 90%（只有 18 号样本被误报为正常样本）。

(2) 从样本分布来看，$F(1)$ 值相对大一点得到正常样本较多，可以定性得到感应电压 U_1 相对大，电阻电压 U_2 相对大，软熔总时间 t_1 相对大，液相反应时间 t_2 相对小，则淬水斑发生率小。感应电压 U_1 相对大、电阻电压 U_2 相对大、软熔总时间 t_1 相对大则可使镀锡板软熔后温度较高，此温度和工业生产上线圈出口侧温度相对应，以前从生产数据得到的模型认为线圈出口侧温度相对高则淬水斑发生率小，所以二者是一致的。由于模拟实验中使用的功率较大，如果液相反应时间太长会使镀锡板软熔过度而表面发黄，所以 t_2 不应相对太长。

（3）用 Fisher 法建模，得到模拟实验防止淬水斑产生的模型如下：

$$-0.15 \leqslant 5.67 \times 10^{-3}[U_1] + 1.16[U_2] + 1.22[t_1] - 1.93[t_2] - 11.86 \leqslant 1.21$$

$$-1.02 \leqslant 7.43 \times 10^{-3}[U_1] - 0.93[U_2] - 0.62[t_2] - 3.07[t_2] + 8.64 \leqslant 1.48$$

（4）图 9.5 中的"1"类点相对集中，"2"类点相对分散，所以生产中应严格控制工艺条件。

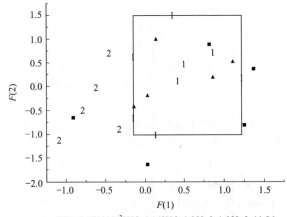

$$F(1) = 5.67 \times 10^{-3}[U_1] + 1.16[U_2] + 1.22[t_1] - 1.93[t_2] - 11.86$$
$$F(2) = 7.43 \times 10^{-3}[U_1] - 0.93[U_2] - 0.62[t_1] - 3.07[t_2] + 8.64$$

图 9.5　镀锡板淬水斑模拟样品分类预报图（Fisher）

1—训练的正常样本；2—训练的带有淬水斑样本；

▲—被预报的正常样本；■—被预报带有淬水斑样本

总的说来，上述实验室模拟实验的结果，能够补充说明软熔和淬水斑形成的规律。模拟实验所得结果和工业数据处理以及实验室单因子实验结果是一致的或不矛盾的。模拟实验及其数据挖掘表明：与感应加热相比，电阻加热功率增大更有利于形成致密合金层，有利于产品耐蚀性能。模拟实验及其数据挖掘还表明：可以模拟淬水斑的形成，用模式识别总结淬水斑形成条件也得到一定的规律性。

参 考 文 献

[1]　李宁，黎德育. 罐用镀锡薄钢板的发展. 材料保护，2000，33：16-18.

[2]　世界镀锡板工业现状与发展趋向. 锡业科技，2000，（2）：45-48.

[3]　日本东洋钢板公司. 镀锡薄钢板. 周其良译. 北京：冶金工业出版社，1977.

[4]　国际锡研究所. 镀锡板指南. 周其良译. 北京：冶金工业出版社，1989.

［5］ 章晓波. 镀锡薄板生产过程中锡层的软熔处理技术. 有色冶金设计与研究，2001，1：25-27.

［6］ 王林等. 镀锡板 ATC 值与合金层之间的关系. 宝钢技术，1999，2：30-32.

［7］ 陈念贻等. 模式识别方法在化学化工中的应用. 北京：科学出版社，2000.

［8］ Board S J. An experimental Study of energy transfer processes relevant to thermal explosion，International. J. Heat and Mass Transfer，1970，14. 1631.

10 合成氨生产效益的数据挖掘

　　哈伯工业氨合成方法是 20 世纪最重大的科学发现之一[1]。众所周知，氨是重要的基础化工产品之一，在农业、染料、炸药、制药、合成纤维、合成树脂中得到广泛应用。由于世界人口的持续增加，人类对粮食的需求越来越多，作为粮食增产重要因素之一的合成氨工业在未来必将发挥其独特作用。我国合成氨装置是大、中、小规模并存的格局，总生产能力约为 4260 万吨/年。其中大型合成氨装置有 30 套，设计能力为 900 万吨/年，实际生产能力为 1000 万吨/年，约占我国合成氨总生产能力的 23%；中型合成氨装置有 55 套，生产能力为 460 万吨/年，约占我国合成氨总生产能力的 11%；小型合成氨装置有 700 多套，生产能力为 2800 万吨/年，约占我国合成氨总生产能力的 66%。

　　氨合成装置是合成氨工业的关键工段，要实现节能、增产的目的，除了改进工艺流程、设备结构以外，努力提高氨合成装置的过程控制水平和操作管理水平是一个非常重要的途径。目前大、中型氨合成装置上较普遍地采用了 DCS 控制系统，并已经积累了丰富的生产数据，为生产优化提供了可能。近年来，国内外许多科研工作者对氨合成装置的模拟与优化进行了大量的研究，并开发了相应的软件，但这些方法大都基于简化模型或机理模型[2~20]，距离生产实际应用还有一定的差距。而实际生产过程中氨合成装置生产工况受到温度、压力、流量、气体成分等多种因素的影响，目前这些工艺参数基本上根据经验确定，因而优化潜力很大。

　　本工作根据云南云维集团有限公司沾化分公司氨合成装置的生产实际，研究开发出具有自主知识产权的、用于解决氨合成装置生产操作参数优化的数据挖掘优化软件系统：DMOS（Data Mining Optimization System）合成氨优化系统在线版和离线版软件，实现氨合成装置生产实时工况诊断、实时趋势浏览、优化操作指导、报表生成等功能。在此基础上，通过对云维集团有限公司沾化分公司氨合成装置 1#、2#、3# 合成塔生产数据的数据挖掘，分别找出了影响装置目标变量的主要工艺参数，建立了目标变量与有关工艺参数间的数学模型，优化装置工艺操作，提高合成氨产量，全面提高企业的经济效益。

10.1 氨合成装置简介

云南云维集团有限公司沾化分公司合成氨装置于 1980 年投产，原设计生产能力为 6 万吨/年。经过多年的技术改造和产能扩张，公司现有 1 号、2 号、3 号氨合成系统三套，A、B 甲醇装置两套。设计年总氨生产能力为 26 万吨（其中甲醇 3 万吨/年）。

氨合成塔是合成氨生产过程中的关键设备，其性能尽管取决于合成塔内件结构，但其操作性能的好坏直接影响原料气和动力消耗的高低及设备性能的发挥。合成氨装置许多设备一般未经过正规的流程模拟，装置改造也一直在进行中；合成氨生产过程复杂，影响因素众多，现有三套合成系统既相对独立，又紧密联系。操作条件（工艺参数）基本上根据经验确定，优化潜力很大。

目前，沾化合成氨装置已成功进行了 DCS 系统改造，DCS 系统采集的大量数据可直接用于生产优化、工况分析及生产管理。

10.1.1 生产原理

氨合成的化学反应式为：

$$3H_2 + N_2 \xrightarrow[\text{催化剂}]{} 2NH_3 + Q$$

氨合成化学反应是一个可逆的、放热的、体积减小的多相气体催化反应。该反

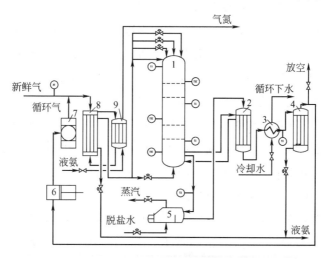

图 10.1 氨合成装置原则流程图

应在氨合成塔中进行，合成塔的外部条件（气体成分、流量、温度等）和内部条件（各段床层的入口温度、热点温度、压力及空速等）对该反应影响显著。

10.1.2　生产流程

云维集团有限公司沾化分公司合成氨厂用煤焦为原料，氨合成采用多段冷激式合成塔，生产工艺流程大致可分为如下几个阶段：原料气的制备、净化和精制，原料气压缩，氨的合成，氨的分离，新鲜氢氮气的补入，未反应气体的压缩与循环，弛放气及反应热的回收。其中氨合成装置原则流程图见图10.1。

图10.1中相应的设备如表10.1所示。

表10.1　主要设备一览表（图10.1）

编号	设备名称	编号	设备名称
1	氨合成塔	6	循环机
2	气气交换器	7	滤油器
3	水冷器	8	冷凝塔
4	氨分离塔	9	氨冷器
5	废热锅炉		

10.1.3　生产数据的复杂性和数据挖掘的必要性

工业生产由于影响和控制条件众多并有不同程度的相互关联，因此工业生产数据往往是"复杂数据"，其复杂性主要表现如下。

（1）多因子　氨合成过程受许多生产工艺因素的影响，如温度、压力、流量、成分、催化剂量和活性等，是一个典型的多因子问题。

（2）非线性　氨合成装置的优化问题不服从线性关系。氨合成反应温度、压力的关系、化学反应的速率和几种反应物浓度的关系等大都是非线性关系，合成氨生产的温度、压力、气体成分等都有最佳值，也不是越高越好或越低越好。

（3）高噪声　噪声干扰使目标值或自变量失真。氨合成反应是一个复杂的反应过程，涉及传热、传质和流体流动等各个方面，很多影响因素与目标值有关，其中有的变量难以精确测量，也有的变量因处于非平衡态有较大的波动。因此，建模所用自变量的误差就会成为噪声影响模型的精度。

（4）非高斯分布　高斯分布适合于描述因多种微小随机因素叠加效果造成的分布。合成氨装置生产工艺指标都有一定的范围，生产数据分布不符合此条件。

（5）数据样本点分布不均匀　理想的数据分布是均匀的，而合成氨生产工艺数据往往集中在某一个区域（生产工艺指标内），其它区域的数据点很少。

鉴于合成氨工业数据的复杂性，需要综合应用各种数据挖掘方法才能有效地处理这些问题。

氨合成装置中复杂数据的数据挖掘可用于生产优化、工况诊断等方面。可以在不做"中试"实验，不改生产设备，不干扰生产的前提下优化生产过程。传统的化工生产改进方法依赖从小型实验中得到的信息，当生产上出现瓶颈问题时，常用小型实验摸索解决问题的关键因素和解决办法，有时也根据物理化学原理探索解决问题的方案。小型实验的好处是可以严格控制操作条件，将多数条件固定，只变动单个因素（例如：将成分、压力等固定不变，只变温度，这样就能查明温度的影响，并找出该条件下的最佳温度），这样就能一个一个地查明各种因素的影响，最终找出最佳条件。大量实践证明：这种以小实验为基础的办法确能解决许多问题，但也有下列两个局限性：①工业生产过程中有许多大规模的现象，无法在小实验中有效地模拟；②即使小型实验能模拟，由于放大效应，小型实验求得的最佳条件未必就是生产规模条件下的最佳条件。

其实氨合成装置生产数据记录中，往往就包含了改进生产、解决瓶颈问题的有用信息，只是这些信息通常包含在多因子、高噪声的复杂数据中，需要用复杂数据的数据挖掘技术将其"挖掘"出来。虽然这种数据挖掘的方法也难免有它的局限性（例如：囿于现有条件下的数据挖掘，其信息量有限制，并难免噪声干扰，若不与其它方面知识相配合，有时会导致错误结论等）。但作为传统方法的补充，它却有无可争辩的优点：首先，它的数据直接来自生产现场，总结的规律和优化的策略应比小实验的结论更切合实际；其次，它不需要昂贵的实验费用，单凭现有数据进行分析就能获得有用的信息。

10.2　DMOS 合成氨优化系统的开发

数十年来，化工过程优化和监测已经成为化学工程研究开发的一个重要分支。基于"第一原理"模型的优化方法已经在化工领域得到广泛使用[21~25]。但化工生产过程包括一系列化学反应、传热、传质和流体流动，许多反应过程机理复杂，有些尚不清晰，难以表达为明确的解析算式。此外，由于基于原理的模型方法计算工作量大，很难实现在线生产优化。近年来，以计算机为核心的各种控制系统（如DCS）在工业生产过程中得到广泛应用，使得能够采集、存储大量生产过程运行状态的丰富且有价值的数据。实际上，从这些数据中可以得到优化生产和故障诊断的有用信息，充分利用这些数据可以达到提高产量、降低消耗、减少污染、节约能源的目的。国外有研究者将一些常用的线性数据挖掘方法，譬如偏最小二乘法(PLS)[24~26]、主成分分析法（PCA）[27~29]和 Fisher 判别分析法[30~32]用于化工生产过程建模、优化和故障诊断。此外，也有研究者将一些非线性的数据挖掘方法，诸如人工神经网络（ANN）[33~36]和遗传算法[37~39]用于过程建模和优化。甚至已有报道将近年来发展起来的支持向量机方法用于化工生产过程[40~42]。在国内，也有学者从事这方面的研究工作[43~51]。但工业生产过程优化对象大多是多因子、高噪声、非线性、非高斯分布和非均匀分布的数据集，这种复杂数据集的数据挖掘是一大难题。我们基于多年化工、炼油、冶金工业优化的工作经验[52~58]，开发了适用于合成氨工业氨合成装置生产优化系统 DMOS（Data Mining Optimization System）合成氨优化系统。

10.2.1 DMOS 合成氨优化系统简介

合成氨生产优化是一个非常复杂的课题，就其优化方法而言可以从以下三种途径考虑：①通过物理或化学等科学知识，从生产过程的机理出发研究生产的规律，优化生产[59]；②不管生产过程内部的机理，对通过一系列试验获得的数据，或生产中积累的数据进行统计分析，找出数据中蕴含的规律，用以指导和优化生产[60]；③将上述两者结合[61]。

由于合成氨生产机理复杂、影响因素多（本工作涉及的三个塔有 150 多个变量），很难用生产机理进行定量研究，寻找优化规律。数理统计方法通常处理单因子、线性问题，而难以分析像合成氨那样的变量众多、变量之间强耦合的生产装置。机理模型或数理统计方法都有很大的局限性，而随着云维集团沾化分公司氨合成装置 DCS 系统的投入使用，大量的生产数据被方便地采集和储存，为合成氨生产的数据挖掘和优化工作提供了很好的数据基础。

DMOS 合成氨优化系统根据对所要优化的对象进行系统分析后，采集氨合成装置的生产数据，运用数据挖掘技术，建立优化模型或提出优化方案，供用户在线或离线进行生产优化。DMOS 合成氨优化系统的核心是数据挖掘算法，该软件综合运用了数理统计、模式识别、机器学习等多种方法，以及我们独创的算法，并设计了一个合理的数据处理流程，使这些方法形成一个有机的整体，最终建立指导生产的数学模型，从而达到优化生产的目的。

一般说来，复杂化工过程的优化和监测主要包括有两方面内容：①由装置管理层和工程师进行的基于长期历史数据的离线性能分析；②由装置操作人员执行的在线生产状态评估、监测和优化[62]。因此，针对上述要求，有必要开发两种不同用途的 DMOS 合成氨优化产品，即 DMOS 合成氨优化系统离线版和在线版软件，以分别满足工程师和生产操作人员的需求。

10.2.2 DMOS 合成氨优化系统离线版软件

10.2.2.1 软件结构

DMOS 合成氨优化系统离线版软件主要由三个部分组成：①数据挖掘方法库；②数据挖掘和处理；③用户定制系统。其结构如图 10.2 所示。

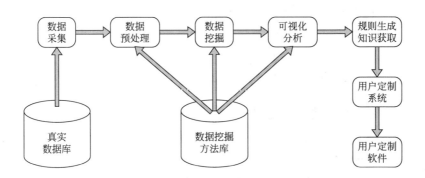

图 10.2 DMOS 离线版软件结构示意图

数据挖掘方法库中包含了数据挖掘过程中涉及的所有方法，包括数据评估、数据筛选、数据结构分析、自变量筛选、相关分析方法和建模方法。

数据挖掘和处理部分由下面五个模块组成。①数采模块，为采集生产装置的数据而设计的，提供了各种数据的输入接口；②数据预处理模块，对生产数据进行去除噪声处理，为数据挖掘提供真实可靠的数据。该模块还针对工业过程的复杂数据进行特殊处理。③数据挖掘模块，从生产数据中发现知识和寻找规律，该模块与数据挖掘方法库相连，根据优化问题的要求和生产数据的情况调用有关的方法，该模块与可视化分析模块配合使用，可以加快数据挖掘的速度和提高数据分析的质量。④可视化分析模块，将高维空间中的样本点通过降维后映射到平面上，以便形象、直观、多视角地考察优化区的分布，为数据挖掘专家寻找优化规律提供重要的人机交互界面。⑤优化结果生成模块，产生各种形式的优化结论。

用户定制系统主要是针对合成氨装置的优化问题设计和开发合成氨专用的在线和离线运行的 DMOS 软件，供用户进行建模和模型维护、工况诊断和目标预测、优化操作指导等。

10.2.2.2 数据处理流程

DMOS 离线版软件数据处理流程及其所用的方法如图 10.3 所示。

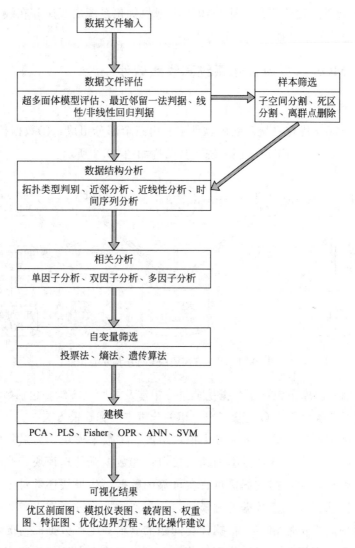

图 10.3 DMOS 离线版软件数据处理流程图

下面对 DMOS 软件数据处理流程中的主要模块作简要的说明。

（1）**数据文件评估** 数据文件评估是 DMOS 的第一步，因为数据挖掘技术是从数据中发现规律，数据的质量对 DMOS 应用能否成功至关重要。数据文件评估主要考察所提供的数据文件是否有足够的信息量，软件中用以下方法进行评价：超多面体模型评估、最近邻留一法判据和线性/非线性回归判据。

（2）**数据结构分析** 是对所提供的数据结构进行分析，然后对数据的结构特征作出判断，为以后的自变量筛选以及采用什么样的建模策略和建模方法提供依据。本软件中采用以下方法：拓扑类型判别、近邻分析、近线性分析、时间序列分析等。

（3）样本筛选　为了提高数据的可靠性和可分性，一方面，对原始数据样本中的离群点和噪声进行处理，以便剔除那些噪声数据。另一方面，还应尽可能将样本涉及的那些主要因素包含进来，如果在变量中忽视了某个主要因素，会严重影响数据挖掘的质量，因此要采取措施补充进去。本软件中所用的方法有：子空间分割、死区分割、离群点删除等。

（4）相关分析　相关分析是对变量之间（因变量与自变量、自变量与自变量）的关系进行分析，以便通过对这些关系的研究找到主要因素，及其存在的优化区。所用的分析方法有单因子分析、双因子分析、多因子分析等。

（5）自变量筛选　将对优化目标没有影响或影响小的因素剔除，以突出主要因素，并降低求解问题的维数，从而应用起来更为简洁方便。所用的方法有投票法、熵法、超多面体法、遗传算法等。

（6）建模　根据具体的应用情况不同，可以归纳为：分类判别问题、定量拟合和预报问题。因用户的需求不同，本软件最终提供用户不同方式的优化模型，用户利用这些模型指导生产和管理，达到优化生产或管理的目的。本软件所用的主要方法有：PCA、PLS、Fisher、OPR、ANN、SVM 法等。所提交的可视化结果有以下方式：优区剖面图、模拟仪表图、载荷图、权重图、特征图、优化边界方程、优化操作建议等。

迄今为止，国际上流行的优化软件大都以一两种算法为依据，如 Pavillion 公司的 Process Insight 以神经网络和遗传算法为依据，RS-1、JMP 以非线性和线性回归为依据，欧洲若干优化软件以 PCA、PLS、SIMCA 等传统的模式识别算法为依据。而 DMOS 将常用数理统计、模式识别多种算法（包括 OPR 等自行研究的新算法）与支持向量机算法、人工神经网络、遗传算法等组合起来，形成一个取长补短、各尽其用的信息处理流程，因此具有强大的数据挖掘功能。

10.2.2.3　图形用户界面

DMOS 离线版软件的用户界面采用了菜单方式，用户只需按动菜单上的各种按钮就可以方便地调用软件的各种功能。DMOS 离线版主画面由三个部分组成：菜单栏、项目栏及可视化区域。窗口顶部为菜单栏，其中第一行为软件功能菜单，第二行为快捷菜单；窗口左边为项目栏，用户可方便快速查看项目有关情况；窗口中部为可视化区域，软件所有功能皆可通过该区域可视化显示。

DMOS 离线版软件的用户界面如图 10.4 所示。

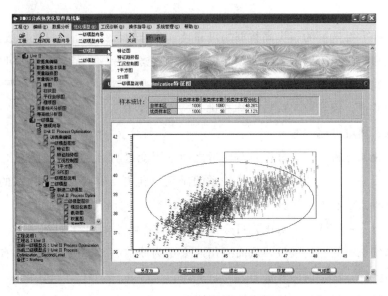

图 10.4　DMOS 离线版软件主界面

功能菜单采用了分级菜单结构，一级菜单按照 DMOS 软件功能的类别列出，有"工程"、"编辑"、"数据分析"、"优化模型"、"工况诊断"、"操作指导"、"系统管理"和"帮助"。当某类功能中包含有多项子功能时，用户可通过二级菜单选择。如果二级菜单中又包含多项内容时，软件会自动弹出三级菜单供用户选择。

图 10.5 为软件模拟仪表图的子窗口，用户可以通过该窗口决定参数调整的方向和幅度，参数调整后的结果可通过图形直观显示出来。

10.2.2.4　离线版软件主要功能

离线版软件主要有以下功能：工况诊断和目标预测、优化操作指导、建模和模型维护。

（1）工况诊断和目标预测　工况是指与生产的目标相对应时有关生产参数所达到的状态，是衡量生产操作性能的一种指标。工况诊断就是根据用户提供的某些工艺参数的测量值来推断生产的工况，以便及时发现生产中问题，进而调整生产参数，使工况保持好的状态。如果已经建立了预报模型，则输入某些工艺参数的测量值后，系统将自动预报目标值。在合成氨装置中，在线版 DMOS 合成氨优化系统可以利用嵌入的有关优化目标的数学模型，根据装置的生产工艺参数实时进行工况诊断和目标预测。

（2）优化操作指导　如果当前工况处于"差"的状态，如何调节工艺参数，使工况转到"好"的状态呢？影响优化目标的因素较多时，调节哪几个参数？调节多少？这是生产操作人员所面临的难题，目前大部分企业仅靠工人的经验，还

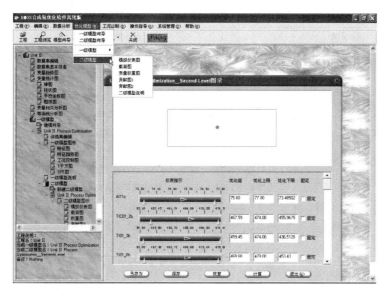

图 10.5 DMOS 离线版软件模拟仪表图

没有一个行之有效的辅助决策工具。DMOS 合成氨优化软件将为操作人员提供详细的操作指导，告诉你应该调整哪几个参数，其中每个参数调整到多少。DMOS 软件还提供各种图形，帮助操作人员分析工况，决定操作动作，观察操作后的效果。

（3）建模和模型维护 以上两项功能都要基于生产优化模型，只有好的模型才有好的效果。当生产装置的设备或工艺流程发生较大变动时，优化模型的精度变差，影响工况诊断和目标预测的准确率，从而影响优化操作指导的效果。这时，应考虑重新建模。为此，DMOS 软件提供了用户自己建模的功能。

DMOS 合成氨优化系统离线版软件的主要功能如表 10.2。

表 10.2 DMOS 合成氨优化系统离线版软件的主要功能

序号	功能名称	模块功能简要说明
1	数据分析	本模块为基于数理统计的数据分析方法
1.1	描述性统计	含有基本统计量的计算以及常用的四种统计图
1.2	趋势分析	可以成组显示多个变量的趋势图，并具有重新排序等功能
1.3	相关分析	以矩阵图方式显示变量之间的相关性，在图中同时显示各类样本的分布
1.4	等高线分析	是研究三个变量与目标之间关系的分析工具。可以从所有变量中任意选择其中的三个，图形将显示三个变量与目标之间的关联
2	模式识别	本模块为基于模式识别的数据分析方法，适用于多变量、变量之间存在强关联的复杂应用场合
2.1	特征图	原来的多变量空间经模式识别算法降维后，得到一个两维图形，这就是特征图。从特征图上可以显示两类不同样本点的分布规律，是研究和发现优化规律的重要图形

续表

序号	功能名称	模块功能简要说明
2.2	工况控制图	分别由两个特征向量构成的一维图形。可以对生产过程的工况进行监控
2.3	HT 图	按照给定的信息量,由前面若干个特征向量构成新的统计量,称为 HT 值。HT 图是一维图形,可以用于监控生产工况
2.4	SPE 图	SPE 值可用来衡量模型误差。SPE 图可以发现生产过程中的异常情况
2.5	模拟仪表图	用模拟仪表的方式表示各个变量,通过"仪表"与特征图联动来仿真生产工况的变化,形象直观地研究各个变量的作用。该模块为本软件特有
2.6	载荷图	用图形方式显示各个变量的作用,本图与特征图对照使用,用以研究各个变量所起的作用
2.7	变量权重图	用直方图的方式显示各个变量对生产作用的大小
2.8	贡献图 1	当给定一个样本点后,用图形方式显示各个变量对样本点所对应状态的贡献大小和方向,是研究造成某个特定工况原因的有效工具
2.9	贡献图 2	当给定两个样本点后,用图形的方式显示在两个样本点所对应状态的变化中,各个变量的贡献大小和方向,是研究造成工况变化原因的有效工具
3	工程	DMOS 将一个优化项目定义为一个"工程",DMOS 支持建立多个模型,即在 DMOS 软件中允许建立多个模型,以便研究不同条件下的优化规律,以及当条件变化后,更新模型
3.1	新建工程	将待分析的数据制作成训练集文本文件,DMOS 就可以自动建立一个优化工程
3.2	打开工程	打开已经建立的工程,用已经建立的优化模型分析问题
3.3	工程导出	将已经建立的工程输出为一个文本文件,用以装入到在线版的 DMOS 软件
3.4	模型导出	将已经建立的模型输出为一个文本文件,用以装入到在线版的 DMOS 软件
4	工况诊断	输入工况数据,用已经建立的模型对数据进行工况诊断
5	操作指导	用已经建立的模型对生产操作进行指导,给出各个变量如何调节的建议

10.2.3　DMOS 合成氨优化系统在线版软件

DMOS 合成氨在线版软件主要是对生产工况进行实时监控。实时监控程序通过接口程序读入实时数据,并根据预先导入优化模型,显示当前工况点是否处于"优区"。DMOS 合成氨优化系统在线版软件有两个不同的用户界面,即管理员用户界面和操作工用户界面。管理员用户界面提供了系统配置的所有模块,包括模型选择、数据采集配置、密码修改等;而操作工界面提供装置实时监测和优化的所有必要信息。

10.2.3.1 图形用户界面

DMOS 合成氨优化系统在线版软件的主界面如图 10.6 所示。

当生产处在非"优区"时，如何调整工艺参数，使生产回到"优区"呢？借助模拟仪表图（图 10.7），操作人员可轻松完成这一任务。模拟仪表显示当前各个变量的工艺参数的值，并提供工艺参数的上下限，使用者可以通过设置当前的工艺参数值，并结合右边生产状态图显示调节后的结果，指导实际的参数调节。

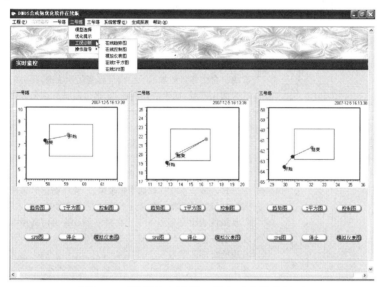

图 10.6 DMOS 在线版工况实时监控主界面

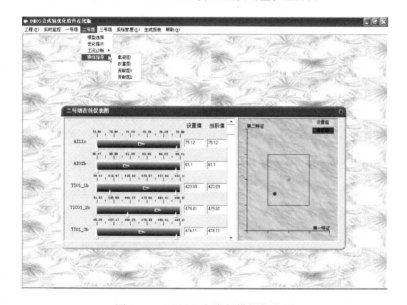

图 10.7 DMOS 在线版模拟仪表图

10.2.3.2 在线版软件主要功能

DMOS 合成氨优化系统在线版软件的主要功能如表 10.3。

表 10.3　DMOS 合成氨优化系统在线版软件的主要功能

序号	功能名称		模块功能简要说明
1	工程	模型导入	将离线版建立的模型装入到在线版的 DMOS 软件
2	实时监控 工况诊断		实时生产操作参数通过接口与本软件连接,或者将生产数据直接输入软件,DMOS 将根据输入的生产数据,对装置进行在线实时工况监测
2.1		在线 趋势图	在线趋势图每个点代表了当时的生产状态,由若干点组成的折线代表了某段时间中生产状态变化的过程。随着时间的推移,新的生产状态点不断将折线刷新,在特征平面上就会出现一条不断蠕动的折线。在线趋势图显示了生产过程变化的轨迹,图中的矩形方框表示为优化区域,或生产控制区,观察生产状态点是否处于方框区域内,就可以推断生产是否处于所要求的控制状态。一旦跑出优区,说明生产离开了优化工况,需要对生产操作参数进行调整
2.2		在线 控制图	在线控制图是从特征趋势图演变而来的,类似于质量管理的控制图(又称为"休哈特图"),由两幅图形组成,纵轴分别为特征图的两个特征向量,横轴为时间,图形中的上下两条横线分别为优区的上下边界。由于本软件取两个特征向量(第一特征和第二特征向量),因此必须同时观察与此相应的两个在线控制图
2.3		模拟 仪表图	模拟仪表图是通过基于优化模型的计算机仿真模拟,直观、形象地考察各个变量与优化目标之间错综复杂的关系。模拟仪表图中右边的矩形区域为在特征图得到的优化区,左边为相关变量的条形按钮,改变各个变量的大小,模拟仪表图的小球将在矩形区内外移动
2.4		T 平方图	T 平方图是根据多元统计理论设计的,它可以将变量中因某种作用而发生的小幅度变化检测出来。T 平方图是一种一维图形,横坐标为时间,纵坐标为 T 平方值。图中的一条水平横线,表示与置信水平 95% 相对应的上控制限
2.5		SPE 图	SPE 图用于反映所建模型的误差,一旦由于某种原因使模型发生较大偏差时,从该图上可以显示这种变化,提示有关人员及时排查。例如,现场某个测量重要工艺参数的仪表发生故障,由于测量值的异常而表现为模型的误差,该图上将很快反映。SPE 图是一种一维图形,横坐标为时间,纵坐标为 SPE 值。图中的一条水平横线,表示与置信水平 95% 相对应的上控制限
3		优化提示	优化提示可以告诉生产技术人员如何调节当前变量,使生产调整到优化区的具体操作方案
4		操作指导	软件为用户提供生产操作指导,告诉生产操作人员:现在的生产状态如何? 如果生产不在优化区,则进一步提醒操作人员应该调节哪几个参数,往什么方向调,调节多少
4.1		载荷图	载荷图是一个两维图,横坐标为第一特征向量,纵坐标为第二特征向量。图中的每一个点分别代表原始变量在两个特征变量中的"载荷","载荷"绝对值愈大,该变量在载荷图中离原点的距离愈大,表明该变量使生产状态点在特征向量上产生移动的作用愈大。载荷的正负表示使状态点在特征空间中的移动方向

续表

序号	功能名称	模块功能简要说明
4.2	权重图	权重图的纵坐标为在相应特征变量中各个原始变量的权重系数,横坐标为所有的原始变量。权重图是一种一维图形,权重图有两幅,分别对应第一特征向量和第二特征向量。它是由两维的载荷图演变而成的
4.3	贡献图1	贡献图总是与某个生产状态(即某个样本点)联系的,贡献图表示了样本点(或某生产状态)处于特征空间某个位置时,各个变量所作的"贡献"。所谓"贡献"是指该点在特征空间中投影后,在某个特征向量的坐标值中,各个变量所占的分量值。贡献的大小用棒状图形表示。对应于特征向量1和特征向量2各有一幅贡献图。贡献图1又可称为绝对贡献
4.4	贡献图2	贡献图总是与某个生产状态(即某个样本点)联系的,贡献图表示了样本点(或某生产状态)处于特征空间某个位置时,各个变量所作的"贡献"。所谓"贡献"是指该点在特征空间中投影后,在某个特征向量的坐标值中,各个变量所占的分量值。贡献的大小用棒状图形表示。对应于特征向量1和特征向量2各有一幅贡献图。贡献图2又称为相对贡献
5	系统管理	
5.1	模型管理	本软件提供多模型优化策略,模型管理提供客户选择特定的生产优化模型
5.2	用户管理	提供管理员用户与操作工用户的相互切换。管理员用户享有本软件的所用功能,操作工用户不能对模型进行更换操作
5.3	密码管理	管理员用户密码管理
5.4	实时数据采集配置	设置在线状态图、在线趋势图、在线控制图、在线 T 平方图、在线 SPE 图的显示的点数,刷新周期
5.5	启动 DMOS -OPC	启动 DMOS-OPC 程序,将 DCS 系统实时数据导入 DMOS 实时数据库
6	生成报表	实时数据导出使生产技术人员可以导出数据库中某一时段的生产数据

10.2.4 DMOS 合成氨优化系统优化生产实施步骤

用 DMOS 合成氨优化系统的实施步骤如图 10.8 所示。有关步骤说明如下。

(1) **现场调研** 对合成氨装置优化对象和存在问题有大体了解。

(2) **初步分析** 初步搞清合成氨装置优化目标和影响因素。

(3) **数据收集一** 根据初步分析结果,收集有关数据。

(4) **数据挖掘一** 对生产数据进行初步挖掘,考察数据结构和优化区分布。

(5) **综合分析** 根据初步数据挖掘结果考察变量,为下一步工作提出意见。

(6) **数据收集二** 根据以上分析,将遗漏的因素考虑进去后再一次收集数据。

(7) **数据挖掘二** 对数据进行挖掘,建立合成氨装置生产的优化模型,得到优化操作方案。

(8) **模型评价和修改** 对合成氨装置生产优化模型和优化操作方案进行评价,

并经现场验证，根据评价和验证的结果修正模型。

（9）提交实施方案与定制系统　当合成氨装置生产优化方案和数学模型经过验证，确认可用后，将优化模型定制在 DMOS 合成氨优化控制系统在线版软件中，为操作人员进行在线优化生产的开环指导。

（10）现场安装和调试　最终将 DMOS 合成氨优化控制系统在现场安装和调试。

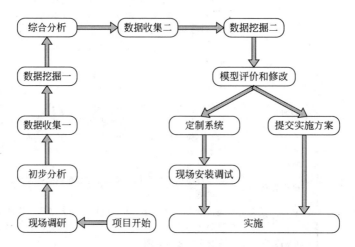

图 10.8　DMOS 合成氨优化软件实施工业优化的步骤

10.2.5　DMOS 合成氨优化系统主要特点

基于数据挖掘技术的 DMOS 合成氨优化软件是优化生产的有效途径。它为用户提供操作指导，指导用户优化生产。DMOS 合成氨优化软件的主要特点如下。

（1）DMOS 的优化立足于生产装置的历史数据　生产历史数据是生产装置的本质反映，人们通常用这些数据来描述和评价生产装置的特征、性能、变化等。因此，通过对历史数据的挖掘所获得的规律（或建立优化模型）是可信的。DMOS 不是通过分析复杂的生产机理来建立反映生产过程的数学模型，因此 DMOS 特别适用于那些生产过程复杂、很难用数学模型描述的场合。

（2）DMOS 考虑影响目标的所有变量　在使用 DMOS 软件时，先确定优化目标，找出影响该目标的所有变量，再收集所有这些变量及对应目标的生产数据，最后对数据进行挖掘。在寻找优化区的过程中，不是孤立地考察个别变量对优化目标的影响，而是从所有变量的整体来研究它们的影响，即把多变量之间的耦合也考虑进去了。同时，通过变量筛选将那些与优化目标无关的、或关系不大的变量剔除，仅仅保留那些关键变量，突出了主要矛盾。DMOS 软件还把这种多变量之间的耦合关系在图形上显示出来，这对调节生产操作参数是十分有用的。

（3）DMOS 考察较长时期的历史数据　在研究优化问题时，不是考察某个时间的数据，而是收集一段较长时期的生产历史数据，以便从历史上全面地研究问题。如果所收集的数据在数量和质量上比较好，那么所包含的信息更多，生产过程中的不确定性、信息不完全性对模型的影响就愈小，所得到的结论更能反映生产的本质。如果这些时间序列的数据中，能够反映某些变量在时间上的滞后特性，那么在数据挖掘和建模时，进行适当处理就能解决这个问题。

（4）DMOS 不追求寻找生产的最优点，而是设法找到一个优化的区间　DMOS 软件的优化策略是不刻意追求最优，而设法让生产能保持在较优的状态下，允许生产操作参数有一个变动范围。因此，当装置的生产环境变化时，DMOS 优化系统仍能正常工作。因此，DMOS 软件具有较好的鲁棒性。

（5）DMOS 用于生产优化的风险小　DMOS 软件应用是否成功的关键是从用户那里收集的生产操作数据的质量。因此，在优化工程项目执行以前，数据挖掘专家先收集一部分数据，并对其进行初步挖掘。当用户提供的数据能满足 DMOS 软件使用时，尽量不通过现场试验来获取数据，以减少对生产的扰动。当得到优化模型，而且该模型具有外推特性时，将建议用户在模型的指导下，做一些现场试验，以便将优化区外延。

（6）DMOS 优化软件的适用范围广、成本低　基于 DMOS 的优化是通过收集生产的历史数据并进行数据挖掘，找到生产的优化操作区间，在生产中得到验证后再定制成一个专用的软件包（或与特制的硬件相结合）。DMOS 无需建立严格的机理模型，无需在装置上进行一系列的扰动试验。

基于 DMOS 合成氨优化软件的生产优化是对目前常规控制局限性的补充，它利用了 DCS 系统、实时数据库或车间所保存的生产数据，是 DCS 系统和实时数据库功能的延伸。

10.3　氨合成装置生产优化模型的研究

云南云维集团沾化分公司氨合成装置由三个塔组成，三个塔并行工作，每个塔的结构和处理能力各不相同，且相对独立。每个塔主要变量约 50 个，如将三个塔作为一个模型考虑，变量多达 150 个，将大大增加模型的复杂性，不利于问题的分析。考虑到三个塔之间的相对独立性，我们将分别针对每个塔建立各自的模型，每个塔的变量数最多不超过 40 个，这样也就降低了对训练集的要求。

毋庸置疑，优化目标的确定是建立优化模型和实施优化方案的前提。就合成氨装置而言，氨合成转化率（氨净值）是一个客观、合理的优化目标，但目前合成塔进、出口氨含量无自动分析仪表，人工分析频率低，样本数不够。另外，氨产量也是一个重要的优化目标，但目前 3 套合成系统共用一个计量仪表，单塔氨产量缺乏精确数据，无法以单塔氨产量为目标进行优化。但在一定的吨氨耗气条件下，入塔新鲜气量可以用来表征合成塔的生产负荷，因此，入塔新鲜气量是现有条件下一个较好的优化目标，也是本工作实际应用的优化目标。

通过对云维集团有限公司沾化分公司提供的合成氨装置 2006 年 1 月 1 日至 2006 年 7 月 6 日生产历史数据的考察发现：4 月 23 日以前生产装置不够稳定，开停机频繁，生产数据不具有代表性；4 月 23 日以后生产相对比较稳定，氨产量平均 30t/h［对应三个塔的总新鲜气量（均指标准状况）平均为 87800m³/h，1 号、2 号、3 号氨合成塔入塔新鲜气量平均分别为 26200m³/h、34200m³/h、27400m³/h］。为了提高模型的精度，使模型能够准确地描述生产过程，以便使优化方案更可靠，本工作只研究第二种工况下合成氨装置生产优化模型。

此外，DMOS 合成氨优化控制软件支持多模型优化。只有数据质量足够好，即可针对不同工况建立若干模型，并根据生产实际从中选择最匹配的模型和优化方案。DMOS 软件的多模型机制为工程师的建模提供了广阔的舞台。

10.3.1　数据集

前已述及，本工作考察 2006 年 4 月 23 日 12 点到 2006 年 7 月 6 日 10 点合成氨 DCS 系统数据，每 30min 采样一次，共计 3548 个样本点。其中 3 个塔全部处于运行状态的样本点共 3282 个。入塔总新鲜气量大于 80000 的样本数为 2578 个。与优化目标相关的变量共 126 个（见表 10.4）。

表 10.4　合成氨生产优化相关变量一览表

位号	名称	位号	名称
系统共用			
FI0840	合成氨计量	AI0811c	合成新鲜氢分析
PI0840	压缩机入口压力	PI0811c	3 号系统新鲜气总管压力
PI0830c	进工段液氨总管压力		
1 号塔			
AI0802a	1 号系统循环氢分析	AI0820a	1 号甲烷分析
FI0811a	1 号系统新鲜气量	FI0801a	1 号塔主线量
FI0802a	1 号塔付线量	FI0803a	1 号系统冷激一流量

续表

位号	名称	位号	名称
FI0804a	1 号系统冷激二流量	FI0805a	1 号系统冷激三流量
PI0801a	1 号合成塔入口压力	PI0802a	1 号合成塔出口压力
PI0803a	1 号系统冰机来氨压力	PI0804a	1 号系统去冰机气氨压力
TI0801-1a	1 号合成塔催化剂温度	TI0801-2a	1 号合成塔催化剂温度
TIC0801a-PV	1 号合成塔催化剂温度	TI0801-4a	1 号合成塔催化剂温度
TI0801-5a	1 号合成塔催化剂温度	TI0801-6a	1 号合成塔催化剂温度
TI0801-7a	1 号合成塔催化剂温度	TI0801-8a	1 号合成塔催化剂温度
TIC0804a-PV	1 号合成塔催化剂温度	TI0801-10a	1 号合成塔催化剂温度
TI0801-11a	1 号合成塔催化剂温度	TI0801-12a	1 号合成塔催化剂温度
TI0801-13a	1 号合成塔催化剂温度	TIC0805a-PV	1 号合成塔催化剂温度
TI0801-15a	1 号合成塔催化剂温度	TI0801-16a	1 号合成塔催化剂温度
TI0803a	1 号系统废锅入口气温度	TI0804a	1 号系统废锅出口气温度
TI0806a	1 号塔入口气体温度	TI0807a	1 号系统水冷器出口温度
TI0808a	1 号系统气氨温度	TI0809a	1 号系统液氨温度
TI0810a	1 号系统三合一入口温度	TI0811a	1 号系统二次气出口温度
TIC0812a-PV	1 号塔氨冷温度	FI0801a-TOT	1 号塔入塔总气量
2 号塔			
AI0802b	2 号系统循环氢分析	AI0820b	2 号甲烷分析
FI0801b	2 号塔主线量	FI0802b	2 号塔付线量
FI0803b	2 号系统冷激一流量	FI0804b	2 号系统冷激二流量
FI0805b	2 号系统冷激三流量	FI0811b	2 号系统新鲜气量
PI0801b	2 号系统入口压力	PI0802b	2 号系统出口压力
PI0803b	2 号系统冰机来氨压力	PI0804b	2 号系统去冰机气氨压力
PI0806b	2 号系统冷凝器入口压力	PI0811c	3 号系统新鲜气总管压力
PI0830c	进工段液氨总管压力	TI0801-1b	2 号合成塔催化剂温度
TIC0801-2b-PV	2 号合成塔催化剂温度	TI0801-3b	2 号合成塔催化剂温度
TIC0801-4b-PV	2 号合成塔催化剂温度	TIC0801-5b-PV	2 号合成塔催化剂温度
TI0801-6b	2 号合成塔催化剂温度	TI0801-7b	2 号合成塔催化剂温度
TI0801-8b	2 号合成塔催化剂温度	TI0801-9b	2 号合成塔催化剂温度
TI0801-10b	2 号合成塔催化剂温度	TI0801-11b	2 号合成塔催化剂温度
TIC0801-12b-PV	2 号合成塔催化剂温度	TI0804b	2 号系统废锅入口气温度
TI0805b	2 号系统废锅出口气温度	TI0806b	2 号系统去冰机气氨温度
TI0807b	2 号系统水冷器出口温度	TI0809b	2 号系统一出气体温度

续表

位号	名称	位号	名称
TI0810b	2号系统二入气体温度	TI0811b	2号系统水冷器入口温度
TI0812b	2号塔入口气体温度	TI0813b	2号氨蒸发器入口气温度
TIC0814b-PV	2号系统氨蒸发器温度	FI0801b-TOT	2号塔入塔总气量
3号塔			
AI0802c	3号系统循环氢分析	AI0820c	3号甲烷分析
FI0801c	3号塔主线量	FI0802c	3号塔付线量
FI0803c	3号系统冷激一流量	FI0804c	3号系统冷激二流量
FI0811c	3号系统新鲜气量	PI0812c	3号系统冷凝塔出口压力
PI0813c	3号系统一次进气压力	PI0815c	3号系统二次进气压力
PI0816c	3号系统二次出气压力	PI0820c	3号系统换热器二出压力
PI0821c	3号系统水冷器出气压力	PI0822c	3号系统冷凝塔一出压力
PI0823c	3号系统氨蒸发器进气压力	PI0824c	3号系统出口气体压力
PI0826c	3号系统水冷器进水压力	PI0830c	进工段液氨总管压力
PI0831c	3号系统氨蒸发器出口气氨压力	PI0840	压缩机入口压力
TI0801-1c	3号合成塔催化剂温度	TI0801-2c	3号合成塔催化剂温度
TI0801-3c	3号合成塔催化剂温度	TIC0801-4c-PV	3号合成塔催化剂温度
TI0801-5c	3号合成塔催化剂温度	TIC0801-6c-PV	3号合成塔催化剂温度
TI0801-7c	3号合成塔催化剂温度	TI0801-8c	3号合成塔催化剂温度
TIC0801-9c-PV	3号合成塔催化剂温度	TI0801-10c	3号合成塔催化剂温度
TI0801-11c	3号合成塔催化剂温度	TI0801-12c	3号合成塔催化剂温度
TI0812c	3号系统冷凝塔出口温度	TI0813c	3号系统一次进气温度
TI0814c	3号系统一次出气温度	TI0815c	3号系统二次进气温度
TI0816c	3号系统二次出气温度	TI0817c	3号热交换器进气温度
TI0819c	3号系统热交换器二次出气温度	TI0820c	3号系统水冷器出口温度
TI0822c	3号系统氨冷入口温度	TI0823c	3号系统去冰机气氨温度
TI0824c	3号系统水冷器进水温度	TI0825c	3号系统循环下水温度
TIC0826c-PV	3号系统氨蒸发器氨冷温度	TIC0827c-PV	3号氨蒸发器氨冷温度
TI0828c	3号系统蒸发器气氨温度（老）	TI0829c	3号蒸发器气氨温度（新）
FI0801c-TOT	3号塔入塔总气量		

4月23日至7月6日合成氨产量、入塔总新鲜气量以及1号、2号、3号氨合成塔入塔新鲜气量随时间变化情况如图10.9所示。

由上图可知，在入系统总气量相对稳定的条件下，进入各塔的新鲜气量仍有比较明显的波动。因而存在生产优化的客观需要。本文以1号合成塔举例说明如何建

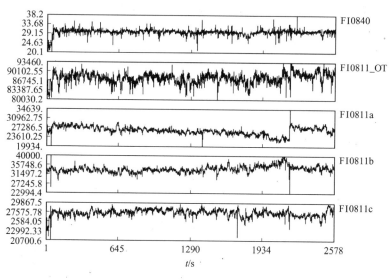

图 10.9 目标变量和氨产量时间序列图

立生产优化数学模型。

10.3.2 1号合成塔生产优化数学模型

本工作考察氨合成装置 1 号塔 2006 年 4 月 23 日 12 点到 2006 年 7 月 6 日 10 点的生产数据，每 30min 一个样本，训练集样本数为 1646 个。以入塔新鲜气量（FI0811a，m^3/h）为目标变量，有关的工艺参数如新鲜气氢含量（AI0811c，%）、冷激三流量（FI0805a，m^3/h）、合成塔一段入口温度（TI0801-2a，℃）、合成塔二段出口温度（TI0801-5a，℃）、合成塔三段温度（TIC08004a-PV，℃）、合成塔三段温度（TI0801-12a，℃）、合成塔四段温度（TI0801-16a，℃）、废锅入口气温度（TI0803a，℃）及水冷器出口温度（TI0807a，℃）等为自变量进行分析。新鲜气量大于 $26500m^3/h$ 的样本为优类样本（定义为 1 类），小于等于 $26500m^3/h$ 样本为差类样本（定义为 2 类）。

10.3.2.1 数据预处理

2006 年 4 月 23 日至 7 月 6 日 1 号塔生产基本稳定，只是在 4 月 25 日 11 点至 4 月 28 日 4 点停车，6 月 15 日 16 点至 17 点短暂停车。6 月 6 日 21 点至 6 月 7 日 10 点 DCS 系统故障一次。为了在相对稳定的生产条件下考察影响 1 号合成塔的入塔新鲜气量的有关工艺参数，本工作仅研究入塔新鲜气量大于 $25000m^3/h$ 的样本。经变量和样本筛选后，最终建模样本数为 1646 个，变量数为 9 个。

10.3.2.2 样本的时间序列统计

样本的时间序列统计反映了样本随时间的波动情况，从中有可能发现异常样本点，也可能发现不同变量的变化趋势的相关性。目标变量与若干工艺参数的时间序列图如图 10.10 所示。

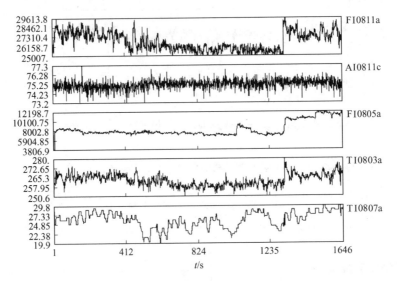

图 10.10　1 号塔工艺参数时间序列图

表 10.5 列出了氨合成装置 1 号塔训练样本集中总样本及各类样本中各变量的最大值、最小值、平均值及标准方差的统计结果。

表 10.5　1 号塔训练集样本的一般统计结果

项目	统计量	FI0811a	AI0811c	FI0805a	TI0801-2a	TI0801-5a	TIC0804a-PV	TI0801-12a	TI0801-16a	TI0803a	TI0807a
总样本	最大值	29613.8	77.3	12198.7	372.0	438.0	471.1	479.6	485.8	280.0	29.8
	最小值	25007.0	73.2	3806.9	345.2	413.3	443.4	391.2	453.2	250.6	19.9
	平均值	26719.2	75.2	8345.2	360.4	426.0	457.3	443.6	472.5	263.4	26.1
	中值	26483.1	75.2	7735.6	360.6	425.9	457.5	444.2	472.3	263.2	26.3
	标准差	1100.7	0.5	1491.8	4.8	3.4	3.7	16.0	4.8	4.5	2.1
优类	最大值	29613.8	77.3	12198.7	371.3	438.0	469.9	479.6	485.8	280.0	29.8
	最小值	26512.6	73.2	7144.0	354.2	413.3	447.5	405.4	464.4	255.1	19.9
	平均值	27675.4	75.1	9220.0	363.4	426.7	458.7	449.3	475.2	266.9	27.1
	中值	27612.4	75.1	8443.1	363.4	426.6	458.9	451.7	475.0	266.8	27.5
	标准差	683.1	0.5	1608.2	3.2	3.4	3.2	16.5	4.0	3.0	1.8
差类	最大值	26497.2	76.9	11453.7	372.0	438.0	471.1	478.2	481.0	267.7	28.9
	最小值	25007.0	73.6	3806.9	345.2	416.1	443.4	391.2	453.2	250.6	20.4
	平均值	25783.7	75.3	7489.4	357.4	425.3	456.1	438.1	469.9	259.9	25.1
	中值	25804.8	75.3	7430.5	357.8	425.1	455.9	438.2	470.4	259.8	25.1
	标准差	412.5	0.4	626.2	4.3	3.3	3.7	13.5	4.1	2.5	1.9

由表 10.5 可以看出，优类样本点具有较高的合成塔 3、4 段出口温度。

1 号塔入塔新鲜气量（FI0811a，m^3/h）主要与有关的工艺参数如新鲜气氢含量（AI0811c，%）、冷激三流量（FI0805a，m³/h）、合成塔一段入口温度（TI0801-2a，℃）、合成塔二段出口温度（TI0801-5a，℃）、合成塔三段温度（TIC08004a-PV，℃）、合成塔三段温度（TI0801-12a，℃）、合成塔四段温度（TI0801-16a，℃）、废锅入口气温度（TI0803a，℃）及水冷器出口温度（TI0807a，℃）等有关。图10.11为上述工艺参数对1号塔入塔新鲜气量分类判别的相对重要性图。从图中可以看出，影响氨合成装置1号合成塔入塔新鲜气量的主要工艺参数为废锅入口气温度（TI0803a，℃）、合成塔一段入口温度（TI0801-2a，℃）与合成塔四段温度（TI0801-16a，℃）。

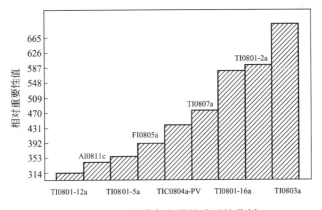

图10.11　1号塔各变量的重要性分析

图10.12为1号合成塔一段入口温度TI0801-2a与合成塔四段温度TI0801-16a对入塔新鲜气量的双因子图。

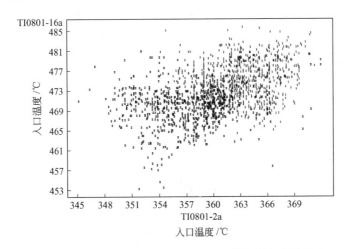

图10.12　TI0801-2a与TI0801-16a对入塔新鲜气量的影响

图中类别符号为1的样本为优类样本（入塔新鲜气量高），类别符号为2的样本为差类样本（入塔新鲜气量低）。从图 10.12 可以看出，较高的合成塔一段入口温度 TI0801-2a 和合成塔四段温度 TI0801-16a 有利于提高 1 号合成塔入塔新鲜气量。

10.3.2.3　数学模型

DMOS 软件支持用户建模功能。在 DMOS 合成氨优化系统中，开发了适合合成氨工业生产装置的多种模式识别优化算法：PCA 算法、Fisher 算法及 LMAP 算法等。三种算法各有特点，用户可根据数据特点分析选择合适的一种算法进行合成氨装置的生产优化工作。

（1）生产工况特征图　DMOS 数据挖掘结果表明，影响 1 号合成塔入塔新鲜气量的主要工艺参数有：新鲜气氢含量（AI0811c,%）、冷激三流量（FI0805a, m³/h）、合成塔一段入口温度（TI0801-2a,℃）、合成塔二段出口温度（TI0801-5a,℃）、合成塔三段温度（TIC08004a-PV,℃）、合成塔三段温度（TI0801-12a,℃）、合成塔四段温度（TI0801-16a,℃）、废锅入口气温度（TI0803a,℃）及水冷器出口温度（TI0807a,℃）。在由上述 9 个变量张成的多维空间中作 Fisher 投影，发现有明显的规律（图 10.13）。图 10.13 中"1"类样本的分布范围（亦称优化区）可由下列联立方程组表示。

$$-0.18 < -0.05 \times (AI0811c) + 0.57 \times (FI0805a) + 0.45 \times (TI0801\text{-}2a) -$$
$$0.14(TI0801\text{-}5a) + 0.15 \times (TIC0804a\text{-}PV) - 0.48 \times (TI0801\text{-}12a) +$$
$$0.34 \times (TI0801\text{-}16a) + 0.27 \times (TI0803a) - 0.08 \times (TI0807a) < 1.95 -$$
$$0.66 < -0.06 \times (AI0811c) - 0.03 \times (FI0805a) + 0.32 \times (TI0801\text{-}2a) +$$
$$0.02 \times (TI0801\text{-}5a) + 0.11 \times (TIC0804a\text{-}PV) + 0.44 \times (TI0801\text{-}12a) -$$
$$0.35 \times (TI0801\text{-}16a) + 0.73 \times (TI0803a) + 0.18 \times (TI0807a) < 2.85$$

图 10.13 总样本中优类样本约占 49.45%，优类样本区中优类样本约占

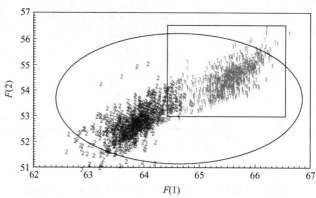

图 10.13　1 号塔入塔新鲜气量的 Fisher 投影图

95.38%。不难想象，如果使生产维持在优化区内，所得优类样本的比例将大大提高。

（2）工艺参数载荷图 影响 1 号合成塔入塔新鲜气量的 9 个主要工艺参数在载荷图中的位置见图 10.14。

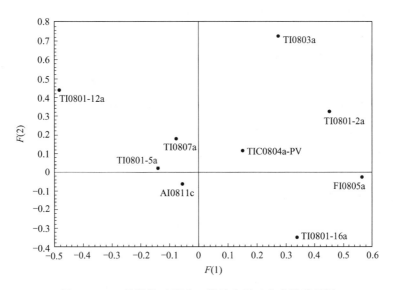

图 10.14 1 号塔基于 Fisher 算法主要工艺参数载荷图

由图中可以看出，影响 1 号合成塔的主要工艺参数为废锅入口气温度（TI0803a）与合成塔一段入口温度（TI0801-2a，℃）。较高的 TI0803a 和 TI0801-2a 有利于提高 1 号合成塔入塔新鲜气量。

10.3.2.4 模型验证

为了验证模型的可靠性，我们用 2006 年 4 月 23 日 12 点到 2006 年 7 月 6 日 10 点的生产数据建立的模型预测 2006 年 7 月 7 日 0 点到 2006 年 7 月 8 日 11 点 30 分的生产，样本共 95 个，利用 Fisher 算法得到的数学模型预测样本集样本类别预测的准确率达 84.2%。因此，所建模型具有较好的预测能力，能够满足实际生产优化需要。

10.4 讨论和结论

基于数据挖掘技术的化工过程优化和监测是一项具有挑战性的课题，若将有问题甚至错误的优化模型用于生产装置将导致很大的危险。但实际上，从化工生产装置获取的高噪声的数据中得到的模型有时会导致明显错误的优化结论。因此，化工过程优化建模过程中，必须遵守一定的规则。①在数据挖掘过程中，必须要有领域专家的参与，领域专家根据领域知识能够判断所建模型是否合理。②在数据处理及建模过程中，不同数据挖掘方法的使用及融合有可能得到更好的结果。此外，所得模型必须有独立于模型构建之外的外部测试集进行验证，只有预测能力强的模型才是比较可靠的模型。③化工过程优化的任务是在由工艺参数张成的高维空间中寻找优化操作区。优化操作区选择原则是所选优区既要包括大部分优类样本，又要尽量远离差类样本点，以便生产优化控制执行更为简单、便利。④有时通过数据挖掘得到的优化区分布较为复杂，此时可将优化超平面分成几个优化子空间并分别进行优化建模，这样可以简化优化问题，使数据挖掘和模型构建得以顺利进行。

对于本工作的氨合成装置的生产优化实际，以下问题有必要引起足够的重视。

（1）关于优化目标　毋庸置疑，优化目标的确定是建立优化模型和实施优化方案的前提。就合成氨装置而言，氨合成转化率（氨净值）是一个客观、合理的优化目标，但目前合成塔进、出口氨含量无自动分析仪表，人工分析频率低，样本数不够。另外，氨产量也是一个重要的优化目标，但目前 3 套合成系统共用一个计量仪表，单塔氨产量缺乏精确数据，无法以单塔氨产量为目标进行优化。但在一定的吨氨耗气条件下，入塔新鲜气量可以用来表征合成塔的生产负荷，因此，入塔新鲜气量是现有条件下一个较好的优化目标，也是本工作实际应用的优化目标。

（2）变量的选择和筛选　优化目标确定以后，选择变量是关键。从控制角度，变量可以分为可控变量和不可控变量。在数据分析开始时，应尽量将与目标有关的重要变量考虑进来，不管是可控或不可控。经过数据挖掘得到优化方案后，调整那些可控变量的参数即可实现生产工况优化，如仍不满意，就应仔细研究那些不可控变量，它们可能是装置的瓶颈之处，需通过技术改造等措施解决，以前也有这方面的成功应用案例。当样本点数量较大时，可以多选一些变量，但当样本点数量少的时候，由于训练集的信息量减少，变量的个数应精简。

（3）如何适应生产工况的多变　企业生产受到各种内部和外部因素的影响和制约，生产总是在变化的，这是不可避免的，任何一种优化技术都无法用一个模型描述丰富多彩的现实世界。我们采用了多模型优化策略，每个模型都有一定的使用范围，为了使生产始终处于优化状态，根据当前生产情况调出合适的模型指导生产。当遇到新的工况，例如装置检修，更换新的催化剂，装置负荷新变化等，原来的模型不能适用时，需重建模型。

（4）如何利用 DMOS 软件研究生产中的问题　当生产中出现一些隐蔽性极强的故障时，例如设备内部构件受损，DMOS 软件可以作为分析工具。DMOS 软件既有数理统计分析方法，又有模式识别方法，软件有丰富的图表和曲线，软件提供了一套由表及里、由粗到细的分析手段，只要将一段生产数据输入软件，就可以开展深入的研究。当用 DMOS 软件建模或分析数据发现一些结论与工艺机理或化工知识相违背时，可以采集更多的数据重新构成训练集和建模，如果情况没有改变，就应从生产方面去找原因，有时会得到一些重要的、对生产有意义的新发现。

（5）工艺工程师在生产优化中应发挥主导作用　DMOS 软件是一个数据分析工具，它所提供的结果最终还要经工程师的分析和解释，优化方案的实施应该在工艺工程师的配合下进行。

本章首先介绍了基于数据挖掘技术的氨合成装置生产优化方法。在系统研究了基于数据挖掘技术的氨合成装置生产优化的基础上，开发了具有自主知识产权的，用于解决合成氨工业生产操作参数优化的数据挖掘优化软件系统：DMOS 合成氨优化系统，该系统由离线版和在线版优化软件组成。该优化系统具有一些显著特点，如融合了不同的数据挖掘方法、自动建模、模型更新、多模型优化策略、在线监测优化及友好的操作界面等，因而具有功能强大、操作便利和适应性强等明显优势。其次，本工作利用研究开发的 DMOS 合成氨优化系统，通过对云维集团有限公司沾化分公司提供的氨合成装置 1$^\#$、2$^\#$、3$^\#$ 合成塔生产数据的数据挖掘，分别找出了影响装置入塔新鲜气量的主要工艺参数，建立了入塔新鲜气量与有关工艺参数间的数学模型，结果表明所建模型可靠性强，可为优化生产提供指导。

参 考 文 献

[1] Smil V. Detonator of the population explosion. Nature，1999，400：415.

[2] 夏迎春. 大型合成氨合成工段的仿真模拟. 计算机仿真，1991，2：35-41.

[3] 王擎天，曾世泽. 大型氨厂氨合成回路的模拟与分析. 计算机与应用化学，1992，9（2）：126-132.

[4] 蒋其友，郭向云，麻德贤. 运用 PLEX 数据结构建立通用合成氨流程模拟系统. 北京化工大学学报（自然科学版），1993，20（1）：71-76.

[5] 庄芹仙. 生产装置在线模拟与优化技术的应用. 石油化工，1995，5：331-335.

[6] 张克城，何历生. 氨合成工艺流程模拟与调优. 计算机与应用化学，1996，13（3）：219-225.

[7] 童秋阶. 合成氨装置先进控制与优化控制综述. 炼油化工自动化，1997，1：10-14.

[8] 周传光，金思毅，张青瑞，崔波，赵文，姚书勤，马清亮，韩春庆，高振宇. 中型合成氨装置在线数据校正与模拟优化软件的设计与实现. 青岛化工学院学报，1998，19（1）：70-74.

[9] 王晓晔，李少远. 神经网络自学习模糊控制及其在合成氨生产中的应用. 控制与决策，1999，14（S1）：613-616.

[10] 朱继承，王弘轼，房鼎业. 升压氨合成与等压氨合成回路流程的模拟、优化与比较. 高校化学工程学报，2000，14（3）：270-276.

[11] 张良佺，诸爱士，陈昆敬. 氨合成工段的模拟（Ⅱ）. 杭州应用工程技术学院学报，2001，13（3）：15-22.

[12] 蒋柏泉，肖正强. 氨合成塔在适宜设计条件下的优化操作. 南昌大学学报（工科版），2004，26（4）：39-42.

[13] 蒋柏泉，白兰莉. 氨合成塔的优化设计. 化肥设计，2004，42（6）：14-16.

[14] 蒋柏泉，邱宝玉. 如何实现氨合成塔的优化操作. 中氮肥，2005，1：1-4.

[15] 蒋柏泉，白立晓. 氨合成最大反应速率模型及计算. 化肥设计，2005，43（3）：16-18.

[16] Gaines L D. Ammonia synthesis loop variables investigated by steady-state simulation. Chemical Engineering Science, 1979, 34 (1): 37-50.

[17] Elnashaie S S, Abashar M E, Al-Ubaid A S. Simulation and optimization of an industrial ammonia reactor. Industrial & Engineering Chemistry Research, 1988, 27 (11), 2015-2022.

[18] Abashar M E E. Application of heat interchange systems to enhance the performance of ammonia reactors. Chemical Engineering Journal, 2000, 78: 69-79.

[19] Lisal M, Bendova M, Smith W R. Monte Carlo adiabatic simulation of equilibrium reacting systems: The ammonia synthesis reaction. Fluid Phase Equilibria, 2005, 235: 50-57.

[20] Khorsand K, Marvast M A, Pooladian N, Kakavand M. Modeling and simulation of methanation catalytic reactor in ammonia unit. Petroleum & Coal, 2007, 49 (1): 46-53.

[21] Dufour P, Michaud D J, Toure Y, Dhurjati P S. A partial differential equation model predictive control strategy: application to autoclave composite processing. Computers & Chemical Engineering, 2004, 28: 545-556.

[22] Toumi A, Engell S, Diehl M, Bock H G, Schloder J. Efficient optimization of simulated moving bed processes. Chemical Engineering and Processing, 2007, 46: 1067-1084.

[23] Maria G. Model-based heuristic optimized operating policies for D-glucose oxidation in a batch reactor with pulsate addition of enzyme. Computers & Chemical Engineering, 2007, 31: 1231-1241.

[24] Nomikos P, MacGregor J F. Multi-way partial least squares in monitoring batch processes. Chemometrics and Intelligent Laboratory Systems, 1995, 30: 97-108.

[25] Flores-Cerrillo J, MacGregor J F. Multivariate monitoring of batch processed using batch-to-batch information. AIChE Journal, 2004, 50: 1219-1228.

[26] Zheng L L, McAvoy T J, Huang Y, Chen G. Application of multivariate statistical analysis in batch processes. Industrial & Engineering Chemistry Research, 2001, 40 (7): 1641-1649.

[27] Kano M, Hasebe S, Hashimoto I, Ohno H. A new multivariate statistical process monitoring method using principal component analysis. Computers & Chemical Engineering, 2001, 25: 1103-1113.

[28] Wise B M, Gallagher N B. The process chemometrics approach to process monitoring and fault detection. Journal of Process Control, 1996, 6 (6): 329-348.

[29] Sebzalli Y M, Wang X Z. Knowledge discovery from process operational data using PCA and fuzzy clustering. Engineering Application of Artificial Intelligence, 2001, 14: 607-616.

[30] Chiang L H, Russell E L, Braatz R D. Fault diagnosis in chemical processes using Fisher discriminant analysis, discriminant partial least squares, and principal component analysis. Chemometrics and Intelligent Laboratory Systems, 2000, 50: 243-252.

[31] He Q P, Qin S J, Wang J. A new fault diagnosis method using fault directions in fisher discriminant

analysis. AIChE Journal，2005，51：555-571.

[32] Zhou Y，Hahn J，Mannan M S. Process monitoring based on classification tree and discriminant analysis. Reliability Engineering & System Safety，2006，91：546-555.

[33] Bhat N，McAvoy T J. Use of neural nets for dynamic modeling and control of chemical process systems. Computers & Chemical Engineering，1990，14：573-582.

[34] Chen B H，Wang X Z，Yang S H，McGreavy C. Application of wavelets and neural networks to diagnostic system development，1，feature extraction. Computers & Chemical Engineering，1999，23（7）：899-906.

[35] Wang X Z，Chen B H，Yang S H，McGreavy C. Application of wavelets and neural networks to diagnostic system development，2，an integrated framework and its application. Computers & Chemical Engineering，1999，23（7）：945-954.

[36] Chouai A，Cabassud M，Le Lann M V，Gourdon C，Casamatta G. Use of neural networks for liquid-liquid extraction column modelling：an experimental study. Chemical Engineering and Processing，2000，39：171-180.

[37] Androulakis I P，Venkatasubramanian V. A genetic algorithm framework for process design and optimization. Computers & Chemical Engineering，1991，15：217-228.

[38] McKay B，Willis M，Barton G. Steady-state modelling of chemical process systems using genetic programming. Computers & Chemical Engineering，1997，21：981-996.

[39] Low K H，Sorensen E. Simultaneous optimal design and operation of multipurpose batch distillation columns. Chemical Engineering and Processing，2004，43：273-289.

[40] Kulkarni A，Jayaraman V K，Kulkarni B D. Support vector classification with parameter tuning assisted by agent-based technique. Computers & Chemical Engineering，2004，28：311-318.

[41] Chiang L H，Kotanchek M E，Kordon A K. Fault diagnosis based on Fisher discriminant analysis and support vector machines. Computers & Chemical Engineering，2004，28：1389-1401.

[42] Jade A M，Jayaraman V K，Kulkarni B D，Khopkar A R，Ranade V V，Sharma A. A novel local singularity distribution based method for flow regime identification：Gas—liquid stirred vessel with Rushton turbine，Chemical Engineering Science，2006，61：688-697.

[43] 王俊锋，钱宇，李秀喜，胡跃明. 用主元分析方法完善 DCS 过程监控性能. 化工自动化及仪表，2002，29（3）：15-18.

[44] 吴建锋，何小荣，陈丙珍. 一种用于动态化工过程建模的反馈神经网络新结构. 化工学报，2002，53（2）：156-160.

[45] 李志华，陈德钊，胡上序. 基于 M-Agent 的遗传算法及其在二甲苯异构化装置优化中的应用. 化工学报，2003，54（5）：653-658.

[46] 程华农，韩方煜，钱宇. 基于主成分分析的输出集成反馈网络及其在化工动态过程建模中的应用. 化工自动化及仪表，2003，30（2）：22-25.

[47] 宋晓峰，俞欢军，陈德钊，胡上序. 藉助自适应支持向量机为延迟焦化反应过程建模. 化工学报，2004，55（1）：147-150.

[48] 钱刚，王海娟，周兴贵，袁渭康. 聚乳酸固相缩聚模型. 化工学报，2005，56（1）：157-162.

[49] 石宇，邱彤，陈丙珍. 用于化工过程的 SDG 故障分析方法. 化工进展，2006，25（12）：1484-1488.

[50] 许亮，李秀喜，郭子明，钱宇. 化工过程实时故障诊断专家系统的研究与开发. 计算机工程与应用. 2007，43（8）：245-248.

[51] 成忠，陈德钊. 基于极小极大估计器的偏最小二乘方法及应用. 化学工程，2007，35（9）：29-32.

[52] 陈念贻. 模式识别优化技术及其应用. 北京：中国石化出版社，1997.

[53] Chen N Y，Li C H，Qin P. KDPAG expert system applied to materials design and manufacture. Engineering Application of Artificial Intelligence，1998，11：669-674.

[54] Chen N Y，Lu W C，Chen R L，Li C H. Chemometric methods applied to industrial optimization and materials optimal design. Chemometrics and Intelligent Laboratory Systems，1999，45：329-333.

[55] 陈念贻，钦佩，陆文聪. 模式识别在化学化工中的应用. 北京：科学出版社，1999.

[56] Chen N Y，Zhu D P，Wang W H. Intelligent materials processing by hyperspace data mining. Engineering Application of Artificial Intelligence，2000，13：527-532.

[57] Chen N Y，Lu W C，Yang J，Li G Z. Support Vector Machine in Chemistry.

[58] 杨善升，陆文聪，陈念贻. DMOS 优化软件及其在化工过程优化中的应用. 化工自动化及仪表，2005，32（4）：36-38.

[59] Hellman A，Honkala K，Remediakis I N，Logadottir A，Carlsson A，Dahl S，Christensen C H，Norskov J K. Insights into ammonia synthesis from first-principles. Surface Science，2006，600：4264-4268.

[60] 阎镜予，沈之宇，孙德敏. 基于模式识别的合成氨统计过程控制. 化工自动化及仪表，2006，33（6）：31-34.

[61] Upreti S R，Deb K. Optimal design of an ammonia synthesis reactor using genetic algorithms. Computers & Chemical Engineering，1997，21（1）：87-92.

[62] Wang X Z，McGreavy C. Automatic classification for mining process operational data. Industrial & Engineering Chemistry Research，1998，37：2215-2222.

11 分子结构性质关系的数据挖掘

11.1 偶氮染料最大吸收波长的支持向量回归模型

染料是与人们日常生活密切相关的产品，人们在生活中时时可以看到色泽鲜艳的织物和图案美丽的花布，五光十色的塑料制品，色彩艳丽的印刷品等，染料分子大部分共轭程度很强，电子不稳定容易吸收能量发生跃迁而产生颜色，各种各样的颜色的产生就是因为染料化合物中分子轨道中的价电子吸收了某一波长的光而反射出其互补颜色的光的原因。在合成染料中，偶氮染料是品种数量最多的一类，目前工业生产上的染料品种半数以上都是偶氮染料，它具有相当广泛的应用[1]。

偶氮染料在工业及生活中发挥了很大的作用，近年来，许多研究者对染料的性质展开了研究。张笑一等[2~4]运用了量子化学方法计算染料分子的理化性质，并研究它们与分子性能的关系。王学杰等[5,6]已证明对染料结构进行量子化学计算，在某种程度上可以正确地预报一些染料分子的吸收波长和吸收强度。虽然如此，但对于其分子结构的理论研究[7,8]还不够充分。软件 Hyperchem ZINDO/S（Zerner's spectroscopic version of the Intermediate Neglect of Differential Overlap）模块可以计算有机物最大吸收波长，但我们发现，用 ZINDO/S 法计算偶氮染料分子的最大吸收波长时，结果往往不够理想。原因主要是在使用 ZINDO/S 法计算有机化合物最大吸收波长时，软件建议的 owf_{p-p} 值（ZINDO/S 方法中用来调整分子中 π 轨道重叠程度的权重因子）为 0.585（对于有机分子的缺省值），未考虑到不同分子的 owf_{p-p} 值应有所差别，导致算出的波长与实际波长往往有较大的偏差。已有文献探讨了不同的体系应采用不同的 owf_{p-p} 值[9]，如对于过渡金属复合物应为 0.640，然而，即使是同一类型的有机物，由于取代基的不同，导致电子诱导效应、共轭效应和空间效应的差别，owf_{p-p} 值也是有差别的。owf_{p-p} 值的差别对最大吸收波长的计算结果影响较大。因此，利用已有偶氮染料的最大吸收波长的实验数据，通过量子化学方法和数据挖掘的手段相结合的途径，准确地预报未知偶氮染料的最大吸收波长，这是一项有意义的工作。

支持向量回归（Support Vector Regression，SVR）是 Vapnik[10,11]在长期的、系统的统计学习理论研究基础上提出的新算法，已在语音识别[12]、文字识别[13]、药物设计[14]、组合化学[15]、时间序列预测[16]等研究领域得到成功应用。我们通过一系列应用研究也表明 SVR 方法是定量建模的有效方法，在化学领域有很大的应用潜力[17~19]。本工作用支持向量机算法结合量子化学方法来研究 $owf_{\pi-\pi}$ 值与偶氮染料结构参数间关系，用计算机预报的偶氮染料的 $owf_{\pi-\pi}$ 值，代替 Hyperchem 软件中计算染料最大吸收波长时所用 $owf_{\pi-\pi}$ 默认值 0.585，进而能较准确地预报该类化合物的最大吸收波长。

11.1.1 分子结构特征参数的计算和筛选

用分子力学方法（MM+）优化分子构型，用量子化学半经验方法（PM3）计算有关分子的特征参数，再采用 ZINDO/S 计算化合物的吸收光谱线和最大吸收波长，所用电子组态 CI 为单激发态（Single Exited），轨道能量差为 12eV。计算过程中收集了 12 个分子结构特征参数，包括最高分子占有轨道能量、最低分子空轨道能量、最高分子占有轨道与最低分子空轨道能量差、分子轨道第二激发态能量、分子轨道第二激发态与最高分子占有轨道能量差、每个偶氮原子上的电荷分布密度、S 原子个数、C＝C 键长、偶极矩、两面角、分子中氮原子与氧原子个数之比等，所用 MM+、PM3 和 ZINDO/S 计算方法由 Hyperchem 7.0 软件❶提供，所有计算在奔腾Ⅳ微机上进行。

分子结构特征参数的筛选是数据处理工作的一个难点，一方面专家的直觉和经验有助于选择有效的结构特征参数，另一方面针对特定的研究对象通过理论计算和统计分析也有助于结构特征参数的筛选。本工作用 SVR（支持向量回归）的留一法预报结果来筛选变量，从计算所得的 12 个结构参数中筛选出下列 3 个特征变量：HOMO（最高分子占有轨道能量）、LUMO（最低分子空轨道能量）、Ratio（分子中氮原子与氧原子个数之比），见表 11.1。理论上，HOMO、LUMO 是影响最大吸收波长较重要的因子，氮原子与氧原子是重要的配位原子，特征参数的筛选结果与理论上一致的。计算还表明：上述分子结构特征参数与其最大吸收波长的关系是非线性的。

11.1.2 支持向量回归的计算结果

既然 $owf_{\pi-\pi}$ 值是校正分子中 π 轨道间重叠程度的权重系数，则结构不同分子的

---

❶ Release 7.0 for Windows Molecular Modeling System，Hypercube Inc. 2002。

共轭程度不同，相应的 $\mathrm{owf}_{\pi\text{-}\pi}$ 值也应不同。为了总结不同分子的 $\mathrm{owf}_{\pi\text{-}\pi}$ 值与其结构特征参数间的关系，必须先根据化合物最大吸收波长的实验数据拟合出对应的 $\mathrm{owf}_{\pi\text{-}\pi}$ 值，为此，我们在 Hyperchem 软件中的 ZINDO/S 方法中调试各已知化合物的 $\mathrm{owf}_{\pi\text{-}\pi}$ 值，直至其最大吸收波长的计算结果与实验值基本相符，此时所得 $\mathrm{owf}_{\pi\text{-}\pi}$ 值称为 $\mathrm{owf}_{\pi\text{-}\pi}$（Cal.）。用支持向量机回归算法总结化合物的 $\mathrm{owf}_{\pi\text{-}\pi}$（Cal.）与其结构特征参数间的关系，结果表明：以化合物的 $\mathrm{owf}_{\pi\text{-}\pi}$（Cal.）为目标，以 EHOMO、ELUMO、Ratio 为特征参数，取核函数 $K(x, z)$ 为多项式形式，即 $K(x, z) = [\langle x \cdot z \rangle + 1]^2$，当惩罚因子 C 为 100，不敏感损耗函数中的 ε 为 0.1 时，所得化合物 $\mathrm{owf}_{\pi\text{-}\pi}$（Cal.）与其分子结构参数间的定量关系的准确度较好，相应的 SVR 方程为：

$$\mathrm{owf}_{\pi\text{-}\pi}(\mathrm{Cal.}) = \sum \beta_i^* [\langle x_i \cdot x \rangle + 1]^2 + 0.7069$$

其中 $\beta_i = \alpha_i^* - \alpha_i$，支持向量有 20 个。用上式计算 $\mathrm{owf}_{\pi\text{-}\pi}$（Cal.）的相对误差绝对值平均为 4.0%。为了考察本工作中 SVR 建模的可靠性，用 SVR 的"留一法"预报了该类染料的 $\mathrm{owf}_{\pi\text{-}\pi}$（Cal.），结果表明：在与 SVR 建模相同的条件下（多项式核函数，$C = 100$，$\varepsilon = 0.1$），SVM 的"留一法"预报 $\mathrm{owf}_{\pi\text{-}\pi}$（Cal.）的效果最好，其预报相对误差绝对值平均为 4.8%，$\mathrm{owf}_{\pi\text{-}\pi}$（Cal.）与其预报值 $\mathrm{owf}_{\pi\text{-}\pi}$（Pred.）的对比结果见图 11.1。

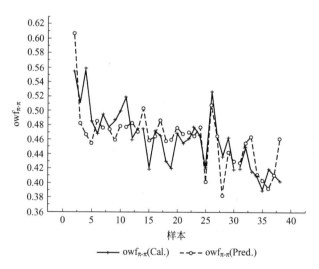

图 11.1 拟合值 $\mathrm{owf}_{\pi\text{-}\pi}$（Cal.）与预报值 $\mathrm{owf}_{\pi\text{-}\pi}$（Pred.）的对比

将 $\mathrm{owf}_{\pi\text{-}\pi}$（Pred.）代替 ZINDO/S 算法中的 $\mathrm{owf}_{\pi\text{-}\pi}$ 缺省值 0.585，计算化合物的最大吸收波长 λ（Pred.1），结果见表 11.1。为便于比较，表 11.1 同时列出了用 $\mathrm{owf}_{\pi\text{-}\pi}$ 缺省值直接计算所得化合物最大吸收波长 λ（Pred.2）。由表 11.1 结果可得，

λ(Pred.1)、λ(Pred.2) 的相对误差绝对值平均分别为 3.8%、16.3%。由此可见，计算所得 λ(Pred.1) 的结果显著优于 λ(Pred.2)，它们与实验值的对比见图 11.2。

表 11.1　38 个样本的特征参数及其最大吸收波长的实验值和预报值

$$R^1 - N = N - R^2$$

序号	R^1	R^2	HOMO /eV	LUMO /eV	Ratio	$owf_{\pi-\pi}$ (Pred.)	λ(exp.) /nm	λ (Pred.1) /nm	λ (Pred.2) /nm
1	(喹啉基)	(4-叔丁基-羟苯基)	−8.798	−1.2	3	0.48	333.4	412.05	354.8
2	(H₂NO₂S, OCH₃, H₃C 取代苯基)	(2,4-二叔丁基-羟苯基)	−8.933	−0.6317	0.75	0.598	335.8	314.3	320.2
3	(OCH₃, H₃C 取代苯基)	(2,4-二叔丁基-羟苯基)	−8.734	−0.8763	1	0.482	391.8	410.4	354.2
4	(H₃C-苯并噻唑基)	(2,4-二叔丁基-羟苯基)	−8.948	−1.408	3	0.473	400.2	456.9	385.8
5	(OCH₃, (H₃CH₂C)₂NO₂S 取代苯基)	(二羟苯基)	−9.034	−1.16	0.6	0.467	405.6	416.2	352.4
6	(H₂NO₂S, OCH₃, H₃C 取代苯基)	(嘧啶三羟基)	−9.433	−1.365	0.83	0.480	407.6	399.0	342.7
7	(OCH₃, O₂N 取代苯基)	(嘧啶三羟基)	−9.562	−1.8	0.83	0.479	415.2	428.9	362.1

续表

序号	R¹	R²	HOMO /eV	LUMO /eV	Ratio	owf$_{\pi-\pi}$ (Pred.)	λ(exp.) /nm	λ (Pred. 1) /nm	λ (Pred. 2) /nm
8	(quinolin-8-yl)	2,4-di-tert-butyl-6-hydroxyphenyl	−8.728	−1.189	3	0.475	418.4	418.9	358.1
9	4-methoxy-3-((H₃CH₂C)₂NO₂S)phenyl	2,4-di-tert-butyl-6-hydroxyphenyl	−9.041	−1.201	0.75	0.467	421.2	435.5	363.1
10	4-methyl-thiazolyl	4-tert-butyl-2-hydroxyphenyl	−9.071	−1.398	3	0.483	424.6	443.1	382.3
11	4-(4-nitrophenyl)-thiazolyl	4-tert-butyl-2-hydroxyphenyl	−9.221	−1.803	1.33	0.476	428.2	462.5	391.9
12	1,3,4-thiadiazolyl	4-tert-butyl-2-hydroxyphenyl	−9.261	−1.583	4	0.484	428.6	411.8	357.8
13	5-methyl-1,3,4-thiadiazolyl	4-tert-butyl-2-hydroxyphenyl	−9.192	−1.758	4	0.471	429.8	432.0	367.5
14	1,3,4-thiadiazolyl	(1-ethyl-6-hydroxy-4-methyl-2-oxo-3-cyano-pyridinyl)	−9.161	−1.994	3	0.503	431.6	415.5	376.7
15	4-methoxy-3-((H₃CH₂C)₂NO₂S)phenyl	(1-ethyl-6-hydroxy-4-methyl-2-oxo-3-cyano-pyridinyl)	−9.051	−1.402	1	0.458	439.8	433.1	363.1

序号	R¹	R²	HOMO /eV	LUMO /eV	Ratio	owf$_{\pi\text{-}\pi}$ (Pred.)	λ(exp.) /nm	λ (Pred. 1) /nm	λ (Pred. 2) /nm
16			−9.167	−1.71	0.75	0.467	449.8	452.9	376.8
17			−9.166	−1.894	1	0.487	452.2	437.4	382.3
18			−9.055	−1.474	1	0.456	455.6	434.7	363.3
19			−8.849	−1.242	1.33	0.459	458.6	423.6	351.2
20			−8.971	−1.377	3	0.451	458.8	472.4	384.8
21			−9.086	−1.739	4	0.468	459.2	448.3	375.3
22			−9.135	−1.789	4	0.471	459.8	450.1	377.9
23			−8.987	−1.595	2.5	0.465	465.6	476.2	398.4

续表

序号	R¹	R²	HOMO /eV	LUMO /eV	Ratio	owf$_{\pi\pi}$ (Pred.)	λ(exp.) /nm	λ (Pred.1) /nm	λ (Pred.2) /nm
24			−9.164	−1.832	1.33	0.480	466	458.4	391.6
25			−8.441	−1.037	1	0.403	466.6	481.5	365.3
26			−9.231	−2.065	1.5	0.508	469.4	483.3	434.5
27			−8.878	−1.839	4	0.465	477.4	477.6	399.9
28			−8.64	−1.578	1	0.397	484.6	532.6	372.8
29			−8.716	−1.476	3	0.446	491.2	509.6	410.4
30			−8.765	−1.253	0.75	0.430	491.8	478.9	373.4
31			−8.782	−1.326	0.75	0.429	499.6	488.8	379.0

续表

序号	R¹	R²	HOMO /eV	LUMO /eV	Ratio	owf$_{\pi-\pi}$ (Pred.)	λ(exp.) /nm	λ (Pred.1) /nm	λ (Pred.2) /nm
32	(O₂N, OCH₃-取代苯基)	(HO-萘基)	−8.938	−1.767	0.75	0.460	500.2	491.0	399.3
33	(喹啉基)	(HO-萘基)	−8.403	−1.109	3	0.461	501.8	460.3	383.4
34	(OCH₃, H₃C-取代苯基)	(HO-萘基)	−8.527	−1.104	1	0.412	502	500.1	379.4
35	(H₃C-噻二唑基)	(HO-苯基-N(CH₂CH₃)₂)	−8.267	−1.531	5	0.402	502.6	492.8	381.6
36	(H₃C-噻唑基)	(HO-苯基-N(CH₂CH₃)₂)	−8.167	−1.176	4	0.391	504.4	533.2	394.4
37	(H₃CO-苯并噻唑基)	(HO-苯基-N(CH₂CH₃)₂)	−8.45	−1.289	2	0.408	517.8	521.8	398.2
38	(O₂N, OCH₃-取代苯基)	(CH₃-吡唑啉酮-苯基)	−9.026	−1.387	1.25	0.461	525.6	459.7	372.9

注：变量筛选时，发现样本1是很明显的离群点，对计算结果影响较大，因此决定剔除这个样本，使之不参与建模。

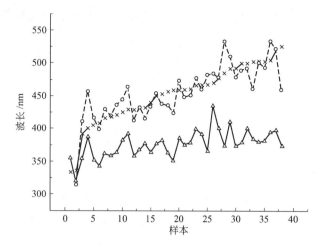

图 11.2　最大吸收波长的实验值和预报值的对比

━×━ λ（exp.）；--○-- λ（Pred. 1）；━△━ λ（Pred. 2）

11.1.3　讨论

在 ZINDO/S 方法中，$owf_{\pi\text{-}\pi}$ 的默认值是 0.585，为经验常数，应用于一些简单有机物体系较为成功，但若不考虑不同结构分子其共轭程度不同，将之用于所有分子中，特别是较复杂的有机分子，理论上不够严谨，计算结果往往也不够理想。本文将量子化学方法和数据挖掘技术（支持向量机算法）相结合，总结了偶氮染料体系中不同结构分子的 $owf_{\pi\text{-}\pi}$ 值与其结构参数的关系，并用留一法较准确地预报了 $owf_{\pi\text{-}\pi}$ 值，相对误差绝对值平均为 4.8%，使 $owf_{\pi\text{-}\pi}$ 值体现了不同分子的结构特点，将此预报值代替 ZINDO/S 中 $owf_{\pi\text{-}\pi}$ 的默认值（0.585）计算该类染料的最大吸收波长，相对误差绝对值平均为 3.8%，显著优于用 $owf_{\pi\text{-}\pi}$ 的默认值直接计算最大吸收波长的方法。本方法解决了采用 ZINDO/S 法时，$owf_{\pi\text{-}\pi}$ 默认值未反映不同分子的共轭程度的差别，直接计算最大吸收波长时偏差较大的问题，达到了较准确地预报偶氮染料最大吸收波长的目的。综上所述，支持向量机算法预报偶氮染料最大吸收波长的方法比较可靠，可以对该类染料分子的设计工作进行指导，并有望推广应用到其它染料分子性能的预报工作中。

11.2　胍类化合物 Na/H 交换抑制活性的支持向量分类模型

在多种细胞中，Na/H 交换器是 Na^+ 主要的进入通道，在调节细胞的体积和离子浓度方面也起着举足轻重的作用，在局部贫血后再灌注时它能被迅速激活并引起 Na^+ 过载。在心肌细胞中，Na^+ 过载引起 Ca^{2+} 过载，这可导致细胞的功能失调、受损乃至坏死。因此，Na/H 交换抑制剂是改善由局部贫血再灌注引起伤害的潜在有用的候选良药[20]。

药物构效关系是研究药物设计的基础工作[21,22]。我们在长期的化学模式识别方法及其应用研究过程中，开发出一套以化学模式识别方法为主（包括人工神经网络、统计分析等）的数据挖掘软件[23,24]，并用于材料设计和药物构效关系的研究[25~28]。但多年来我们也受制于一个难题：传统的模式识别或人工神经网络方法都要求有较多的训练样本，而许多实际课题中已知样本较少。对于小样本集，训练结果最好的模型不一定是预报能力最好的模型。因此，如何从小样本集出发，得到预报（推广）能力最好的模型，遂成为模式识别研究领域内的一个难点，即所谓"小样本难题"；最近我们注意到：数学家 Vladimir N. Vapnik 等通过三十余年的严格的数学理论研究，提出来的"统计学习理论"（Statistical Learning Theory，SLT）和"支持向量机"（Support Vector Machine，SVM）算法[29]已得到国际数据挖掘学术界重视，并在语音、文字及人脸识别、药物设计、组合化学、时间序列预测等研究领域得到成功应用[30,31]。该新方法从严格的数学理论出发，论证和实现了在小样本情况下能最大限度地提高预报可靠性的方法，其研究成果令人鼓舞。本章将支持向量分类（SVC）方法用于 N-(3-氧-3,4-双氢-2-氢-苯并[1,4] 噁嗪-6-羰基) 胍类化合物的 Na/H 交换抑制活性类别地模式识别研究，以考察 SVC 方法的应用效果。

11.2.1　特征参数的计算与筛选

本工作所研究的 N-(3-氧-3,4-双氢-2-氢-苯并 [1,4] 噁嗪-6-羰基) 胍类化合物的分子结构式如图 11.3 所示，其可变结构因子是取代基 R^1、R^2、R^3、X。

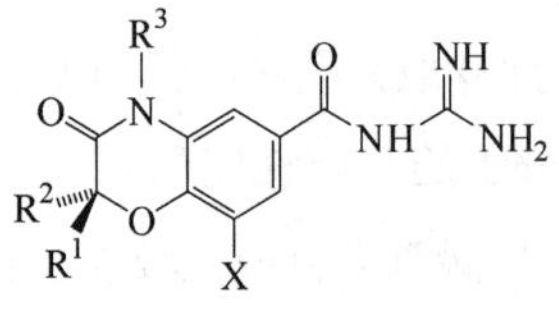

图 11.3　N-(3-氧-3,4-双氢-2-氢-苯

并 [1,4] 噁嗪-6-羰基) 胍类化合物的结构

用分子力学程序（MM+）优化了所有分子的构象，再用量子化学程序（PM3）计算有关结构特征参数。本工作共计算了 12 个结构特征参数，包括若干分子轨道能级、若干原子上的电荷分布密度、各种键角和两面角、原子间距离、偶极矩等。所用 MM+和 PM3 程序是 HyperChem 应用软件中的模块，所有计算在奔腾Ⅳ微机上进行。

对于该系列化合物仍使用 SVC 方法的建模效果来筛选特征参数，从计算所得的 12 个结构参数中筛选出下列 4 个用 SVM 方法可以有效建模的特征变量：HOMO（最高分子占有轨道能量)、LUMO（最低空轨道能量）、D（取代基 R^3 的有效直径）、Q（噁嗪氧原子的净电荷密度），见表 11.2。表 11.2 中最后一列为该系列化合物抑制由丙酸钠诱导产生血小板增大的活性值（IC_{50}）。有关该类化合物的合成和抗真菌活性的测定见文献 [20]。

表 11.2　20 个样本的特征参数和 Na/H 交换抑制活性

序号	R^1	R^2	R^3	X	HOMO /eV	LUMO /eV	D /Å	Q	IC_{50} /(μmol/L)
1	H	H	H	H	−8.93	−0.628	0.99	−0.200	10.0
2	H	H	Et	H	−8.84	−0.575	3.42	−0.197	0.33
3	H	H	iso-Pr	H	−8.82	−0.516	3.44	−0.198	0.25
4	H	Me	Et	H	−8.80	−0.524	3.42	−0.192	0.29
5	H	Et	iso-Pr	H	−8.78	−0.478	3.44	−0.189	0.17
6	H	Ph	iso-Pr	H	−8.79	−0.500	3.44	−0.188	1.00
7	Me	Me	iso-Pr	H	−8.78	−0.467	3.44	−0.196	0.12
8	Me	Me	H	H	−8.87	−0.558	0.99	−0.196	7.40
9	Me	Me	Me	H	−8.77	−0.508	2.12	−0.196	0.81
10	Me	Me	Et	H	−8.77	−0.498	3.42	−0.195	0.38
11	Me	Me	Pr	H	−8.77	−0.499	4.65	−0.195	0.74
12	Me	Me	butyl	H	−8.77	−0.498	5.96	−0.195	1.30
13	Me	Me	(CH$_2$)$_2$OEt	H	−8.82	−0.536	6.44	−0.195	5.60
14	Me	Me	Hexyl	H	−8.78	−0.487	7.63	−0.194	3.70
15	H	H	Me	Cl	−8.95	−0.728	2.12	−0.194	0.33
16	H	H	Et	Cl	−8.96	−0.726	3.42	−0.190	0.22
17	H	H	iso-Pr	Cl	−8.90	−0.659	3.44	−0.188	0.16
18	H	H	Me	OMe	−8.80	−0.591	2.12	−0.187	0.50
19	H	H	Et	OMe	−8.72	−0.511	3.45	−0.179	0.27
20	Me	Me	iso-Pr	OMe	−8.75	−0.473	3.44	−0.182	0.37

11. 2. 2　支持向量分类的计算结果

在支持向量分类计算过程中核函数取径向基函数，即

$$K(x, x_i) = \exp\left\{ -\frac{\| x - x_i \|^2}{\sigma^2} \right\}$$

当 $C=50$ 时，SVM 的"留一法"预报效果最好。根据表 11.2 数据求得支持向量有 16 个，得到相应分类判别函数式：

$$f(x) = \text{sgn}((w^*)^T x + b^*) = \text{sgn}\left(\sum_{i=1}^{n} a_i^* y_i K(x_i^* x) + b^* \right)$$

其中常数项 $b^* = -2.16$，支持向量样本号及对应的系数 α_i^* 见表 11.3。

表 11.3 支持向量样本号及对应的系数

样本号	系数 α_i^*	样本号	系数 α_i^*	样本号	系数 α_i^*	样本号	系数 α_i^*
1	8.6812	5	17.0022	9	50.0000	15	6.3620
2	17.9990	6	50.0000	10	50.0000	17	0.5155
3	0.0136	7	27.7746	11	50.0000	18	10.4909
4	50.0000	8	3.70551	13	9.89580	19	13.1062

11.2.3 与其他方法的比较

本工作中用留一法比较了 SVC 算法与 Fisher 判别法和最近邻法 (KNN) 的预报效果 (表 11.4)，结果表明：SVC 算法预报结果比 Fisher 判别法和最近邻法 (KNN) 预报结果好。

表 11.4 不同模式识别方法的预报结果

方法	PCA	Fisher	SVM
正确率/%	70	65	80

将 SVC 方法用于 N-(3-氧-3,4-双氢-2-氢-苯并 [1,4] 噁嗪-6-羰基) 胍类化合物的 Na/H 交换抑制活性的 QSAR 研究，得到了优于传统模式识别方法 (Fisher 法和 KNN 法) 的结果。因此，SVC 方法可望成为药物构效关系研究的有效辅助工具。

11.3 抗艾滋病药物 HEPT 活性的支持向量分类模型

AZT (艾滋病防护药) 是抑制 HIV-1 病毒复制的胸腺嘧啶脱氧核苷类衍生物。目前是用来治疗艾滋病患者的注册药物[32,33]。尽管这类药物有一定的临床功效，但是由于需要长期服用，其经常会导致一些毒副作用，如压抑骨髓正常生长[34]。最近有一种叫做双去氧肌苷 (DDI) 的药物[35]，虽然它也存在不好的副作用，但已作为一种替代药物供忍受不了 AZT 副作用的患者使用。AZT 和 DDI 在磷酸化为 $5'$-三磷酸盐[36]后，在人体内都起到病毒逆转录酶抑制剂的作用，且这种 $5'$-三磷酸盐也可能与体内细胞的 DNA 聚合酶产生作用，这种不明确性似乎引起了此类化合物的毒副作用[37]。因此，寻找低毒性的新化合物，最好是能对病毒复制产生不同的抑制模式的化合物，依然很有必要。

文献中有报道[38]：1-(2-羟基乙氧基) 甲基-6-苯硫基胸腺嘧啶 (HEPT) 是一种有效的、选择性抗艾滋病药物。因此，我们从文献中选取 34 种 HEPT 衍生物对其进行结构活性关系的研究。结构活性关系研究依然是分子建模的基本方法，因为药物与受体在三维空间中相互作用是药物呈现药效的分子基础，这种相互作用对分子生理活性的影响非常大，它们与分子的各种结构化学参数都有一定关系。一般QSAR研究都会选择用一些物理化学参数（如电性、立体性、疏水性、拓扑性等），运用数据挖掘方法寻找它们与化合物生理活性之间的关系。

模式识别方法是药物结构活性关系和分子设计的研究工具，由于药物结构活性关系相当复杂，仅用传统的模式识别方法（如主成分、判别分析方法）研究药物结构活性关系不一定得到理想的研究结果，本工作尝试用支持向量分类方法研究HEPT的构效关系，有关结果与文献报道的逐步判别分析方法的结果相比较，取得了更加令人满意的分类和预报结果。

11.3.1 特征参数的计算与筛选

本文研究的 HEPT 及其衍生物选自文献［39］，分子结构式如图11.4，其可变因子是取代基 X、Y、R′、R″。

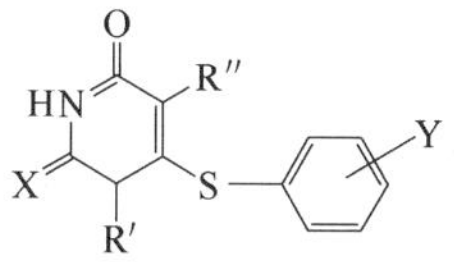

图 11.4　HEPT 及其衍生物结构图

本工作用分子力学程序（MM＋）对 34 个已合成并测定了生物活性的 HEPT及其衍生物的构象进行了优化。用量子化学程序（PM3）计算得到有关化合物的11 个量子化学参数为：HOMO（最高分子占有轨道能量）、LUMO（最低分子空轨道能量）、Q_{N1}（N1 原子的电荷密度）、Q_{N2}（N2 原子上的电荷密度）、lg$P$（疏水参数）、MR（分子的摩尔折射率）、Volume（分子的体积）、Dipole（分子的偶极矩）、Formation Heat（分子的生成热）、Polar（分子的极性）。目标值为半数有效浓度 EC_{50}。

用线性相关系数筛选特征参数的方法仅适用于能用线性回归方法较好地建模的实例，而大多数药物的构效关系不是简单的线性关系。用人工神经网络的偏相关指数筛选特征参数也有局限性，因为人工神经网络存在"过拟合"问题，"过拟合"问题在"小样本集"或样本集有较大噪声时尤为严重。

在本工作，直接由 SVC 方法的"留一法"预报效果来筛选特征参数，从计算所得的 11 个结构参数中筛选出下列 4 个用 SVM 方法可以有效建模的特征变量：HOMO、lg$P$、MR、Volume，该四个参数从理论上综合考虑了电性、立体效应和疏水效应对药物活性的影响，具有很强代表性，见表 11.5。

表 11.5　HETP 分子结构、所选参数以及分子活性实验值

序号	X	R′	R″	Y	EC_{50} /(μmol/L)	HOMO /eV	lgP	MR	Volume /Å³
1	O	$CH_2OCH_2CH_2OMe$	Me	H	8.7	−9.06	1.98	84.19	904.48
2	O	$CH_2OCH_2CH_2OC_5H_{11}$-n	Me	H	55	−9.11	3.58	102.66	1143.8
3	O	$CH_2OCH_2CH_2OCH_2Ph$	Me	H	20	−9.1	3.76	108.8	1134.41
4	O	CH_2OMe	Me	H	2.1	−9.05	2.14	73.41	773.13
5	O	CH_2Pr	Me	H	3.6	−9.1	3.15	81.16	856.89
6	O	CH_2OCH_2Ph	Me	H	0.088	−9.21	3.92	97.76	1000.7
7	S	CH_2OEt	Me	H	0.026	−9.03	4	90.78	880.41
8	S	CH_2OEt	Et	3,5-Me_2	0.0044	−9.03	4.94	100.86	1000.53
9	S	CH_2OEt	Et	3,5-Cl_2	0.013	−9.07	5.04	100.4	973.04
10	S	CH_2-i-Pr	Et	H	0.22	−8.97	4.67	93.92	908.75
11	S	CH_2OCH_2-c-Hex	Et	H	0.35	−9	5.56	111.78	1081.09
12	S	CH_2OCH_2Ph	Et	H	0.0078	−9	5.44	110.64	1060.63
13	S	CH_2OCH_2Ph	Et	3,5-Me_2	0.0069	−9.05	6.37	120.73	1170.62
14	S	$CH_2OCH_2C_6H_4(4\text{-}Me)$	Et	H	0.078	−8.99	5.91	115.68	1110.52
15	S	$CH_2OCH_2CH_2Ph$	Et	H	0.091	−8.99	5.69	115.4	1100.58
16	S	CH_2OEt	i-Pr	H	0.014	−9.04	4.34	95.33	927.27
17	S	CH_2OCH_2Ph	i-Pr	H	0.0068	−9	5.77	115.19	1092.56
18	S	CH_2OEt	c-Pr	H	0.095	−9.022	3.83	93.52	917.13
19	O	CH_2OEt	Et	H	0.019	−9.07	2.88	82.49	891.57
20	O	CH_2OEt	Et	3,5-Me_2	0.0054	−9	3.82	92.57	992.51
21	O	CH_2OEt	Et	3,5-Cl_2	0.0074	−9.26	3.92	92.1	969.93
22	O	CH_2-i-Pr	Et	H	0.34	−9.08	3.3	86.91	930.62
23	O	CH_2OCH_2-c-Hex	Et	H	0.45	−9.15	4.44	103.49	1072.53
24	O	CH_2OCH_2Ph	Et	H	0.0059	−9.06	4.32	102.36	1048.19
25	O	CH_2OCH_2Ph	Et	3,5-Me_2	0.0032	−9.01	5.25	112.44	1147.62
26	O	$CH_2OCH_2CH_2Ph$	Et	H	0.096	−9.07	4.57	107.11	1102.43
27	O	CH_2OEt	i-Pi	H	0.012	−9.04	3.21	87.04	922.26
28	O	CH_2OCH_2Ph	i-Pi	H	0.0027	−9.07	4.65	106.91	1084.18
29	O	CH_2OEt	c-Pi	H	0.1	−9.02	2.71	85.24	892.69
30	O	H	Me	H	250	−9.07	1.7	62.39	651.39
31	O	Me	Me	H	150	−9	1.94	67.29	694.15
32	O	Et	Me	H	2.2	−9.1	2.28	72.04	746.86
33	O	Bu	Me	H	1.2	−9.09	3.15	81.16	852.69
34	O	$CH_2OCH_2CH_2OH$	Me	H	7	−9.11	1.7	79.44	863.97

11.3.2 支持向量分类的计算结果

本工作支持向量机计算过程中核函数取径向基函数，即

$$K(x, x_i) = \exp\left\{-\frac{\|x - x_i\|^2}{\sigma^2}\right\}$$

当 $C=100$ 时，SVM 的"留一法"预报效果最好。根据表 11.5 求得支持向量有 12 个，得到分类判别函数如下：

$$f(x) = \text{sgn}((w^*)^T x + b^*) = \text{sgn}\left(\sum_{i=1}^{n} a_i^* y_i K(x_i^* x) + b^*\right)$$

其中常数项 $b^*=2.215$，支持向量样本号及对应系数 α^* 见表 11.6。

表 11.6 支持向量样本号及对应的系数

样本号	α^*	样本号	α^*	样本号	α^*	样本号	α^*
1	27.72	4	0.0	14	6.44	24	54.92
2	34.97	5	20.7	21	100	31	3.69
3	1.99	7	15.23	23	5.1	38	100

11.3.3 与其他方法的比较

以样本集的 EC_{50} 为目标变量，以 HOMO、lg$P$、MR、Volume 为特征变量，设 $EC_{50}<1.0$ 的样本为 1 类样本，$EC_{50}>1.0$ 的样本为 2 类样本。用 SVC 方法对样本集进行分类建模，结果将所有样本完全分开，分类准确率达到 100%。将本工作建模结果与文献中逐步判别分析方法的建模结果[40,41]进行了比较，分类情况见表 11.7。由表 11.7 可见，SVC 建模结果优于逐步判别分析方法的建模结果。

表 11.7 支持向量分类法和逐步判别分析法建模结果比较

计算准确率	支持向量分类法	逐步判别分析法
对 1 类样本	100%	91%
对 2 类样本	100%	100%

本工作用 SVC 的留一法对每个 HEPT 分子活性进行了预报，只有样本 21 被错分。与逐步分析判别方法的预报结果的比较见表 11.8。

表 11.8 支持向量分类法和逐步判别分析法的预报结果比较

预报准确率	支持向量分类法	逐步判别分析法
对 1 类样本	100%	91%
对 2 类样本	96%	96%

由表 11.8 可见，支持向量分类法的预报准确率优于逐步判别法的结果。因此，

无论是分类结果还是预报结果 SVC 的结果均优于文献报道的逐步判别分析法的结果，可以用于抗艾滋病药物的构效关系研究。

11.4 三唑类化合物分子筛选的最佳投影识别模型

三唑类化合物是氮唑类抗真菌药物的研究重点，其中属 1,2,4-三唑类化合物的氟康唑（Fluconazole）和伊曲康唑（Itraconazole）已被广泛用于各种深部和浅部真菌感染的治疗和预防[42]，但目前它们用于临床还存在一些不足，如氟康唑对曲霉菌效果较差，伊曲康唑不易透过血脑屏障，毒副作用发生率较高。因此，寻找高效、低毒、广谱抗真菌药物仍是一个重要课题[43]。

化学模式识别方法是进行计算机辅助药物结构活性关系和分子筛选研究的有效工具[44~47]。本文报道我们提出的最佳投影识别法（Optimal Projection Recognition Method，简称 OPR 方法）用于 1-[2-(取代苯基甲硫基)-2-(2,4-二氟苯基)乙基]-1H-1,2,4-三唑类化合物抗真菌活性的分子筛选的研究结果。

11.4.1 特征参数的计算和筛选

本工作中用分子力学和量子化学程序计算了有关化合物的理论参数，即用分子力学程序（MM+）优化分子的构象，再用量子化学程序（PM3）计算有关特征参数。本工作计算收集了 12 个结构特征参数，包括分子轨道总能量 E_t、最高分子占有轨道能量 HOMO、硫杂原子及与其相连的碳原子上的电荷分布密度、各种键角和两面角、分子总偶极矩等。所用 MM+ 和 PM3 程序是 HyperChem 7.0 试用版软件。

如何从与分子结构有关的众多参数中选用有效的结构特征参数来表征药物分子是一个复杂问题，也是药物构效关系研究的一个难点。在本工作中，OPR 法亦用于特征参数的筛选工作，即与化合物生物活性相关的主要特征参数由建立在 OPR 法基础上的可分性判据 R（$R=1-N_2/N_1$）来决定。其中 N_1 是"1"类（具有高抗菌活性）样本点的数目，N_2 是最佳投影识别图上包络所有"1"类样本点的矩形框内的"2"类（具有低抗菌活性）样本点的数目。一般情况下，样本集的 R 大于 90% 时其可分性被认为是"极好"。用 OPR 法筛选特征参数实际上就是在保证样本集可分性"极好"的前提下逐个过滤各特征参数以得到一个最小的特征参数子集。经用 OPR 法对计算收集的 12 个结构特征参数逐个进行筛选之后，发现仅用下列五个结构特征参数就足以得到可分性"极好"的最佳投影图。它们是分子的 Dipole（偶极矩之和）、Distance（取代基 R 与其最近邻碳原子的键长）、Diameter（取代基 R 的有效直径）、Dihedral（从 S 原子至连接取代基 R 的苯基的两面角）和

Density（与取代基 R 相连的苯基电荷密度，相对值），见表 11.9。有关该类化合物的合成和抗真菌活性的测定见文献 [48]。

表 11.9 训练样本集的特征参数及其抗菌活性

序号	R	MIC /(μg/mL)	Dipole /D	Density	Diameter /Å	Dihedral /(°)	Distance /Å
1	p-CH$_2$CH$_3$	40	4.040	−0.083	3.118	108.434	1.511
2	m-F	20	2.895	0.061	0.500	108.700	1.323
3	p-CN	20	2.849	0.121	1.158	108.363	1.315
4	p-Br	80	3.134	−0.034	1.150	108.488	1.890
5	H	80	3.997	−0.115	0.250	108.463	1.103
6	p-COC$_6$H$_5$	80	2.878	−0.031	5.919	108.053	1.366
7	p-CH$_2$CHCH$_2$	80	3.956	−0.078	4.157	108.422	1.510
8	p-F	80	2.888	0.339	0.500	108.379	1.322
9	m-Br	40	3.170	−0.035	1.150	108.592	1.890
10	m-CH$_3$	40	4.060	−0.090	1.810	108.591	1.509
11	p-Cl	5	3.207	−0.075	1.000	108.477	1.725
12	p-CH$_3$	80	4.163	−0.091	1.807	108.459	1.508
13	p-C(CH$_3$)$_3$	20	4.163	−0.076	2.225	108.480	1.531
14	o-Cl	20	3.793	−0.195	1.000	109.061	1.729
15	o-F	40	4.081	0.053	0.500	108.753	1.324

注：$1D = 3.34 \times 10^{-30} C \cdot m$，$1Å = 10^{-10} m$。

11.4.2 特征参数间的共线性检查

通过计算特征参数之间的线性相关系数可检查特征参数之间是否存在共线问题。一般说来，若两个特征参数间的线性相关系数大于 0.9，则这两个特征参数间存在共线问题，应舍去其中一个特征参数。用 OPR 法筛选特征变量后所得五个特征参数之间的线性相关系数见表 11.10。

表 11.10 特征参数间的线性相关系数

参数	Density	Diameter	Dihedral	Distance
Dipole	−0.476	0.063	0.275	−0.116
Density		−0.155	−0.217	−0.294
Diameter			−0.593	−0.016
Dihedral				0.295

由表 11.10 可见，经 OPR 法筛选变量后所得的特征参数子集内部无共线问题。

11.4.3　OPR 法的计算

取表 11.9 中化合物作为 OPR 法的训练样本集，以化合物对真菌（Sporotrichum schenckii）的 MIC 为 OPR 法计算的目标变量，将样本分为两类，即 MIC≤40μg·mL 的样本为"1 类"样本，MIC≥80μg·mL 的样本为"2 类"样本，在由样本的 Dipole、Density、Diameter、Dihedral 和 Distance 构成的五维模式空间中，用 OPR 法计算后得到了"最佳"分类投影图（如图 11.5 所示）。

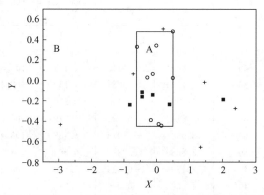

$X=-0.287$[Dipole]$+0.898$[Diameter]$+2.934$[Dihedral]$+1.753$[Distance]$+7.961$[Density]-321.265
$Y=+3.905E-2$[Dipole]$-3.058E-2$[Diameter]-0.254[Dihedral]$+1.390$[Distance]-1.106[Density]$+25.304$

图 11.5　OPR 法生成的最佳投影图

○—1 类样本；+—2 类样本；A、B—测试样本；■—预报样本

由图 11.5 可见，"1 类"样本全部分布在矩形框内，而"2 类"样本全部矩形框外，因此，用 OPR 法建模（以图 11.5 中的矩形框为边界条件）能将抗菌活性不同的两类样本完全分开。根据图 11.5 中"1"类样本的分布范围，即包络所有"1"类样本点的矩形框，可计算出具有高抗菌活性的该类化合物所需满足的边界方程，即：

$$320.66\leqslant-0.287[\text{Dipole}]+0.898[\text{Diameter}]+$$
$$2.934[\text{Dihedral}]+1.753[\text{Distance}]+7.961[\text{Density}]\leqslant321.76$$
$$-25.75\leqslant0.039[\text{Dipole}]-0.0306[\text{Diameter}]-0.254[\text{Dihedral}]+$$
$$1.390[\text{Distance}]-1.106[\text{Density}]\leqslant-24.82$$

上述方程组可作为该类化合物高抗真菌活性分子筛选的判据。

11.4.4　OPR 法的测试结果

用两个未参与 OPR 建模的化合物 A 和 B 来检验 OPR 所建模型的准确性，即计算它们的结构特征参数，并代入 2.4 节中的两个描述"1"类样本分布范围的不等式方程，结果发现，化合物 A 满足上述不等式方程而化合物 B 不满足上述不等式方程（在图 11.5 中标出了 A、B 的位置）。故我们预报化合物 A 是具有高抗菌活性的"1"类样本而化合物 B 是具有低抗菌活性的"2"类样本，预报结果与实验结果一致，见表 11.11。

表 11.11 OPR 法的测试结果

序号	R	Dipole /D	Density	Diameter /Å	Dihedral /(°)	Distance /Å	MIC (μg/mL)	Class （实验值）	Class （预报值）
A	m-Cl	3.079	−0.075	1.00	108.601	1.7259	2.5	1	1
B	p-NO$_2$	3.599	−0.339	1.22	108.474	1.476	80	2	2

利用上述 OPR 方法建立的高抗菌活性的该类化合物所需满足的边界方程，可以判别新设计的该类化合物抗菌活性的高低，即满足上述边界方程的新化合物可望有高抗菌活性，反之则为低抗菌活性。为此，我们设计了六个新化合物，并计算出它们的结构特征参数，代入上述边界方程，结果有四个化合物位于图 11.5 的矩形框内，其他两个位于矩形框外（在图 11.5 中用符号"■"标出了预报化合物的位置）。表 11.12 列出了这六个新化合物的结构特征参数计算和活性类别预报的结果，供有机合成化学家参考。

表 11.12 用 OPR 法预报新设计的化合物的抗真菌活性的结果

序号	R	Dipole /D	Density	Diameter /Å	Dihedral /(°)	Distance /Å	Class （预报值）
1	p-C$_6$H$_5$	5.029	−0.018	4.965	108.366	1.413	2
2	p-CHO	6.964	−0.045	1.990	109.023	1.357	1
3	m-CHO	6.988	−0.046	1.989	108.738	1.357	1
4	p-OH	4.463	0.022	0.942	108.497	1.359	2
5	m-COCH$_3$	6.575	−0.023	3.074	108.305	1.362	1
6	p-COCH$_3$	6.766	−0.024	3.077	108.431	1.362	1

11.4.5 结论

在以往的模式识别工作中，当可选的模式识别投影图较多时，不仅工作量大，而且"最佳"投影图的选取受到观察者的主观因素的较大影响。OPR 法解决了最佳模式识别分类投影图选取的客观性问题，该计算方法不仅可自动从若干隐含的模式识别投影图中选出最佳的一个，而且可自动建立有关样本集中优类样本分布范围的判据，并用以新的优类样本的筛选。若将该方法用于药物设计，可用已知高活性样本所满足的边界方程作为同一系列新药物应遵循的边界条件。若将该方法用于药物活性识别的专家系统，可使有关新药的模式识别问题自动化，从而加速新药研发进程。

参 考 文 献

[1] 侯毓汾等. 染料化学. 北京：化学工业出版社，1994.

[2] 张笑一，兰薇等. 偶氮染料分子的电子结构与生物降解活性（Ⅱ）. 高等学校化学学报，1999，20（2）：268-271.

[3] 王世荣，李鹏，吴祖望. 空间效应与三嗪型活性染料性能的关系. 染料工业，1997，34（4）：1-5.

[4] 林童，彭必先. AM1-MO 理论对方酸染料结构和电子性质的研究. 物理化学学报，1998，14（6）：493-5.

[5] 王学杰. 分子轨道法计算三苯二噁嗪类分子的电子光谱. 光谱学与光谱分析，2002，22（1）：9-11.

[6] 王学杰. 分子轨道法（PPP-MO）计算吲哚双碳菁类染料分子的电子结构和电子光谱. 计算机与应用化学，2000，17（4）：324-340.

[7] 曹阳，吕春绪等. 现代量子化学在染料工业中的应用——量子化学对染料的应用. 染料工业，2002，39（5）：16-18.

[8] 曹阳，吕春绪等. 现代量子化学在染料工业中的应用——量子化学对染料分子结构、性质和反应的研究. 染料工业，2002，39（2）：29-31.

[9] Cory M G, Stavrev K K, Zerner M C. An examination of the electronic structure and spectroscopy of high- and low-spin model ferredoxin via several SCF and CI techniques. Int J Quantum Chem, 1997, 63（3）：781-795.

[10] Vladimir N. Vapnik. The Nature of Statistical Learning Theory. Berlin：Springer，1995.

[11] Vapnik V. 著. 统计学习理论的本质. 张学工译. 北京：清华大学出版社，2000.

[12] Wan Vincent，Campbell，William M. Support vector machines for speaker verification and identification，Neural Networks for Signal Processing - Proceedings of the IEEE Workshop，2000，2：775-784.

[13] Thorsten Joachims，Learning to Classify Text Using Support Vector Machines. Dissertation，Universitaet Dortmund，February，2001.

[14] Burbidge R，Trotter M，Buxton B，Holden S，Drug design by machine learning：support vector machines for pharmaceutical data analysis，Computer and Chemistry，2001，26（1）：5-14.

[15] Trotter M W B，Buxton B F，Holden S B. Support vector machines in combinatorial chemistry. Measurement and Control，2001，34（8）：235-239.

[16] Van Gestel T'Suykens J A K，Baestaens D E，Lambrechts A，Lanckriet G，Vandaele B，De Moor B，Vandewalle J. Financial time series prediction using least squares support vector machines within the evidence framework，IEEE Transactions on Neural Networks，2001，12（4）：809-821.

[17] 陈念贻，陆文聪. 支持向量机算法在化学化工中的应用. 计算机与应用化学，2002，19（6）：673-676.

[18] 陆文聪，陈念贻，叶晨州，李国正. 支持向量机算法和软件 ChemSVM 介绍. 计算机与应用化学，2002，19（6）：697-702.

[19] Nello Cristianini，John Shawe-Taylor. An introduction to support vector machines and other kernel-based learning methods，Cambridge university press，2000.

[20] Takeshi Yamamoto，Manabu Hori，Ikuo Watanabe，et al. Synthesis and Quantitative Structure Activity Relationships of N-(3-Oxo-3,4-dihydro-2H-benzo [1,4] oxazine-6-carbonyl) guanidines as Na/H Exchange Inhibitors. Chem. Pharm. Bull，1998，46 (11)：1716-1723.

[21] Domine D，Devillers J，Chastrette M，Karcher W. Non-linear mapping for structure-activity and structure-property modeling. Journal of Chemomatrics，1993，7：227-242.

[22] Wang Ziyi，Jenq-Hwang，Kowalski Bruce R. ChemNets：Theory and Application，Analytical Chemistry，1995，67 (9)：1497-1504.

[23] Chen Nianyi，Lu Wencong. Software Package "Materials Designer" and its Application in Materials Research，IPMM'99，Hawaii，USA，July，1999.

[24] 陈念贻，陈瑞亮，陆文聪. 模式识别在化学化工中的应用. 北京：科学出版社，2000.

[25] Lu Wencong，Chen Nianyi，Regularities of Formation of Ternary Intermetallic Compounds. I. Alloys and Compounds，1999，289：131；289：120；289：126；292：129.

[26] Chen Nianyi，Lu Wencong，Chemometric Methods Applied to Industrial Optimization and Materials Optimal Design，Chemometrics and intelligent laboratory systems，1999，45，329-333.

[27] Lu Wencong，YAN Li-cheng，CHEN Nian-yi，Pattern Recognition and ANNS Applied to the Formobility of Complex Idide，Journal of Molecular Science，1995，11 (1)：33-38.

[28] 陆文聪，钦佩，陈念贻等. 多目标的模式识别优化法及其在 V－PTC 材料设计中的应用. 高等学校化学学报，1994，15 (6)：882-886.

[29] Vladimir N. Vapnik. The Nature of Statistical Learning Theory. Berlin：Springer，1995.

[30] Burbidge R，Trotter M，Buxton B，Holden S. Drug design by machine learning：support vector machines for pharmaceutical data analysis，Computer and Chemistry，2001，26 (1)：5-14.

[31] Trotter M W B，Buxton B F，Holden S B. Support vector machines in combinatorial chemistry. Measurement and Control，2001，34 (8)：235-239.

[32] Bareé-Sinoussi F，Chermann J C，Rey F，Nugeyre M T，Chamaret S，Gruest J，Dauguest，Axler-Blin C，VézinetBrun F，Rouzioux C，Rozenbaum W，Montagnier L. Science，1983，220：868.

[33] Gallo R C，Salahuddin S Z，Popovic M，Shearer G M，Kaplan M，Haynes B F，Palker T J，Redfeild R，Oleske J，Safai B，White G，Foster P P D，Markhan P D. Science，1984，224：500.

[34] Hu C，Chen K，Shi Q，Kilkuskie R E，Cheng Y，Lee K，J. Nat. Prod.，1995，(57)：42.

[35] Ishitsuka H，Ohsawa C，Ohiwa T，Umeda I，Suhara Y. Agents Chemother，1982，22：1982，611.

[36] Kaul T N，Middletown Jr E，Ogra P L，J. Med. Virol，1985，15：71.

[37] Vrijsen R，Everaert L，Van Hoof L M，Vlietinck M A J，Berghe D A，Boeye A. Antiviral Res，1987 (7)：35.

[38] Tanaka H，Takashima H，Ubasawa M，Miyasaka T，J. Med. Chem，1992：(35)：4713.

[39] Alves C N，Pinheiro J C，Camargo A J，Ferreira M M C，da Silva A B F. Journal of Molecular Structure (Theochem)，2000，530：39.

[40] Johnson R A，Wichern D W. Applied Multivariate Statistical Analysis，Pretice-Hall，Englewood Cliffs，

NJ，1992.

［41］ Mardia K V，Kent J T，Bibbly J M. Multivariate Analysis. New York：Academic Press，1979.

［42］ Heeres J，Backx LJJ，Cutsem JV. Antimycotic azoles：7. Synthesis and antifungal properties of a series of novel triazol-3-ones，J. Med. Chem. ，1984，27：894.

［43］ Pasko MT，Piscitelli SC，Slooten ADV，Fluconazole：a new triazole antifungal agent DICP ，Ann Pharm. ，1990，24：860.

［44］ Domine D，Devillers J，Chastrette M，Karcher W. Non-linear mapping for structure-activity and structure-property modeling. Journal of Chemometrics，1993，7：227.

［45］ Fukunaga K. Introduction to statistical pattern recognition. Academic. New York，1972.

［46］ Lu Wencong，Yan Licheng，Chen Nianyi，Studies on Structure-activity relationship of Ethofenprox Analogous of Pesticide by Pattern Recognition Method，Chinese Science Bulletin，1993，38 (18)：1534.

［47］ 陆文聪，阎立诚，朱友成，陈念贻等. EHMO 和模式识别法研究芬太尼衍生物构效关系，高等学校化学学报，1993，14 (9)：1305-1307.

［48］ Zhou Youjun，Zhang Wannian，Lu Jiaguo，Acta Pharmaceutics Sinica，1997，32 (12)：902-907.

12 HIV-1蛋白酶特异性位点的数据挖掘

　　艾滋病，全称"获得性免疫缺陷综合征"（Aquired Immune Deficieccy Syndrome，AIDs），是全世界范围内十大致命疾病之一。因其蔓延快，临床症状复杂，死亡率高，又被视为"超级癌症"和"世纪瘟疫"。从1981年在美国发现首例患者至今[1~3]，已在180多个国家和地区发现此病。据世界卫生组织报道，到2007年底，已经有3000万人死于这种疾病，至少有4000万艾滋病病毒携带者，它所引起的危害已经成为21世纪人类面临的最严峻的挑战之一。

　　面对这一严峻挑战，全世界的科学工作者进行了艰苦的研究工作，在AIDs的病理机制、病毒的结构生物学以及药物开发等领域都取得了巨大进展。1983年，法国科学家首先证实了艾滋病是由人类免疫缺损疾病病毒感染人类免疫系统引起的。1985年，国际病毒命名委员会决定将这种病毒称为人类免疫缺损病毒（Aquired Immune Deficieccy Virus，HIV）[4]。艾滋病病毒（HIV）颗粒呈球形，直径为90~130nm。病毒的核心呈中空锥形，由两条相同的单链RNA链、逆转录酶和蛋白质组成。核心之外为病毒衣壳，呈20面体立体对称，含有核衣壳蛋白质。最外层为包膜，包膜上的糖蛋白有刺突状结构，是HIV与宿主细胞受体结合位点和主要的中和位点。HIV病毒颗粒包膜由两层脂类物质构成。外周膜上覆盖一层糖蛋白（gp41和gp120），外周膜内侧有两层蛋白质内膜（P24和P18），内有基因组RNA链，链上附着反转录酶，其功能是催化病毒RNA的反转录。该病毒能选择性地感染CD4细胞从而导致机体免疫缺陷。其感染过程包括病毒的吸附、侵入、逆转录、基因组的整合、表达及释放等过程。当感染发生时，病毒的外膜糖蛋白gp120首先与细胞表面的CD4分子结合并与辅助受体CCR5或CXCR4等结合，gp120空间构象发生改变，暴露出跨膜蛋白gp41与细胞膜作用，导致病毒包膜与细胞膜融合，病毒核心进入细胞内，脱壳后病毒基因组在RT作用下以病毒RNA为模板合成cDNA，再以此cDNA为模板合成双链DNA，经环化后在病毒IN的作用下随机整合到细胞染色体上成为前病毒而长期存在并随细胞的分裂而传至子代细胞。此前病毒即为病毒复制时的转录模板，病毒进行复制时，早期转录的长链

mRNA 经拼接后表达病毒的调节蛋白，待调节蛋白的量到达一定阈值后，病毒进入晚期转录，产生的未拼接的 mRNA 部分用来指导合成病毒的结构蛋白，部分作为病毒的基因组，与结构蛋白进行装配成为病毒核心颗粒，由胞膜出芽时获得包膜及膜蛋白。图 12.1 是 HIV 病毒粒子结构模式图。

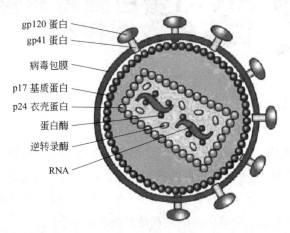

图 12.1　HIV 病毒粒子结构模式图

自 1981 年发现首例艾滋病病例以来，世界各国的科学家们就致力于寻找抗艾滋病药物。随着人们对 HIV 病毒学和分子生物学等方面研究的深入，1986 年，Kramer[5]等首次报道 HIV-1 蛋白酶（protease，PR）可作为潜在的艾滋病药物"靶标"。蛋白酶根据其不同作用机理分为四种：丝氨酸蛋白酶，半胱氨酸蛋白酶，金属蛋白酶和天冬氨酸蛋白酶。基于其公认的活性位点同源性[6]以及其晶体分子结构，HIV 蛋白酶归属于天冬氨酸蛋白酶。HIV-1 蛋白酶[7]是由两条相同的肽链组成的同质二聚体，具有 C2 对称轴，每条肽链由 99 个氨基酸残基构成。在这两个天冬氨酸残基的附近有一个水分子，在催化过程中此水分子作为亲核体。两个单体的相同的氨基酸残基构成与底物相键合的缝隙，其一边由上述的两个天冬氨酸残基组成，另一边是由此二聚体形成的发卡式的结构。HIV-1 蛋白酶可以裂解难以水解的肽键，如 Tyr-Pro 和 Phe-Pro[4,6]。HIV-1 蛋白酶在病毒复制过程中的主要作用是将 gag 和 gag-pol 基因产物裂解成病毒成熟所需要的结构蛋白（基质、壳、核壳）和酶类（蛋白酶、整合酶、逆转录酶）。HIV 的前体蛋白裂解成各种结构和功能酶蛋白，是在蛋白水解酶的作用下实现的，这是 HIV 复制周期中非常重要的一步。因此，可以通过以下方法来阻止 HIV 前体蛋白的裂解，终止 HIV 的复制：①寻找能满足 HIV 蛋白酶对底物要求的化学结构和立体结构；②模拟肽水解过程；③通过氢键等方式与 HIV 蛋白酶形成底物-酶复合物来抑制 HIV 蛋白酶活性。其原因在于在体内抑制这种酶的活性后，虽然其子代病毒仍会产生，但却是不成熟和不具传染性的。因此抑制 HIV-1 蛋白酶，可阻止病毒进一步感染。

　　HIV-1 蛋白酶活性部位拥有 8 个残基，命名为 S4-S3-S2-S1-S1′-S2′-S3′-S4′，有 8 个相应残基与其相结合，命名为 P4-P3-P2-P1-P1′-P2′-P3′-P4′[8]（见图 12.2）。

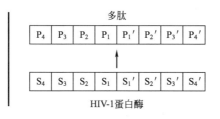

图 12.2　HIV-1 蛋白酶位点示意图

如果按照 20 种氨基酸来计算，那么就可以形成 $20^8 = 2.56 \times 10^{10}$ 个肽分子，若用实验方法 · 确定其裂解特异性既耗时又耗力。因此，数据挖掘方法在 HIV-1 蛋白酶裂解位点特异性及抑制剂研究开发中具有重要作用。通过对肽裂解位点预测可进一步了解 HIV-1 蛋白酶裂解特异性，进而为设计更有效的 HIV 蛋白酶抑制剂提供参考。目前，h-函数算法[9]、神经网络[10,11]、决策树[12]、支持向量机[13,14]等方法已用于预测 HIV-1 蛋白酶裂解位点特异性。本章中，我们尝试使用 mRMR-KNN 方法来研究 HIV-1 蛋白酶特异性位点预测。

12.1　数据集准备

　　本文中，我们选用来自 Chou 等[10,14,15]报告中的 8 肽作为训练集和测试集。训练集 299 个样本，其中 60 个 8 肽是正样本，239 个 8 肽是负样本；测试集 63 个样本，其中 54 个 8 肽是正样本，9 个 8 肽是负样本。

　　在以前的研究中，多集中于各种算法的优化，而对如何合理表征肽序列结构却较少提及。Chou 曾使用 0/1 氨基酸编码[16]，这样固然可取得较好的结果，但对多肽序列表征方法失去一般性，亦即应用性不强。在本研究中，我们采用氨基酸残基指数方法[17,18]来进行编码。众所周知，氨基酸残基的物理化学、生物化学性质对蛋白质的结构和功能有着深远影响。究其原因，主要是在于氨基酸的侧链决定了氨基酸的种类，而 20 种氨基酸侧链在形状、大小、负电性、疏水性以及酸碱性等方面都存在差异。正是这 20 种氨基酸的差异，使得各种不同组合的氨基酸序列形成了各种不同的蛋白质结构，并能够适应各类环境，完成其特定的生物学功能。本章节工作选用氨基酸残基指数来编码蛋白质序列，其中包括疏水、亲水性和 EIIP 等这些被认为与蛋白质结构和功能有密切联系的属性。所有这些数据均来源于 AAindex 数据库[17,18]。AAindex 是一个描述氨基酸残基和氨基酸残基对的物理化学和生物化学性质的数值索引数据库，目前由两个部分组成：AAindex1 和 AAindex2，分别代表氨基酸索引（Amino Acid Index）和氨基酸突变矩阵（Aminod Mutation Matrix）数值数据库。现在，AAindex1 提供约 564 种氨基酸性质的索引服务，每条数据记录包含有目录编号、索引描述、参考文献以及 20 种氨基残基的性质索引值等信息。AAindex2 目前则包含有 66 个突变矩阵（其中 47 个对称矩阵，19 个为非对称矩阵），其数据记录格式与 AAindex1 基本相同。

12. 2 mRMR 方法和特征选取

随着计算机技术和信息技术的迅猛发展，生物信息学也产生了极大的突跃。作为数据挖掘中的一个重要领域，特征筛选（Feature Selection）在生物信息学中有着巨大的作用，并越来越受到人们的重视。特征筛选的方法主要有两种框架，即 Filter 和 Wrapper。在研究早期，算法主要为 Filter 类，自 Kohavi 系统提出 Wapper 框架后，两类算法研究都很多。这两类算法具有很强的互补性，表现在 Filter 运行速度快但相对于后续学习算法评估偏差较大，而 Wrapper 相对于后续学习算法评估准确但运行速度慢，关于两者组合的研究较少。

本章采用基于互信息最大化原理的 mRMR[19,20] 特征选择方法来研究 HIV-1 蛋白酶位点预测的特征选择问题。所谓 mRMR 就是最大相关性和最小冗余性，即特征选择后，尽可能多地保留关于类别的信息，并使特征之间的相关性最小化。

特征选择方法的基本思想是从原特征集合 $\{t_1, t_2, t_3, \cdots, t_n\}$ 中选出一个特征子集 $\{t'_1, t'_2, t'_3, \cdots, t'_n\}$ 构成新的特征空间，新的特征子集中各个特征和类别的相关性尽可能最大化，而特征之间的相关性尽可能最小化。特征的相关性用互信息 I 衡量，可以用公式（12.1）表示。

$$I(x,y) = \sum_{i,j \in N} p(x_i, y_j) \lg \frac{p(x_i, y_j)}{p(x_i) p(y_j)} \qquad (12.1)$$

特征与目标的互信息最大化可以用公式（12.2）来表示。公式（12.2）中 D 是特征和目标的互信息值，$|S|$ 是特征集合中特征的个数，

$$\max D, D = \frac{1}{|S|} \sum_{x_i \in S} I(c, x_i) \qquad (12.2)$$

特征之间的互信息最小化可以用公式（12.3）来表示。公式（12.3）中 R 是特征之间的互信息值，

$$\min R, R = \frac{1}{|S|^2} \sum_{x_i, x_j \in S} I(x_i, x_j) \qquad (12.3)$$

mRMR（最大相关性最小冗余性）可以用公式（12.4）来表示，

$$\max \nabla_{\mathrm{MID}}, \nabla_{\mathrm{MID}} = D - R \tag{12.4}$$

因此，∇_{MID} 的最大值可以用 $\displaystyle\max_{x_j \in X\text{-}S_{m-1}} \left[I(x_j, c) - \frac{1}{m-1} \sum_{x_i \in S_{m-1}} I(x_j, x_i) \right]$ 来表示。

经过以上 mRMR 的计算，我们可以得到各个特征的 ∇_{MID} 值，并将其排序。随后，我们在此基础上使用 Wrapper 来进行进一步的筛选。

Wrapper 特征选择算法最早由 John 等在 1994 年提出[21]，如图 12.3 所示。该算法的核心思想是：和学习算法无关的过滤式（Filter）特征评价会和后续的分类算法产生较大的偏差，而学习算法基于所选特征子集的性能是更好的特征评价标准。不同学习算法偏好不同的特征子集，既然特征选择后的特征子集最终将用于后续的学习算法，那么该学习算法的性能就是最好的评估标准。因此在 Wrapper 特征选择中将学习算法的性能作为特征选择的评估标准。

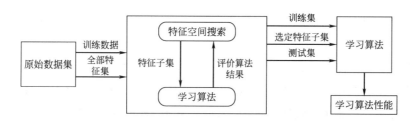

图 12.3　Wrapper 算法流程图

Wrapper 特征选择算法中用以评估特征的学习算法是没有限制的。如，John 等选用决策树[21]，Aha 等将最近邻法（KNN）和特征选择算法相结合对分类问题进行研究[22]，Provan，Inza 等则利用贝叶斯网络性能优化了前向搜索算法[23,24]。

按照 Peng 的观点，使用 mRMR 算法进行特征筛选，进行 Wrapper 计算是非常重要的环节。由于采用学习算法的性能作为特征评估标准，Wrapper 特征选择算法比 Filter 特征选择算法准确率高，但算法效率较低，工作量大，因此一些研究者努力寻找使评估加速的方法。在这里，我们对 mRMR 算法中 Wrapper 部分做了些许改进，从而在一定程度上减少了计算的工作量，加速了特征筛选的速度，其具体的步骤如下。

（1）我们首先根据 ∇_{MID} 值从高到低的排序得到一个特征集合 Ω $\{t_1, t_2, t_3, \cdots, t_k, \cdots, t_n\}$，选取前 k 个特征，用逐步递加的方法（Incremental Feature Selection，IFS）对子集的特征进行评估。评估产生一个数值结果，用

以衡量子集的期望性能。即从一个特征个数为零的子集开始，首先计算子集为 Ω_1 $\{t_1\}$ 时的交叉验证预报准确率，随后计算子集为 $\Omega_1\{t_1,t_2\}$ 时的交叉验证预报准确率，以此类推，直至 $\Omega_k\{t_1,t_2,t_3,\cdots,t_k\}$ 时的交叉验证预报准确率。

(2) 根据 (1) 可以得到 k 个交叉验证预报值 $S(P_1,P_2,\cdots,P_d,\cdots,P_f,P_g,\cdots,P_k)$。如果这 k 个数值中，存在一个最大值，我们可以在这个点附近进行 Wrapper 搜索。假设 P_f 是最高点（最大值），我们截取 P_d 至 P_g 之间的特征进行向前搜索计算（Feature Forward Search，FFS[25]）。通过这个方法，对每一次添加属性所产生的结果进行定量计算，选择其中最好的，然后继续计算。

① 计算每个子集 $\{F_n+f_x\}(f_x\in\Omega_{g-d-n},0\leqslant n\leqslant g-d-1)$ 的交叉验证预报准确率；

② 如果子集 $\{F_n+f_x\}$ 具有最高预报准确率，特征 f_x 就会从 Ω_{h-k-n} 中取出，加入到 F_n 中；

③ 重复以上过程，直至结束。

经过以上搜索，就能够得到一个更加精炼的新的特征子集，并将此特征子集作为最终进行建模的数据集。

在本工作中，原始数据集中一共有 4248 个特征，经过 mRMR 计算后，我们选取了 ∇_{MID} 最大的前 500 个特征，使用最近邻算法（KNN）进行 IFS 计算，根据其预报准确率，绘制出曲线图（见图 12.4）。从图 12.4 中可以看到在 $300\sim400$ 之间，曲线呈明显上升趋势，且期间有一个最大值，因此选取 [300，400] 进行 FFS 搜索。图 12.5 是在 [300，400] 区间内进行 FFS 搜索的预报准确率趋势图，图中发现第 364 个特征处，其预报准确率最高，可以达到 91.3%，因此最终选取该 364 个特征进行建模。

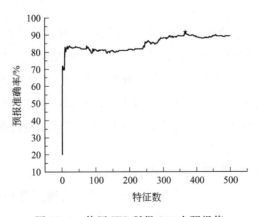

图 12.4　使用 IFS 所得 500 个预报值

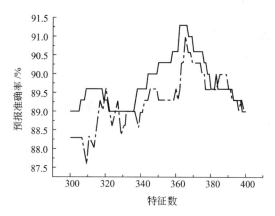

图 12.5 特征 300～400 之间的特征搜索

（实线—FFS，虚线—IFS）

12.3 不同的特征子集建模预报能力比较

为了考察使用 FFS 方法所得到子集的建模状况，本工作中我们对未经特征筛选的原始数据集以及仅仅用 IFS 搜索所得到的子集分别建模，并用留一法验证和独立集验证两种方法进行评估，将这两种算法和 FFS 方法所得到子集的预报准确率一起列于表 12.1。从表 12.1 中可以发现，当未进行特征筛选时，其留一法和独立集测试预报准确率分别为 82.6％和 85.9％，而使用了基于 mRMR 的 Wrapper（基于 IFS 的 FFS）搜索后，分别提高了 8.7％和 1.4％。更重要的是建模时所用特征的个数从原来的 4248 个下降到了 364 个，很大程度上降低了工作量，减少了计算时间。从留一法的结果来看，IFS 和 FFS 的预报准确率相差不大，但是从独立测试集的预报结果来看，FFS 的预报准确率要比 IFS 的预报准确率提高了近 10％。因此，我们得出结论，仅仅用 IFS 方法进行特征筛选所得到的特征子集，建模时有可能产生过拟合现象。

表 12.1 不同变量筛选方法的相应预报准确率

数据集	预报正确率/%	
	交叉验证集	独立测试集
原始样本集 4248 变量	82.6	85.9
IFS 筛选的样本集 363 变量	89.3	77.8
FFS 筛选的样本集 364 变量	91.3	87.3

12.4 特征分析和结论

mRMR 方法通过信息增益计算来获得变量和目标之间的最大相关性。在 12.3 部分，我们通过 mRMR 计算，对所得到 500 个特征进行 Wrapper 筛选。尽管有些特征在经过 Wrapper 搜索后被去除，不参与最终的建模，但对于这 500 个特征，我们认为有必要从生物学的角度去考察其意义。如果这 500 个特征不具有一定的生物学意义，或者意义很小，那么在此基础上的工作也没有什么意义。

图 12.6 是我们把这 500 个特征按照最大相关性排序，然后进行统计后所得。从图中我们可以看到 P_1 和 P_2' 位点上的相关特征所占比重最大，因此我们可以认为为 P_1 和 P_2' 位点对于 HIV-1 蛋白酶底物的特异性所作贡献是最大的。

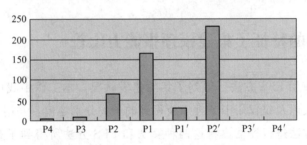

图 12.6 相关性最大的 500 个特征的统计分布

对于以上经过统计所得到的发现，需要我们从 HIV-1 蛋白酶的结构去进行理解。我们知道，HIV-1 蛋白酶是由两条相同的肽链组成的同质二聚体，具有 C2 对称轴，每条肽链由 99 个氨基酸残基构成，在第 $25 \sim 27$ 位包含了一个序列为 Asp-Th-Gly 的活性位点，两条链整体形成一个四角双锥形晶体。而保守的活性中心则位于靠近双体中心的套环结构上。两个亚单位之间由四股富含甘氨酸的反平行 β 片层连接，片层结构包括了每个亚单位的氨基端和羧基端。图 12.7 是 HIV-1 蛋白酶的三维结构示意图，从图中我们可以看到在两个亚单位中各自形成了一个相当长的裂隙，而具有催化作用的天冬氨酸就以共面构型位于裂隙的底部。由于 HIV-1 蛋白酶所具有的特殊构型，在一个延伸的反平行 β 片层上，通过氨基酸残基链，多肽底物可以从相反方向和酶分子相结合[27,28]。图 12.8 是 HIV-1 蛋白酶位点的三维图。P_4、P_2、P_1'、P_3' 面对单体 I，而 P_3、P_1、P_2'、P_4' 面对单体 II[27,29]。酶的两个亚单位是对称的，但它们仅仅是结构相似，而非完全一致。另外，每个亚单位的一端包含一个移动性较高的所谓"挡板结构"，它由一个反平行片层和一个螺旋延展至底物的结合位点 P_1 和 P_2' 形成。由于两个单体"挡板"的 β 片层不同，因此该

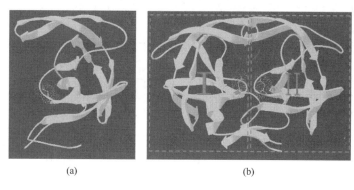

(a)   (b)

图 12.7 HIV-1 蛋白酶三维结构图

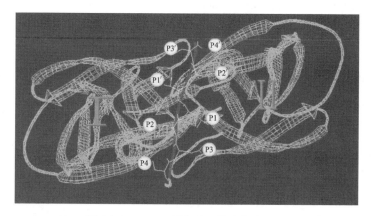

图 12.8 HIV-1 蛋白酶三维位点分布图

不对称结构可以识别两个底物之间特殊的氨基酸残基，进而对底物或抑制剂的进出起到作用。Poorman 曾提出 HIV-1 蛋白酶在 P_3、P_1 和 P_2' 位点上有着很高的选择性[9]，这与我们所发现的 P_1 和 P_2' 位点贡献最大是一致的。

按照 Nakai[26] 的分类方法，可以把 P_1 和 P_2' 位点上 AAindex 特征分为以下三类：疏水性，二级结构和其它（除疏水性和二级结构以外）三类（见图 12.9）。当我们把 P_1 和 P_2' 位点上的氨基酸残基指数进一步进行统计后发现：P_1 位上的氨基酸残基指数主要是疏水性特征，而 P_2' 上的氨基酸残基指数主要是二级结构特征。这说明，对于 HIV-1 蛋白酶位点预测问题，疏水性特征和二级结构特征起了主要的作用。

我们知道，能够在 HIV-1 中与 P_1/P_1' 结合的氨基酸残基主要包括 Arg8，Leu23，Asp25，Gly27，Gly48，Gly49，Ile50，Thr80，Pro81，Val82；这些氨基酸残基都具有疏水性特征。目前绝大多数文献记载的 HIV-1 蛋白酶抑制剂都在 P_1 和 P_1' 具有疏水性[23]，这也和我们所发现的 P_1 和 P_1' 多为疏水性残基相吻合。

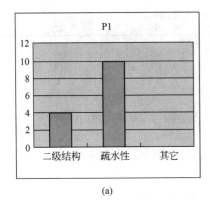
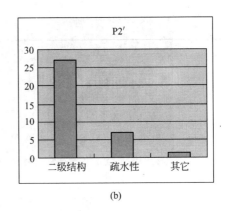

(a)   (b)

图 12.9 P_1 和 P_2' 位点上特征统计分布

能够与在 HIV-1 中 P_2/P_2' 结合的氨基酸残基主要包括 Ala28，Asp29，Asp30，Val32，Ile47，Leu76，Ile84，这些氨基酸残基在 HIV-1 蛋白酶内部形成一个"袋"状结构，且要比 S_1/S_1' 或 S_3/S_3' 都要小，由此它们可以严格控制 P_2/P_2' 处氨基酸残基的类型和大小[23]。所以，我们认为 P_2' 的氨基酸残基指数主要以二级结构为主这一推论是可信的。

本工作使用了基于 mRMR-KNN 方法研究了 HIV-1 蛋白酶的裂解位点预测。首先，使用 AAindex 的 531 个氨基酸残基指数对 8 肽进行编码，然后使用 mRMR 特征筛选方法得到了 500 个特征。在此基础上，使用改进的 Wrapper 搜索方法得到了含有 364 个特征的子集。最后用最近邻方法建模预测 HIV-1 蛋白酶裂解位点，其留一法验证和独立集验证的预报结果分别可以达到 91.3％ 和 87.3％。通过对 500 个特征进行生物学分析，我们发现：①P_1 和 P_2' 位点对于 HIV-1 蛋白酶底物的特异性所作贡献最大；②P_1 位点上的氨基酸残基主要是疏水性残基，而 P_2' 位点上的氨基酸残基主要由二级结构决定。以上两点结论与通过实验所得到的文献结论相吻合。本工作结果表明：经过改进后的 mRMR-KNN 二层算法能够对一些生物数据集进行有效的特征筛选；在此基础上建模，不仅可以得到满意的预测结果，而且所选的特征具有生物学意义。因此，mRMR-KNN 方法有望成为生物信息学领域特征变量筛选和分类预测的一个重要方法。

参 考 文 献

[1] 徐筱杰，候廷军. 计算机药物分子设计. 北京：化学工业出版社，2004：476-488.

[2] Appett K. Crystal structures of HIV-1 protease-inhibitors complexes. Persp Drug Discov Des. 1993，1：1993.

[3] 陈凯先，蒋华良，嵇汝运. 计算机药物辅助设计——原理方法及应用 [M]. 北京：化学工业出版社，

2000：361-365.

[4] Cofn J. Nature，1986，321：10.

[5] Kramer R A，Sehaber M D，Skalla A M. HTLV-Ⅲ gag protein is processed in yeast cells by the virus pol-protease. Science，1986，231：1580-1584.

[6] Toh H，Ono M，Saigo K，Miyata T. Retroviral Protease -like sequeneein the yeast Nature，1985，315：691.

[7] Beck Z Q，Hervio L，Dawson，P E，Elder，J E，Madison E L. Identification of efficiently cleaved substrates for HIV-1 protease using a phage display library and use in inhibitor development. Virology，2000，75：9502-9508.

[8] Schechter I，Berger A. On the size of the active site in proteases. Biochem Biophys Res Commun，1967，27：157-162.

[9] Poorman R A，Tomasselli A G，Heinrikson R L K，F J. A cumulative specic city model for proteases from human immunodec ciency virus types 1 and 2，inferred from statistical analysis of an extended substrate data base. J. Biol. Chem，1991，266：14554-14561.

[10] Cai Y D，Chou K C. Artificial neural network model for predicting HIV protease cleavage sites in protein. Adv. Eng. Software ，1998a，29，：119-128.

[11] Cai Y D，Yu H，Chou K C. Using neural network for prediction of HIV protease cleavage sites in proteins. J. Protein Chem，1998b，17：607-615.

[12] Narayanan A，Wu X，Yang Z R. Mining viral protease data to extract cleavage knowledge. Bioinformatics，2002，18：5-13.

[13] Rögnvaldsson T，You L. Why neural networks should not be used for HIV-1 protease cleavage site prediction. Bioinformatics，2004，20：1702-1709.

[14] Cai Y D，Liu X J，Xu X B，Chou K C. Support vector machines for predicting HIV protease cleavage sites in protein. J Comput Chem，2002，23：267-274.

[15] Chou K C. Prediction of human immunodeficiency virus protease cleavage sites in proteins. Analytical Biochemistry，1996，233：1-14.

[16] Kim H L，Oh B，Kimm K，Koh I. Prediction of phosphorylation sites using SVMs. Bioinformatics，2004，20：3179-3184.

[17] Kawashima S，Ogata H，Kanehisa M. AAindex：Amino Acid Index Database. Nucleic Acids Res，1999，27：368-369.

[18] Kawashima S，Kanehisa M. AAindex：amino acid index database. . Nucleic Acids Res，2000，28：374.

[19] Ding C，Peng HC. Minimum Redundancy Feature Selection from Microarray Gene Expression Data. Proc. Second IEEE Computational Systems Bioinformatics Conf，2003：523-528.

[20] Ding Y S，Zhang T L，Chou K C. Prediction of protein structure classes with pseudo amino acid composition and fuzzy support vector machine network. Protein and Peptide Letters，2007，14：811-815.

[21] John G，Kohavi R，Pfleger K. Irrelevant features and the subset selection problem. The Eleventh International Conference on Machine Learning. NJ：Morgan Kaufmann，1994：121-129.

[22] Aha D W，Bankert R L. Feature selection for case-based classification of cloud types. Working notes of

the AAAI94 workshop on case-based reasoning. Seattle: Lawrence Erlbaum, 1994: 106-1112.

[23] Provan G M, Singh M. Learning bayesian networks using feature selection. Proc. 5th Intern: Workshop on AI and Statistics. New York, NY: Springer Verlag, 1995: 450-456.

[24] Inza I, Larraaga P, Sierra B. Feature subset selection by Bayesian networks based on optimization. Artificial Intelligence, 2001, 123: 157-184.

[25] Kohavia R, John G. Wrappers for feature subset selection Artificial Intelligence, 1997, 97: 273-324.

[26] Nakai K, Kidera A, Kanehisa M. Cluster analysis of amino acid indices for prediction of protein structure and function. Protein Eng. , 1988, 2: 93-100.

[27] Jaskolski M, Tomasselli A G, Sawyer T K, Staples D G, Schneider R L, Wlodawer A. Structure at 2.5-A resolution of chemically synthesized human immunodeficiency virus type 1 protease complexed with a hydroxyethylene-based inhibitor. Biochem. , 1991, 30: 1600-1609.

[28] Wlodawer A, Gustchina A. Structural and biochemical studies of retroviral proteases. Biochim Biophys Acta, 2000, 7: 16-34.

[29] Ridky T W, Cameron C E, Cameron J, et al. Human immunodeficiency virus, type 1 protease substrate specificity is limited by interactions between substrate amino acids bound in adjacent enzyme subsites. J. Biol. Chem. , 1996, 271: 4709-4717.

13 蛋白质结构及功能类型预测

蛋白质（Protein）是生命的物质基础，是构成一切细胞和组织结构的重要组成成分[1]，机体中的每一个细胞和所有重要组成部分都有蛋白质参与。人体内蛋白质的种类很多，性质、功能各异，但都是由 20 多种氨基酸按不同比例组合而成的，并在体内不断进行各种代谢与更新，诸如酶的催化作用、控制生长和分化作用、转运和储存作用、结构支持作用、免疫保护作用、代谢调节功能、信息传递功能、生物膜功能、电子传递功能等生命功能。许多重要的激素，如胰岛素和胸腺激素等也都是蛋白质。此外，多种蛋白质，如植物种子（豆、花生、小麦等）中的蛋白质和动物蛋白、奶酪等都是供生物营养生长之用的蛋白质。因此对蛋白质分子的结构、功能以及两者之间关系的研究，在生物医学、生产实践和人类生活等方面有着极为重要的意义。本章将从蛋白质的亚细胞定位预测、蛋白质的结构类型预测和膜蛋白类型预测三个方面展开论述。

13.1 用集成学习方法预测蛋白质的亚细胞定位

蛋白质组学试图寻找蛋白质在细胞中可能扮演的角色，如代谢途径和交互网络，并为细胞环境中蛋白质之间的相互作用及其行使的功能提供可靠的注释。而这其中重要的一环就是确定每个蛋白质的亚细胞定位。生命的中心法则指出，遗传信息传递的主要途径是由位于细胞核内的脱氧核糖核酸（DNA）经过转录调控和加工调控传递信使核糖核酸（mRNA）；再由信使核糖核酸经过转运调控从细胞核进入到细胞质中；最后在细胞质中经过翻译控制合成具有特定功能的蛋白质。为了行使它们的功能，这些蛋白质将被分别输送到细胞的某些指定区域或细胞器，该过程就称为蛋白质的亚细胞定位。

对蛋白质进行定位的实验方法大致有以下三种：①细胞分馏法；②电子显微法；③荧光显微法等。但基于实验的方法所获得的定位结果具有主观性和多变性，且实验确定蛋白质亚细胞定位是一个费时且耗费巨资的工作。

随着基因组学的发展，生物数据库中蛋白质序列数据信息急剧膨胀。例如，2007 年 3 月发布的 Swiss-Prot 数据库 52.0 版（http：//www.ebi.ac.uk/swiss-sprot），总共包含 260175 条蛋白质序列。除去那些被注释为"碎片"或氨基酸数目少于 50 的残渣，剩余 247263 条，其中 133652 条有亚细胞定位注释。但是，对于这 133653 条蛋白质序列，只有 49367 条是通过实验手段明确注释，而 84285 条为用不明确字段如"可能的"、"潜在的"、"也许的"所注释。实际上，这种不明确注释数据并不能作为一个严谨的训练数据集来训练可靠的预报器，对这些数据进行明确注释也是新的预报器或实验检测工作的新目标[2]。

在所有的蛋白质序列中，只有大约 20% 拥有可靠的亚细胞定位注释。随着后基因时代基因产品的泛滥，可以预期新发现的蛋白质序列与它们的亚细胞定位知识之间的沟壑会继续扩大。为了及时地利用这些新发现的蛋白质序列进行基础研究或药物设计，急需一种高效的预报方法来填平这道沟壑。

13.1.1　蛋白质亚细胞定位的生物学基础及研究现状

自从 17 世纪发现细胞以后，经过 170 余年才认识到细胞是一切生物体进行生命活动的基本结构和功能单位。细胞不仅是有机体的基本结构单位，而且是有机体生长、发育、繁殖与进化的基础。根据进化程度与结构的复杂程度，可将细胞划为原核细胞（Prokaryotic）和真核细胞（Eukaryotic）两大类。它们在形态结构上存在着明显的差异，同时在一些生命活动上也存在本质性差异。原核细胞的增殖是以直接分裂为主，没有真核细胞那样明显的细胞周期各阶段；同时原核细胞的 DNA 复制、RNA 转录及蛋白质合成是同时连续进行的，而真核细胞则具有严格的阶段性、区域性的特点。从进化的角度看，真核细胞是以膜系统分化为基础，具有核质的分化。除了细胞质中各种由膜系统分隔的重要细胞器外，由于真核细胞的结构与功能的复杂化，真核细胞的遗传信息量较原核细胞大大增多。遗传信息重复序列与染色体多倍性，也是真核细胞区别于原核细胞的另一重大标志[3]。

真核细胞由膜间隔成了许多功能区，最明显的是细胞内含有由膜围成的细胞核，另外还有由膜围成的细胞器，如线粒体、叶绿体、内质网、高尔基体、溶酶体等。其中核膜、内质网、高尔基体、溶酶体等在结构上形成了一个连续的体系，称为内膜系统。内膜系统将细胞质分割成了一些区间，即所谓的分区化。分区化是细胞进化高等的特征，它使细胞的代谢活动比原核细胞大为提高。线粒体则承担了一些特殊功能，例如，氧化磷酸化作用主要集中在线粒体中进行；植物细胞的光合作用则集中在叶绿体中进行。图 13.1 显示了一个典型真核生物的亚细胞定位示意图。

图中给出了 12 类蛋白质亚细胞定位，它们的名称及功能如下。

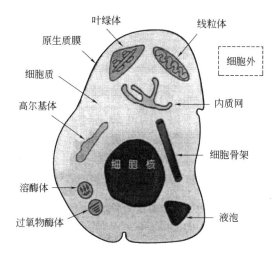

图 13.1　亚细胞定位示意图

（1）叶绿体（Chloroplast）　在植物细胞和光合真菌中的另一种能量转换细胞器。叶绿体也含有自身的 DNA，也是细胞内的一种半自主性细胞器。

（2）细胞质（Cytoplasm）　指细胞膜内除细胞核以外的成分。对于一个真核细胞来说，其细胞质又包括液态的细胞质基质，各种细胞器和各种内含物。

（3）细胞骨架（Cytoskeleton）　指真核细胞中的蛋白纤维网络体系。它不仅在维持细胞形态、承受外力、保持细胞内部结构的有序性方面起重要作用，而且还参与细胞运动、物质运输、能量转换、信息传递、细胞分裂、基因表达、细胞分化等重要的生命活动。例如，在细胞分裂中细胞骨架牵引染色体分离，在细胞物质运输中，各类小泡和细胞器可沿着细胞骨架定向转运；在肌肉细胞中，细胞骨架和它的结合蛋白组成动力系统；另外，在植物细胞中细胞骨架指导细胞壁的合成。

（4）内质网（Endoplasmic Reticulum）　绝大多数植物和动物的细胞内都有内质网，它是由膜结构连接而成的网状物，广泛地分布在细胞质基质内。内质网增大了细胞内的膜面积，膜上附着很多种酶，为细胞内各种化学反应的正常进行提供了有利条件。它在细胞中具有多种重要功能，对细胞的多种重要蛋白的合成和修饰加工，转运或输出细胞以及对几乎全部脂类的合成都起着重要作用。内质网膜是大部分细胞器以及质膜的所有跨膜蛋白及脂类合成的场所，也是蛋白质的运输通道。

（5）细胞外（Extracell）基质　是指分布于细胞外空间，由细胞分泌的蛋白和多糖所构成的网络结构。细胞外基质对细胞存活和死亡起决定性作用，细胞外基质还有决定细胞形状，控制细胞增殖和细胞分化，参与细胞迁移和促进创伤修复的作用。

（6）高尔基体（Golgi Apparatus） 它主要功能是将内质网合成的多种蛋白质进行加工、分类与包装，然后分门别类地运送到细胞特定的部位或分泌到细胞外。内质网上合成的脂类一部分也要通过高尔基体向细胞质膜和溶酶体膜等部位运输，因此可以说，高尔基体是细胞内大分子运输的一个主要的交通枢纽。此外高尔基体还是细胞内糖类合成的工厂，在细胞生命活动中起多种重要的作用。

（7）溶酶体（Lysosome） 它的基本功能是对生物大分子的强烈消化作用，是细胞内重要的消化器官。在酸性条件下，溶酶体对蛋白质、糖、中性脂质、糖脂、糖蛋白、核酸等多种物质起水解作用，这对于维持细胞的正常代谢活动及防御微生物侵染都有重要意义。

（8）线粒体（Mitochondria） 线粒体是细胞中重要和独特的细胞器，它普遍存在于真核细胞中，是进行呼吸作用的主要细胞器。在线粒体中，通过氧化磷酸化作用进行能量转换，为细胞的各项活动提供了能量。因而可以说，线粒体是细胞能量代谢的中心，是细胞内的"动力工厂"。此外，在人类细胞的死亡过程中，无论凋亡还是坏死都与线粒体有关，因此它是新药的一个主要靶体。

（9）细胞核（Nucleus） 它是细胞内最大的细胞器，载有全部基因的染色体，含有完整的遗传物质，从根本上控制着细胞的生命。它是基因复制、RNA 转录以及合成蛋白质的场所，是细胞生命活动的控制中心。

（10）过氧化物酶体（Peroxisome） 它是由单层膜围绕的、内含一种或几种氧化酶类的细胞器，是合成胆固醇和髓鞘的地方。它是一种异质性的细胞器，不同生物的细胞中，甚至单细胞生物的不同个体中所含酶的种类及其行使的功能都有所不同。

（11）原生质膜（Plasma Membrane） 又称细胞外膜，是细胞的重要组成部分，它最基本的作用是维持细胞内微环境的相对稳定，并与外界环境不断地进行物质交换，能量和信息的传递，对细胞的生存、生长、分裂、分化都至关重要，维持了正常的生命活动。此外，细胞所必需的养分的吸收和代谢产物的排出，都要通过细胞膜。所以，原生质膜的这种选择性地让某些分子进入或排出细胞的特性，叫做选择渗透性。这是细胞膜最基本的功能之一。

（12）液泡（Vacuole） 液泡是细胞质中一种泡状结构的细胞器，外有液泡膜与细胞质分开，内含水样的细胞液。植物液泡里含有多种矿物质、糖、有机酸以及其它水溶性化合物。同时还包含一些色素，如花青素。花、叶、果实的颜色，除绿色以外，其它如蓝色、红色和黄色等都由于液泡中各种高浓度色素所引起的。植物中的液泡是细胞的代谢库，起调节细胞内环境的作用，还具有压力渗透计的作用，使细胞保持膨胀状态。

研究表明，蛋白质的功能与其亚细胞位置密切相关，新合成的蛋白质必须处于合适的亚细胞定位才能正确行使其功能[4]。因此，一个蛋白质能否正确地被输送到相应的亚细胞定位对其行使功能是至关重要的。研究表明[5~7]，蛋白质输送失败是几种人类疾病产生的重要因素，如癌症和老年痴呆症（Alzheimer's Disease）。可以说，蛋白质的亚细胞定位是研究蛋白质功能的基础，蛋白质的亚细胞定位信息也是解释蛋白质功能的重要信息来源。

通常，亚细胞定位预测的理论计算方法分为如下四类。

（1）基于蛋白质氨基酸序列的预测方法　最初 Nakashima 和 Nishikawa 使用氨基酸组成成分进行亚细胞定位预测，他们指出细胞内和细胞外的蛋白质在氨基酸组成成分上有显著的不同[8]。通过判别不同蛋白质的氨基酸组成成分特征向量之间的距离大小，Cedano 等人提出了 ProtLoek 算法并对五类亚细胞定位（Extracellular，Intracellular，Integral Membrane，Anchored Membrane 和 Nuelear）进行预测[9]。Reinhardt 和 Hubbard 提出了 NNPSL 算法，使用人工神经网络的方法来预测真核生物的四类亚细胞定位（Cytoplasmic，Extracellular，Mitochondrial 和 Nuclear）和原核生物的三类亚细胞定位（Cytoplasmic，Extracellular 和 Periplasmic)[10]。随后其它几种分类算法也被应用到他们构建的数据集上，其中包括 Kohonen 自组织模型[11]和支持向量机[12]等。2004 年，Cui 等人提出了 Esub8 算法，使用两段氨基酸组成成分和支持向量机并应用到同样的数据库[13]。

近几年，随着一些反映序列次序影响的因子的引入，基于氨基酸组成成分的方法得到了进一步的发展。通过考虑序列次序影响，Chou 等人提出了基于支持向量机的方法来预测 12 类不同的亚细胞定位[14,15]。相似地，Park 和 Kanehisa 基于支持向量机提出了 PLOC 方法进行亚细胞定位预测，他们使用了氨基酸对来描述序列次序影响[16]。Huang 等人使用二肽组成成分来描述整个蛋白质序列，然后应用模糊 k 近邻算法对 11 类不同的亚细胞定位进行了预测[17]。Yu 等人提出了基于变长多肽组成成分的 CELLO 方法成功地预测革兰阴性菌的五类亚细胞定位（Cytoplasm，Inner Membrane，Periplasm，Outer Membrane 和 Extracellular Space)[18]。Andrade 等人首先提出将氨基酸组成成分与结构信息相结合，他们使用已知结构的真核生物蛋白质的表面成分来区分三类蛋白质亚细胞定位（Nuclear，Extracellular 和 Cytoplasmic Proteins)[19]。此外，近两年涌现出了各式各样的序列次序影响因子来改进亚细胞定位预测[20~23]。

（2）基于已知导向序列（Targeting Sequence）的预测方法　基于 N 端导向序列的最复杂的方法是 TargetP[24]，它能够预测叶绿体（Chloroplast）、线粒体（Mitochondria）的分泌途径（Secretory Pathway）。2006 年，Petsalaki 等人提出

了 PredSL 算法来预测叶绿体、类囊体（Thylakoid）、线粒体的分泌途径，该算法使用了神经网络和隐马尔科夫模型。

（3）基于同源性或 Motif 的预测方法　Marcotte 等人通过构建蛋白质的演化发展图（Phylogenetie Profiles）来预测亚细胞定位[25]。Mott 等人使用 SMART Domains 来预测三类亚细胞定位（Cytoplasmic、Secreted 和 Nuclear)[26]。Cokol 等人提出了 predictNLS 算法，专门对核液蛋白进行识别[27]。Cai 和 Chou 使用功能域成分（Functional Domains Composition）和最近邻算法对 Reinhardt 和 Hubbard 的数据集进行了定位预测[28]。Lu 等人基于 SWISS-PROT 关键词和同源蛋白注释提出了 Proteome Analyst 算法[29]，该方法与 Nair 和 Rost 提出的 LOCkey[30] 和 LOCho[31]算法有些相似。Scott 等人提出了 PSLT 算法，并使用贝叶斯网络和 InterPro Motifs 来预测 10 种亚细胞定位[32]。

（4）组合方法　1992 年提出的 PSORT 算法是最早的亚细胞定位预测算法之一[33]。PSORT 使用了氨基酸组成成分，N 端导向序列信息和 Motifs，因此可认为是一种组合方法。该方法使用了一整套基于知识的"If-Then"规则，能够分别预测动物的 14 种和植物的 17 种亚细胞定位。PSORT 的扩展算法有改进决策算法的 PSORT Ⅱ[34]和识别细菌蛋白的 PSORT-B[35]。ESLpred 系统使用 Reinhardt 和 Hubbard 的数据库开发而成，是一种基于支持向量机的算法，它结合了二肽组成成分和 PSI-BLAST 得分[36]。Drawid 和 Gerstein 将序列 Motifs 信息、全局的序列特征（如等电位点和表面成分）和 mRNA 表达级结合起来，使用贝叶斯预测模型来预测亚细胞定位[37]。Guda 等人基于 Pfam Domains[38]和氨基酸组成成分提出了一种专门预测线粒体蛋白的 MITOPRED 算法[39]。2006 年 Hoglund 等人提出了 MultiLoc 算法对 11 类亚细胞定位进行预测，该算法基于支持向量机分类器，结合使用了导向序列，序列 Motifs 和氨基酸组成成分[40]。

利用计算方法来预测蛋白质亚细胞定位属于统计模式识别中的模式分类问题。一般来说，蛋白质亚细胞定位预测与常见的分类问题相同，总的来说按执行顺序可分为四个步骤。①数据集的构建，即建立一个客观的有代表性的数据集以获得每一类亚细胞定位的特征信息；②蛋白质序列的特征表达/序列编码，即如何从蛋白质一级序列（字母序列）中提取特征参数，实现字母序列到数值特征的转换；③预测模型（分类系统）的设计，即如何根据提取的特征参数，设计有效的分类或识别模型；④预测结果的评估，即预测模型的测试与检验以及预测结果性能的评估。

13.1.2　蛋白质亚细胞定位数据集以及特征参数的提取

作者近年开展了集成学习方法预测蛋白质亚细胞定位的工作，数据集的来源是

SWISS-PROT 数据库。SWISS-PROT 数据库是目前注释最为详尽的数据库[41]，由瑞士日内瓦大学（Genevese University）和欧洲分子生物学实验室（European Molecular Biology Laboratory，EMBL）合作创建，目前由瑞士生物信息学研究所（Swiss Bioinformatics Institute，SBI）和欧洲生物信息学研究所（European Bioin-formatics Institute，EBI）共同维护。SWISS-PROT 数据库的特点是给蛋白质序列以详细的数据注释信息，包括基因名称、物种来源、分类学位置、蛋白质功能说明、结构域、翻译后修饰、突变体、与其它数据库的链接、关键词、特征表等信息。而由核酸序列翻译得到的蛋白质序列则收集在 SWISS-PROT 下的 TrEMBL 数据库中。

本工作采用的数据集取自 Chou 等人发表的文献[42]，所有数据从 SWISS-PROT 数据库中挑选出来，并经过去冗余操作构建而成。数据集中的亚细胞定位分为十二类：① 叶绿体（Chloroplast）；② 细胞质（Cytoplasm）；③ 细胞骨架（Cytoskeleton）；④ 内质网（Endoplasmic Reticulum）；⑤ 细胞外（Extracell）；⑥ 高尔基体（Golgi Apparatus）；⑦ 溶酶体（Lysosome）；⑧ 线粒体（Mitochondria）；⑨ 细胞核（Nucleus）；⑩ 过氧化物酶体（Peroxisome）；⑪ 原生质膜（Plasma Membrane）；⑫ 液泡（Vacuole）。这样的分类几乎覆盖了所有的动物和植物细胞中的细胞器。详细信息见表 13.1。

表 13.1 数据集详细信息

亚细胞定位类别	训练集每类样本数目	测试集每类样本数目
叶绿体（Chloroplast）	154	119
细胞质（Cytoplasm）	592	786
细胞骨架（Cytoskeleton）	37	19
内质网（Endoplasmic Reticulum）	53	108
细胞外（Extracell）	230	101
高尔基体（Golgi Apparatus）	26	4
溶酶体（Lysosome）	38	31
线粒体（Mitochondria）	86	165
细胞核（Nucleus）	288	431
过氧化物酶体（Peroxisome）	32	24
原生质膜（Plasma Membrane）	758	803
液泡（Vacuole）	25	7
总计（Total）	2319	2598

目前，基于氨基酸序列特征表达方法主要有三类：序列氨基酸组成成分及其扩展方法、基于残基物理化学特性的方法和这两者的组合方法。本文工作采用的是氨基酸组成成分方法。下面对此方法进行详细介绍。

给定出一个有 L 条氨基酸残基的蛋白质序列 P，

$$P = R_1 R_2 R_3 R_4 \cdots R_L \tag{13.1}$$

其中，R_1 代表蛋白质序列 P 中的第一个残基，R_2 代表第二个残基，R_L 代表第 L 个残基。在氨基酸组成成分离散模型中，P 可以用下式来表达，

$$P = [f_1 f_2 \cdots f_{20}]^T \tag{13.2}$$

其中，$f_u(u=1, 2, 3, \cdots, 20)$ 是 20 个氨基酸在蛋白质序列 P 中标准化的出现概率，它可以用下式来表达，

$$f_u = \frac{count(u)}{L} \times \alpha \tag{13.3}$$

式中，$count(u)$ 表示蛋白质序列 P 中氨基酸 u 出现的次数；α 为标准化因子。

13.1.3 亚细胞定位预测中模型参数的选择与模型的验证

(1) 模型参数的选择 预报模型的好坏不仅与所选用的建模方法密切相关，还在很大程度上受到建模方法参数的影响。为了获得最佳预报模型，本工作采用集成学习算法 Bagging 与 AdaBoost 算法来训练预报模型，以建立模型的交叉验证预报正确率（Correct Rate）作为模型预报能力优劣的判据，并据此调节建模参数。本工作还用 SVM 算法来训练预报模型，与集成学习算法进行比较。

在 Bagging 与 AdaBoost 算法中，使用四种算法作为弱分类器算法：C4.5 决策树算法，随机决策树算法（Random Tree），随机森林算法（Random Forest）和最近邻算法（KNN）。在 Bagging 与 AdaBoost 算法中，除了弱分类器本身参数，对模型预报准确率影响有着至关重要作用的还有两个参数，迭代次数 L 与权重系数 P （%）。使用不同弱分类器训练预报模型时，分类器及集成学习算法的建模参数和计算参数需要进行优化，根据预报模型的交叉验证预报正确率（Correct Rate），最终得到的预报模型见表 13.2。

表 13.2 预报模型信息

建模方法		建模参数	交叉验证法预报正确率
Bagging	C4.5	$L=30, P=92, C=0.20$	72.53%
	随机森林	$L=26, P=100$	73.61%
	最近邻	$L=28, P=91$	74.21%
AdaBoost	C4.5	$L=30, P=95, C=0.23$	76.15%
	随机森林	$L=28, P=92$	76.24%
	最近邻	$L=28, P=91$	74.21%
SVM		$C=50, epsilon=0.12, gamma=1.1$	76.46%

由上可见，在本工作中 AdaBoost 的建模预报能力比 Bagging 略强，基本与 SVM 持平。

（2）预报模型验证　建立预报模型的最终目的是为了对未知样本进行预报，所以有必要用独立测试样本集对预报模型进行检测。本文工作用一个包含 2598 个样本集的数据作为测试样本集。结果见表 13.3。

表 13.3　预报模型在交叉验证与独立测试样本集验证中的预报正确率比较

建模方法		交叉验证法预报正确率	独立测试集预报正确率
Bagging	C4.5	72.53%	76.56%
	随机森林	73.61%	78.98%
	最近邻	74.21%	80.90%
AdaBoost	C4.5	76.15%	79.25%
	随机森林	76.24%	80.75%
	最近邻	74.21%	77.56%
SVM		76.46%	76.98%

13.1.4　分析与讨论

在集成学习算法中，对预报模型预报准确率影响最大的是训练的迭代次数 L。一般随着 L 的增加，预报正确率会逐渐上升，到了一定预报正确率后，随着 L 的增加，很难再有所提高了。而且迭代次数的增加，也使训练模型的时间急剧增加，所以一般而言，迭代次数选择不超过 30 次。

集成学习算法的一个很重要作用就是解决训练模型的过拟合问题。通过预测蛋白质亚细胞定位可以看到，不论是 Bagging 算法还是 AdaBoost 算法所训练的模型都具有很强的外推能力，它们的独立测试集验证结果比交叉验证结果还要稍微好一点，同时交叉验证预报正确率高的模型，在独立测试集验证中预报正确率也更高。与之形成对比的 SVM 的交叉验证结果比 AdaBoost 与 Bagging 算法稍好，具有最高的交叉验证预报正确率 76.46%，而 AdaBoost 与 Bagging 的最高交叉验证正确率分别为 76.24%、74.21%；SVM 的独立测试集验证预报正确率为 76.98%，而此时的 AdaBoost 与 Bagging 的最高预报正确率分别为 80.75%、80.90%。基于集成算法建立的预报模型明显要比前人工作有了较大的进步。

13.2　蛋白质结构类型的集成学习方法预测

13.2.1　蛋白质结构类型简介及研究现状

蛋白质在细胞中首先以氨基酸单链（Amino Acid Chain）的形式出现，称为蛋白质的一级结构（Protein Structure）。一级结构经过折叠，会形成更为复杂的结构分级层次：二级、三级、四级结构[43]。Levitt 和 Chohtai 根据当时已知的 31 种球蛋白质晶体 X 射线衍射所测定的三级结构，引入了蛋白质结构类型的概念[44]，根据这样一个概念，蛋白质可分为 4 种类型：α 型、β 型、α/β 型和 α＋β 型（见图13.2）。

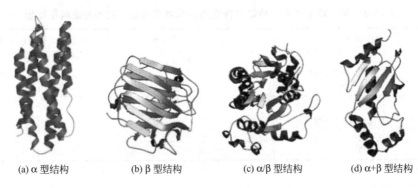

(a) α 型结构   (b) β 型结构   (c) α/β 型结构   (d) α＋β 型结构

图 13.2　蛋白质结构类型分类图[45]

（1）α 型结构（αStructure）　这类蛋白质主要由 α 螺旋组成，其 α 螺旋含量一般在 60％以上，有的高达 80％。α 螺旋在这类蛋白质中大多以反平行方式排布和堆积，所以又称反平行 α 结构。按照 α 螺旋排布的不同拓扑学特征，又可分为一些亚组。肌红蛋白、血红蛋白、烟草花叶外壳蛋白、细胞色素 b₅ 等均属于此类结构。

（2）β 型结构（βStructure）　此类结构主要由逆平行 β 层构成。β 型结构在大小和组织上都有很大的变异范围，但在大多数情况下反平行 β 层都缠绕成一柱状或圆筒状，其缠绕方式可以是链间的顺序连接，也可以是链间的跨接。丝氨酸属水解酶、免疫球蛋白 A、一些球状 RNA 病毒的外壳蛋白等均属此类结构。

（3）α/β 型结构（α/βStructure）　这是已知数量最多的一类结构，它由平行的或混合型的 β 层被 α 螺旋包绕构成。在这类结构中 β 层和 α 螺旋内部各股链主要以平行方式排布，所以也称平行 α/β 型。当然，其中 α 螺旋与相邻 β 链彼此是反平行的。多数情况下，一个 5～9 条链组成的平行 β 层在中央，两侧是 α 螺旋，形成三层式结构。依据 β 链组成方式的不同，它们呈现出许多不同类型。丙糖磷酸异构酶、醛缩酶、乳酸脱氢酶、醇脱氢酶、磷酸甘油酸激酶等均属于此类结构。

（4）α＋β 型结构（α＋βStructure）　这种结构中既含有 α 螺旋又含 β 层结构，但 α 螺旋与 β 层在空间上彼此不混杂，分别处于分子的不同部位，有时 α 螺旋和 β 层分别形成两个结构域。已知这类结构的数量不多，因此有时将它们按 α 螺旋或 β 层部分的组织特征分别划入以上三种类型中。溶菌酶、嗜热菌蛋白酶、核酸酶等均属于此类结构。

如何从蛋白质序列中合理地提取相关信息，对蛋白质进行编码，在蛋白质结构类型预测中是一个重要问题，也是当前研究的热点。早期主要有最小 Hamming 距离和最小 Euclidean 距离等距离判别方法，这类方法具有简单、直观的优点，但性能比较差。后来发展了最大组分系数方法、奇异值分解、加权方法、最小相关角方法和模糊集方法等，针对相同的数据集，分类精度有所提高，但并不是十分显著。Mahalanobis 距离的引入使分类精度得到了显著的提高，这主要是因为 Mahalanobis 距离考虑了氨基酸组成中各组分之间的耦合作用。此外，人工神经网络、支持向量机等模式识别方法也曾为不同研究者引入，这类算法的预测效果较好，但计算比较复杂，且它们的设计和训练过程与具体的数据集有关系。近年来人们在氨基酸组成的基础上又引入了有监督的模糊分类器、LogitBoost 分类器等方法，都取得了较好的结果[46~55]。

13.2.2 数据集以及特征参数的提取

对于全面正确地评价模型的预测精确度，数据集的选择是一个比较重要的问题，需要机器学习领域和生物学领域的知识。所选择的数据集要能真实反映数据分布情况或包含的信息，否则就会导致训练的分类模式不均衡。本文所使用的蛋白质结构数据是 Zhou 从 SCOP 数据库中选取建立的两个数据集，这些数据集被后续的研究者广泛采用[47~52]。这两个数据集分别含有 498 个样本和 277 个样本。为了便于研究，我们把含有 498 个样本的数据集命名为一号样本集；把含有 277 个样本的命名为二号样本集。下面将就基于这两个样本集的 AdaBoost 建模预报展开讨论。

目前，基于氨基酸序列特征表达方法主要有三类：序列氨基酸组成及其扩展方法、基于残基物理化学特性的方法和这两者的组合方法，本节工作采用的是氨基酸组成方法，具体算法参见 13.1.2。

13.2.3 预测蛋白质结构类型时的模型参数选择与模型验证

首先，我们使用 AdaBoost 算法对 1 号样本集进行建模预测。由于 AdaBoost 算法可以和多种其它算法结合使用，因此选择何种弱学习算法作为基本分类器是首先要考虑到的。预报模型的好坏不仅与所选用的基本分类器密切相关，还在很大程度上受到相关参数的影响。因此，我们使用 C4.5，RandomTree，Random Forest 三种决策树以及最近邻方法（KNN）作为候选基本分类器，使用 10 组交叉验证（10-folds Cross Validation，10-CV）预报准确率（Prediction Accuracy）作为模型预报能力优劣的判据，并据此调节建模参数。具体而言，我们对 AdaBoost 参数 I

（迭代次数），P（阈值）以及基本分类器的相关参数进行考察，计算不同取值下的预报准确率。

AdaBoost 算法用 C4.5 决策树作为基本分类器（弱分类器）训练预报模型时，模型的预报准确率（Prediction Accuracy）随 C 和 I 的增加而上升，特别是在 $I >$ 25，$C > 0.2$，$P > 96$ 区域，预报准确率比较高（见图 13.3）。

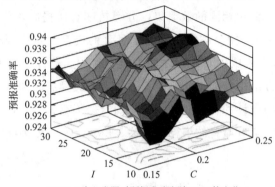

(a) C4.5 为分类器时预报准确率随 I、C 的变化

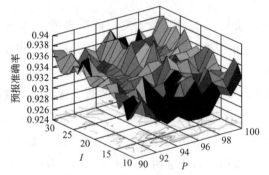

(b) C4.5 为分类器时预报准确率随 I、P 的变化

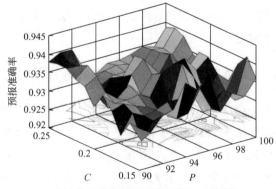

(c) C4.5 为分类器时预报准确率随 P、C 的变化

图 13.3　用 C4.5 决策树作为基本
分类器训练预报模型（1 号样本集）

AdaBoost 算法用 RandomTree 作为基本分类器训练预报模型时，模型预报准确率（Prediction Accuracy）在 $P<98$ 时保持平衡，当 $P>98$ 时，反而呈下降趋势（见图 13.4），因此在 $P<98$ 时，选择参数比较合适。

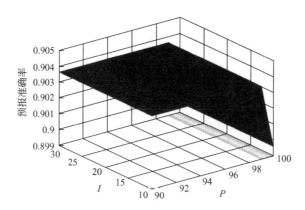

图 13.4　随机树为分类器时预报准确率随 P、I 的变化

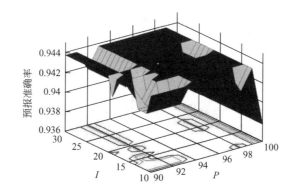

图 13.5　随机森林为分类器时预报准确率随 P、I 的变化

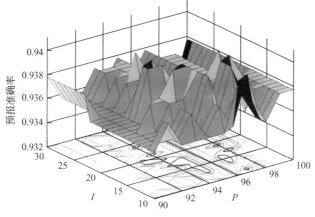

图 13.6　KNN 为分类器时预报准确率随 P、I 的变化

AdaBoost 算法用 RandomForest 作为基本分类器训练预报模型时，模型的预报准确率（Prediction Accuracy）随 P 和 I 的增加逐渐上升，但在 $P>98$ 时，会有所下降（见图 13.5）。AdaBoost 算法用最近邻（KNN）作为基本分类器训练预报模型时，模型的预报准确率（Prediction Accuracy）随 I 和 P 的增加而逐步上升，在此过程中部分区域的预报准确率会产生波动（见图 13.6）。

从以上几张图可以看出，当选用 RandomForest 为基本分类器时，AdaBoost

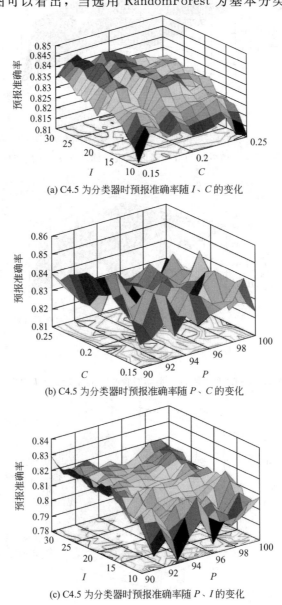

(a) C4.5 为分类器时预报准确率随 I、C 的变化

(b) C4.5 为分类器时预报准确率随 P、C 的变化

(c) C4.5 为分类器时预报准确率随 P、I 的变化

图 13.7　用 C4.5 决策树作为基本分类器训练预报模型（2 号样本集）

模型的预报准确率要优于其它三种基本分类。然而，对于 2 号样本集，是否结果相同呢？带着这个问题，我们又使用相同的策略，对二号样本集进行研究（见图 13.7～图 13.10）。

AdaBoost 算法用 C4.5 决策树作为基本分类器训练模型时，模型的预报准确率（Prediction Accuracy）随 I 和 C 的增加而上升（见图 13.7）。

AdaBoost 算法用 RandomTree 作为基本分类器训练预报模型时，模型的预报准确率（Prediction Accuracy）在 $P>98$ 时呈明显上升趋势（见图 13.8）。

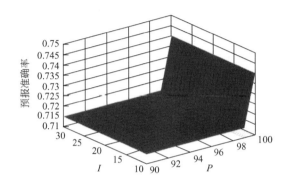

图 13.8　随机树为分类器时预报准确率随 P、I 的变化

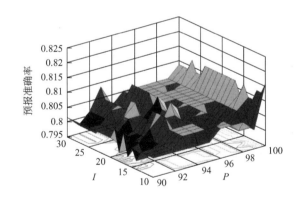

图 13.9　随机森林为分类器时预报准确率随 P、I 的变化

AdaBoost 算法用 RandomForest 作为基本分类器训练预报模型时，模型的预报准确率（Prediction Accuracy）总体上随 I 和 P 的增加增长，但部分区域产生波动（见图 13.9）。AdaBoost 算法用最近邻（KNN）作为基本分类器训练预报模型时，模型的预报准确率（Prediction Accuracy）随 I 的增加上升，但随着 P 的上升，I 的影响逐渐下降（见图 13.10）。

从图 13.7～图 13.10 中可以发现，使用 RandomForest 作为基本分类器时，其预报准确率同样是最高的，这与 1 号样本集的计算结果是一致的。根据以上计算，

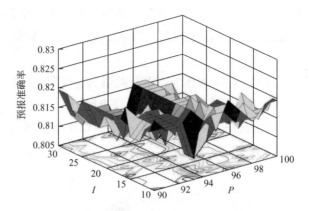

图 13.10　KNN 为分类器的 *P*、*I* 与预报准确率

我们把使用不同基本分类器对 1 号样本集和 2 号样本集建模时所得到的 10-CV 最高预报准确率列于表 13.4。从表 13.4 中，我们可以看到 RandomForest 作为基本分类器时，在两个数据集中都显示出了良好的预报性能，预报准确率均要高于其它三种弱学习算法。

表 13.4　AdaBoost 模型使用不同基本分类器的蛋白质结构类型 10-CV 预报准确率

数据集	基本分类器	各类预报准确率/%				总预报准确率/%
		all-α	all-β	α/β	α+β	
1	C4.5	89.7	95.2	95.6	90.7	92.63
	随机树	86	95.2	96.3	92.2	92.77
	随机森林	95.3	96.0	98.5	92.2	94.98
	最近邻	88	96	97.1	91.5	93.56
2	C4.5	78.5	85.2	92.6	73.8	83.00
	随机树	65.7	72.1	87.7	67.7	74.12
	随机森林	84.3	88.5	93.8	72.3	85.40
	最近邻	77.1	82	91.4	73.8	81.59

13.2.4　分析与讨论

13.2.4.1　AdaBoost 算法与其它算法预报性能的比较

为进一步研究基于 AdaBoost 算法的蛋白质结构类型预测模型的可靠性，基于相同数据集，我们把 AdaBoost 算法同几种常用的机器学习方法（包括 ANN、Component Coupled 和 SVM 法）的计算结果进行了比较，重点考察各种模型对蛋白质结构类型的预测结果。ANN、Component Coupled 和 SVM 法的计算结果采自文献。由于文献中的计算均采用了留一法，为了进行公平的比较，我们同样采用留一法的计算结果来评估 AdaBoost 算法的预报性能（见表 13.5）。可从表中看出，AdaBoost 算法对蛋白质结构类型的预测准确率优于 ANN、Component Coupled 和

SVM 算法，因而可以认为在对蛋白质结构类型预测问题中，AdaBoost 模型表现出更为优良和稳定的预测性能。

表 13.5 不同算法对蛋白质结构类型的留一法预测结果比较

样本集	算法	各类预报准确率/%				总预报准确率/%
		all-α	all-β	α/β	α+β	
1	Component Coupled	93.5	88.9	90.4	84.5	89.2
	Neural Networks	86.0	96.0	88.2	86.0	89.2
	SVMs	88.8	95.2	96.3	91.5	93.2
	AdaBoost Algorithm	96.26	92.06	98.53	89.92	94.18
2	Component Coupled	84.3	82.0	81.5	67.7	79.1
	Neural Networks	68.6	85.2	86.4	56.9	74.7
	SVMs	74.3	82.0	87.7	72.3	79.4
	AdaBoost	84.3	88.5	93.8	72.3	85.4

13.2.4.2 AdaBoost 算法中参数的选择

在集成学习算法中，模型的预报能力与所选用的基本分类器有关，选择合适的基本分类器可以得到满意的预报结果。但是，由于这些基本分类器操作过程的解释性很差，对于基本分类器的选择没有确定的规则可依。在实际应用中，就需要操作者根据自己的经验进行选择。另外，参数的选择对于模型的预报能力影响也很大，选择不同的参数，最终的结果可能会有很大的区别，具有很大的不稳定性。其中，对模型预报准确率影响最大的是训练迭代次数 I。一般的机器学习方法随着 I 的增加，预报准确率会上升，但是上升到了一定程度后，则很难再有所提高，甚至会下降，同时还会产生过拟合现象；然而与之不同的是 Adaboost 算法在提高迭代次数后，其预报能力会继续上升，且有效地避免了过拟合的问题，这在机器学习领域是一个令人欣喜的重大突破。令人遗憾的是当迭代次数增加时，也会使计算的工作量急剧增加，所消耗的时间呈指数上升，所以在现实应用中，受到计算机性能的影响，我们无法做到为了提高预报准确率而无限制地提高迭代次数。其它参数对预报能力的影响则没有显示出明显的规律，因此需要我们凭借经验或者通过大量的计算来取得局部最优的预报准确率。

13.3　膜蛋白类型的集成学习方法预测

13.3.1　膜蛋白简介及计算预测研究现状

细胞是生命的基本结构与功能单位。细胞的外周膜（质膜）与细胞内的膜系统

（如线粒体膜、叶绿体膜、内质网膜、高尔基体模、核膜等）统称为生物膜。细胞的能量转换、信息识别与传递、物质运送等基本生命过程都与生物膜密切相关。生物膜是由脂类、蛋白质以及糖等组成的超分子体系，但各种生物膜的组分存在着一定的差异[56]。膜蛋白是生物膜功能的主要体现者，近年来的研究还表明，膜脂除了具有对膜结构的支撑作用外，它们还与信号传导等功能有密切的联系。膜蛋白具有的生理功能包括[57~59]：①选择性离子通透；②能量转换；③响应细胞膜一侧的信号，将其传递到膜的另一侧；④形成可溶性代谢物（葡萄糖和氨基酸）的跨膜转运系统；⑤通过与细胞骨架中的非膜结合大分子以及胞外基质的相互作用来调节细胞的形态结构。

根据蛋白质与细胞膜结合的紧密程度，膜蛋白可以被分为两大类：外周膜蛋白（Extrinsic or Peripheral Membrane Protein）和内在膜蛋白（Intrinsic or Integral Membrane Protein）。外周膜蛋白与膜的连接比较松散，用高离子强度或高 pH 溶液很容易将其从膜上洗脱，而内在膜蛋白与脂双层的疏水核心紧密相连，只有用能破坏膜结构的有机溶剂或去污剂才能将内在膜蛋白从脂双层中分离出来。由于可得到的外围膜蛋白序列较少，我们将主要研究内在膜蛋白。一般内在膜蛋白可以分为以下五类（见图 13.11[60]）。

① Type I 膜蛋白　N 末端在细胞外，C 末端在细胞质内，只含有一段 A 螺旋构成的跨膜区，见图 13.11（a）。

② Type Ⅱ 膜蛋白　和①方向正好相反，C 末端在细胞外，N 末端在细胞质内，但也只含有一段跨膜区，见图 13.11（b）。

③ Multipass 膜蛋白　具有多个跨膜区，这些跨膜区域是氨基酸的强疏水性与脂质双层结合的结果，见图 13.11（c）。

④ Lipid-chain anchored 膜蛋白，通过脂质锚链与脂质双层相结合，见图

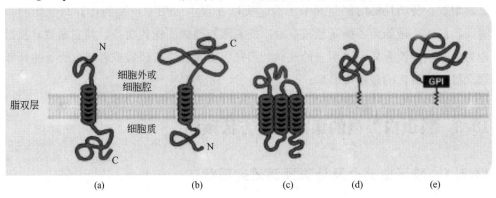

图 13.11　膜蛋白类型示意图

13.11 (d)。

⑤ GPI-anchored 膜蛋白，通过甘(氨酰)甘(氨酸)二肽酶与脂双层相结合，见图 13.11 (e)。

膜蛋白与生物膜的稳定构象非常不利于用 X 光晶体衍射方法和核磁共振技术测定其三维结构，目前仅有少数膜蛋白的结构已知。因此，在膜蛋白结构与功能研究领域中，膜蛋白类型预测是一项重要的基础性研究，设计准确、高效的预测膜蛋白结构的方法成为生物信息学中重要的研究课题。

目前预测膜蛋白类型的计算方法主要基于统计学方法，即从已知类型的膜蛋白中提取各种统计信息，由于它在应用方面简单方便，因而被生化学家们广泛采用。此外用统计学方法预测的结果，虽有些粗糙但至少可以缩小研究范围。在近十年内用统计学方法对膜蛋白分类预测已经变得相当热了，不少研究表明蛋白质的特性与其氨基酸组成密切相关[60,61]。针对膜蛋白类型预测，许多学者提出了很多理论算法，如 Chou 和 Elrod 基于氨基酸序列组成及伪序列顺序的协方差鉴别算法[62,63]，又如 Zhou 基于 Mahalanobis 距离和 Chou's 恒定性法则建立协方差判别函数法[64~66]。除此之外，还有 Cai 等使用人工神经网络方法预测膜蛋白类型[67]。此外，包括判别式分析算法、最优化方法[68]、带权重的欧氏距离算法[69]、模糊聚类算法[70]、马氏距离判据[66]和支持向量机算法[54,71]等都已用于蛋白质结构类预测或亚细胞定位的算法[22,23,72~106]，同样是基于氨基酸组分含量或伪氨基酸组分含量，因此这些方法亦可适用于膜蛋白类型预测。

13.3.2 膜蛋白预测的数据集以及特征参数的提取

为了保证预测算法能获得良好的预测效果，对于算法中所用到的数据集，选取的要求通常是十分严格的，尽量使得样本数据的特征具有明显的可区分性，便于进行分类预测。为了能获得较满意的膜蛋白序列数据集，从海量的生物数据库中选取数据必须遵循三个标准。①膜蛋白注释清晰。所选取的膜蛋白序列应属于这五种类型的膜蛋白之一，不存在超越这五种类型之外的情况，即这些膜蛋白类型或功能已被生物学家研究得十分清楚，并且作了很好的注释而被递交到公共数据库中，通过这些详细的注释信息，我们就能获取满足我们需要的膜蛋白。②来自某一种物种。在公共蛋白质序列数据库中，由于生物学家研究的领域不同，造成了有一些膜蛋白具有相同的名称的情况，但是通过数据中注释信息可发现它们来源于不同的物种，这时只能选择某一物种中具有相同名称的膜蛋白。③注释唯一。所选取的膜蛋白类型注释必须是唯一的，不存在一个膜蛋白同时隶属于多种类型的情况，也即对于膜蛋白类型预测来讲，所选取的膜蛋白只能是五种类型之一，不存在一个膜蛋白同属于两种类型以上的情况。

本章节中所用到的膜蛋白序列数据取自 Chou 和 Elrod 的研究[64]，经去冗余操作，最后得到 2060 个膜蛋白样本。我们将该数据集随机分为训练集和独立测试集（详细信息见表 13.6），膜蛋白的编码采用氨基酸组成方法，算法详见本章 13.1.2。

表 13.6 各类膜蛋白在训练集和测试集中的统计分布

膜蛋白类别	训练集每类样本数目	测试集每类样本数目
Type Ⅰ	324	112
Type Ⅱ	117	35
Multipass	991	320
Lipid-chain anchored	38	13
GPI-anchored	75	35
总计（Total）	1575	515

13.3.3 预测膜蛋白质类型的模型参数选择与模型验证

Bagging 算法和 AdaBoost 算法一样，可以和多种其它弱学习算法结合使用，所以对基本分类器的选择也是首先要考虑的。此外，Bagging 算法预报模型的好坏不仅与所选用的基本分类器密切相关，还在很大程度上受到所选基本分类器相关参数的影响，因此，我们同样需要对参数进行调节。本文中，我们使用 C4.5、RandomTree、RandomForest 三种决策树以及 KNN 作为候选基本分类器，使用 10-CV 预报准确率作为模型预报能力优劣的判据，并据此调节建模参数。Bagging 算法中，我们对其参数 I（迭代次数），P（Bag 比例）以及基本分类器的相关参数进行考察，计算不同取值下的预报准确率。

当 Bagging 算法用 C4.5 决策树作为基本分类器训练预报模型时，我们对 Bagging 的参数 I（迭代次数）、P（Bag 比例）和 C4.5 阈值（C）的变化范围进行了考察（见图 13.12）。结果表明，模型的预报准确率随建模参数 C 和 I 的增大而上升。

图 13.13 为 Bagging 算法用 RandomTree 作为基本分类器训练预报模型时，预报模型的预报准确率与 I 和 P 的关系图，图中预报准确率和 I 有着正关系，随着 I 的增长变化而改变。Bagging 算法用随机森林（RandomForest）作为基本分类器训练预报模型时，预报模型的预报准确率随着 P 和 I 的上升而缓慢增长（见图 13.14）。

Bagging 算法用最近邻（KNN）作为基本分类器训练预报模型时，预报模型的预报准确率随迭代次数 I 的增加而增加，图 13.15 中局部区域的趋势面不是很平

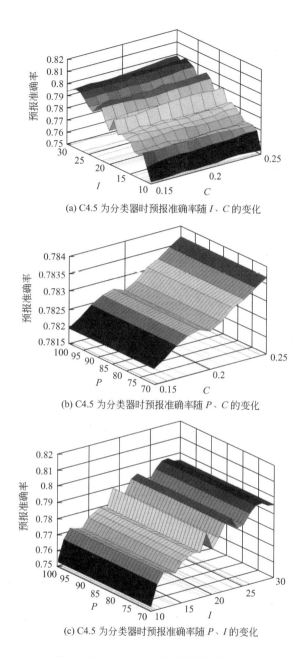

(a) C4.5 为分类器时预报准确率随 I、C 的变化

(b) C4.5 为分类器时预报准确率随 P、C 的变化

(c) C4.5 为分类器时预报准确率随 P、I 的变化

图 13.12 C4.5 为分类器训练预报模型

滑，说明预报准确率对参数的敏感性很强。

　　根据以上计算，我们把使用不同基本分类器建模时所得到的 10-CV 的最高预报准确率列于表 13.7。从表中可以发现，当使用 KNN 和 RandomForest 作为基本分类器时，其预报准确率要高于其它两个弱学习算法。但是四种弱学习算法的预报

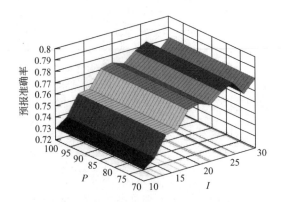

图 13.13　随机树为分类器时预报准确率随 P、I 的变化

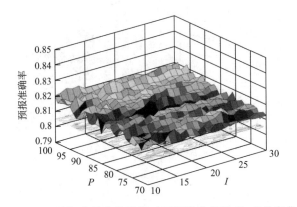

图 13.14　随机森林为分类器时预报准确率随 P、I 的变化

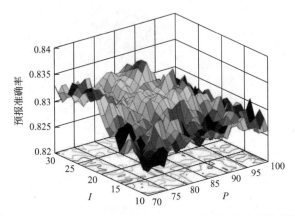

图 13.15　KNN 为基本分类器时 P、I 与预报准确率关系图

结果总体而言都比较接近，仅从总预报准确率来看，选用 KNN 作为 Bagging 最终的基本分类器进行建模会好一些。此外，考虑到对于 type Ⅱ 和 GPI-anchored 两类的预报，显然 RandomForest 都要劣于 KNN；尤其是 type Ⅱ 的预报准确率只有 6％，因此我们选择 KNN 作为基本分类器。

表 13.7 使用不同基本分类器的最优预报结果

基本分类器	各类预报准确率/%					总预报准确率/%
	type Ⅰ	type Ⅱ	Multipass	Lipid-chain anchored	GPI-anchored	
随机森林	79.3	6	96	44.7	36	82.46
随机树	71.9	11.1	94.5	39.5	24	78.63
C4.5	74.1	21.4	92.9	47.4	37.3	79.69
最近邻	74.7	37.6	94.1	55.3	64	83.37

所建立的数学模型虽然通过交叉验证方法得到了较好的预报准确率，但依旧有必要用独立测试样本集对预报模型进行评估，进而确定最终的 Bagging 模型。我们使用独立测试集对以 RandomForest、RandomTree、C4.5 和 KNN 为基本分类器时所建立 Bagging 模型进行评估，计算所得到的预报结果列于表 13.8。从表中我们可以发现，当使用 KNN 算法作为 Bagging 的基本分类器时，其总预报性能是最好的，而且 type Ⅱ 和 GPI-anchored 的预报准确率也是最高的，这与交叉验证的计算结果保持一致。

表 13.8 独立测试样本集预报准确率比较

基本分类器	各类预报准确率/%					总预报准确率/%
	type Ⅰ	type Ⅱ	Multipass	Lipid-chain anchored	GPI-anchored	
随机森林	80.4	20	98.8	23.1	20	80.75
随机树	70.5	11.4	96.6	30.8	28.6	78.83
C4.5	75.9	17.1	95.9	30.8	28.6	80
最近邻	78.6	42.9	95.3	30.8	42.9	82.72

13.3.4 预测膜蛋白质类型的模型变量分析

13.3.4.1 氨基酸组成特征分析

氨基酸组成是经常使用的序列描述方法，统计蛋白质的氨基酸组成，可以比较直观地解释各种蛋白质使用各种氨基酸的倾向性。图 13.16 为各类膜蛋白中氨基酸组成的统计。从图中可以看出五类膜蛋白对于氨基酸残基的使用偏好性明显不同，例如 Multipass 膜蛋白、苯丙氨酸（F）、异亮氨酸（I）、亮氨酸（L）的含量明显高于其它各类膜蛋白，而天冬氨酸（D）、谷氨酸（E）、色氨酸（W）、赖氨酸（K）、脯氨酸（P）的含量又明显低于其它各类。苯丙氨酸（F）、异亮氨酸（I）、亮氨酸（L）均为非极性氨基酸，其疏水性很强。这三种氨基酸的含量高，导致膜蛋白趋于强疏水性和非极性。我们知道膜蛋白通过跨膜片段和双层间的疏水性作用与脂质双层相连。跨膜蛋白上的氨基酸侧链均为非极性，一旦产生极性侧链，必定

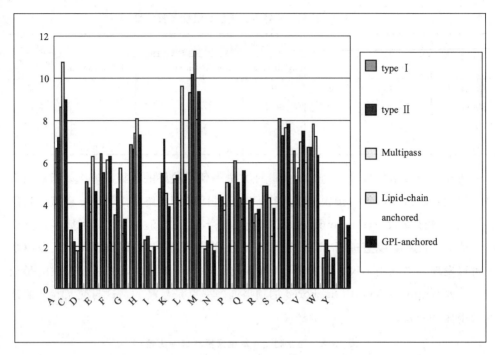

图 13.16 各类膜蛋白中的氨基酸统计

会形成氢键，从而与其非极性环境相一致。这两个特性不仅影响膜蛋白的形成过程，而且在膜蛋白与脂质双层作用时发挥了重要作用。因此，我们猜测苯丙氨酸（F）、异亮氨酸（I）、亮氨酸（L）的含量对于识别 Multipass 膜蛋白有一定作用。

13.3.4.2 与其它机器学习算法的预测性能比较

我们把使用 Bagging 算法的预报准确率与一些常见的机器学习算法（Covariant discriminant，ANN 和 SVM）进行了比较。Covariant discriminant，ANN 和 SVM 的计算结果取自己发表的文献[63,64,107,108]。为了和已发表的结果进行对照，就必须使用相同的数据集，因此我们使用本部分工作中原始数据集（即未被划分为训练和独立测试的数据集）进行自洽验证（Substitution Test）和留一法验证（Jackknife Test），结果见表 13.9 和表 13.10。

表 13.9 不同方法的自洽测试预报准确率

算 法	各类预报准确率/%					总预报准确率/%
	type Ⅰ	type Ⅱ	Multipass	Lipid-chain anchored	GPI-anchored	
Covariant discriminant	79.8	63.2	85.1	84.3	61.8	81.1
ANN	99.31	91.45	96.57	90.20	62.72	94.8
SVM	77.24	66.45	90.85	80.39	79.09	85.24
Bagging	99.4	97.4	99.9	100	97.3	99.48

表 13.10 不同方法的留一法验证预报准确率

算 法	各类预报准确率/%					总预报准确率/%
	type Ⅰ	type Ⅱ	Multipass	Lipid-chain anchored	GPI-anchored	
Covariant discriminant	74.0	52.0	83.7	49	45.4	76.4
ANN	75.63	30.92	88.86	50.98	30.91	77.76
SVM	77.7	28.3	92.5	52.9	35.5	80.9
Bagging	90.3	48	93.2	49	62.7	84.42

从表 13.9 和表 13.10 中可以看到，Bagging 算法的自洽预报准确率在 95% 以上，明显优于 Covariant discriminant、ANN 和 SVM，而留一法验证结果也取得了较高的预报准确率，其留一法总预报准确率比 Covariant discriminant 高出 8.02%，比 ANN 高出 6.66%，比 SVM 高出 3.52%。特别是对于 GPI-anchored 膜蛋白的预测，分别提高了 17.3%、31.79% 和 27.2%。由于该三类膜蛋白的预报准确率提升很多，进而使其总预报准确率得到提高。本工作中，type Ⅰ 和 Multipass 膜蛋白的预报准确率都相对比较理想，而其它类型的膜蛋白在各个算法中的预报准确率各不相同。从数据集样本分布来看，type Ⅰ 和 Multipass 膜蛋白在数据集中所占比重较其它各类要大，因此能够得到足够的训练；与之相反，其它几类膜蛋白由于样本数不多，在训练中造成欠拟合，进而导致其预报能力的下降。基于统计学理论的预测算法，对于给定数据集所得到的预测成功率才是有意义的，同样的算法应用于不同的数据集可能产生不同的预测成功率。在训练数据集不完备的情况下，超越有限训练集范围的膜蛋白将可能被错误地预测。当前基于数据库中已有蛋白质序列数据构建一个完备的训练集还不够成熟，因此提升膜蛋白类型预测成功率还有很大的空间[109,110]。

13.4 蛋白质亚细胞定位和膜蛋白类型预报的在线 Web 服务

为了使本研究所建立的蛋白质亚细胞定位和膜蛋白类型模型能够提供给其他的生物学家使用，作者将该预测模型做成 Web 在线服务的形式。我们采用目前通用性较强的 JSP 语言作为前段的实现语言，以 Windows 2003 Server 操作系统为服务器端，应用服务器采用 Tomcat，后台数据库用 MySQL，后台核心计算程序采用 JAVA 语言编写。蛋白质亚细胞定位和膜蛋白类型预报的在线网址分别为：http:// chemdata. shu. edu. cn/subcell 和 http://chemdata. shu. edu. cn/protein。现以蛋白质亚细胞定位预测为例进行说明。

输入网址进入亚细胞定位预测系统的主页面后，用户在右下角根据实际需要选择真核蛋白（Eukaryotic）或者原核蛋白（Prokaryotic）选项（见图 13.17），点击后进入真核蛋白（Eukaryotic）或者原核蛋白（Prokaryotic）的预测页面（见图 13.18）；此时用户只需输入所预测蛋白质的序列，然后点击递交（Submit）即可得到预报结果（图 13.19）。

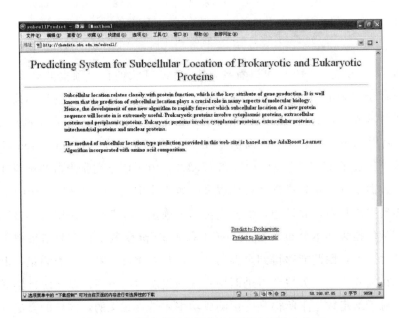

图 13.17　蛋白质亚细胞定位预测系统进入界面

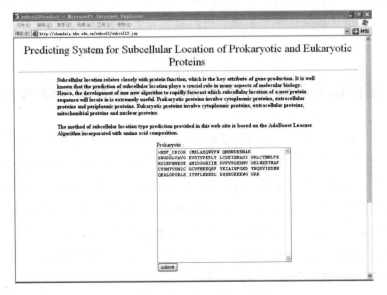

图 13.18　蛋白质序列输入界面

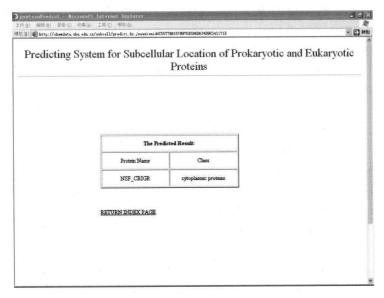

图 13.19　预报结果界面

参 考 文 献

[1]　Bannai H，et al. Extensive feature detection of N-terminal protein sorting signals. Bioinformatics，2002，18（2）：298-305.

[2]　Chou K C and Shen H B. Recent progress in protein subcellular location prediction. Analytical Biochemistry，2007，370：1-16.

[3]　韩贻仁. 分子细胞生物学. 北京：科学出版社，2002.

[4]　Fujiwara Y，Asogawa M. Prediction of subcellular localizations using amino acid composition and order. Genome informatics. International Conference on Genome Informatics，2001，12：103-12.

[5]　Hartmann T，et al. Alzheimer's disease beta A4 protein release and amyloid precursor protein sorting are regulated by alternative splicing. Journal of Biological Chemistry，1996，271（22）：13208-13214.

[6]　Shurety W，et al.，Localization and post-Golgi trafficking of tumor necrosis factor-alpha in macrophages. Journal of Interferon and Cytokine Research，2000，20（4）：427-438.

[7]　Bryant D M，Stow J L. The ins and outs of E-cadherin trafficking. Trends in Cell Biology，2004，14（8）：427-434.

[8]　Nakashima H，Nishikawa K. Discrimination of intracellular and extracellular proteins using amino acid composition and residue-pair frequencies. Journal of Molecular Biology，1994，238（1）：54-61.

[9]　Cedano J，et al，Relation between amino acid composition and cellular location of proteins. Journal of Molecular Biology，1997，266（3）：594-600.

[10]　Reinhardt A，Hubbard T. Using neural networks for prediction of the subcellular location of proteins. Nucleic Acids Research，1998，26（9）：2230-2236.

[11]　Cai Y D，Chou K C. Using neural networks for prediction of subcellular location of prokaryotic and eu-

karyotic proteins. Molecular cell biology research communications : MCBRC, 2000, 4 (3): 172-3.

[12] Hua S J, Sun Z R. Support vector machine approach for protein subcellular localization prediction. Bioinformatics, 2001, 17 (8): 721-728.

[13] Cui Q H, et al. Esub8: A novel tool to predict protein subcellular localizations in eukaryotic organisms. BMC Bioinformatics, 2004, 5.

[14] Cai Y D, et al. Support vector machines for prediction of protein subcellular location by incorporating quasi-sequence-order effect. Journal of Cellular Biochemistry, 2002, 84 (2): 343-348.

[15] Chou K C. Prediction of protein cellular attributes using pseudo-aminoacid composition. Proteins: Struct Funct. Genet, 2001, 43 (3): 246-255.

[16] Park K J, Kanehisa M. Prediction of protein subcellular locations by support vector machines using compositions of amino acids and amino acid pairs. Bioinformatics, 2003, 19 (13): 1656-1663.

[17] Huang Y, Li Y. Prediction of protein subcellular locations using fuzzy k-NN method. Bioinformatics, 2004, 20 (1): 21-28.

[18] Yu C S, Lin C J, Hwang J K. Predicting subcellular localization of proteins for Gram-negative bacteria by support vector machines based on n-peptide compositions. Protein Science, 2004, 13 (5): 1402-1406.

[19] Andrade M A, O'Donoghue S I, Rost B. Adaptation of protein surfaces to subcellular location. Journal of Molecular Biology, 1998, 276 (2): 517-525.

[20] Pan Y X, et al. Application of pseudo amino acid composition for predicting protein subcellular location: Stochastic signal processing approach. Journal of Protein Chemistry, 2003, 22 (4): 395-402.

[21] Pan Y X, et al. Predicting protein subcellular location using digital signal processing. Acta Biochimica Et Biophysica Sinica, 2005, 37 (2): 88-96.

[22] Gao Y, et al. Using pseudo amino acid composition to predict protein subcellular location: Approached with Lyapunov index, Bessel function, and Chebyshev filter. Amino Acids, 2005, 28 (4): 373-376.

[23] Liu H, et al. Using Fourier spectrum analysis and pseudo amino acid composition for prediction of membrane protein types. Protein Journal, 2005, 24 (6): 385-389.

[24] Emanuelsson O, et al. Predicting subcellular localization of proteins based on their N-terminal amino acid sequence. Journal of Molecular Biology, 2000, 300 (4): 1005-1016.

[25] Marcotte E M, et al. Localizing proteins in the cell from their phylogenetic profiles. Proceedings of the National Academy of Sciences of the United States of America, 2000, 97 (22): 12115-12120.

[26] Schultz J, et al. SMART: a web-based tool for the study of genetically mobile domains. Nucleic Acids Research, 2000, 28 (1): 231-234.

[27] Cokol M, Nair R, Rost B. Finding nuclear localization signals. Embo Reports, 2000, 1 (5): 411-415.

[28] Cai Y D, Chou K C. Nearest neighbour algorithm for predicting protein subcellular location by combining functional domain composition and pseudo-amino acid composition. Biochemical and Biophysical Research Communications, 2003, 305 (2): 407-411.

[29] Lu Z, et al. Predicting subcellular localization of proteins using machine-learned classifiers. Bioinformatics, 2004, 20 (4): 547-556.

[30] Nair R，Rost B. Inferring sub-cellular localization through automated lexical analysis. Bioinformatics (Oxford，England)，2002，18 Suppl 1：S78-86.

[31] Nair R，Rost B. Sequence conserved for subcellular localization. Protein Science，2002，11（12）：2836-2847.

[32] Scott M S，Thomas D Y，Hallett M T. Predicting subcellular localization via protein motif co-occurrence. Genome Research，2004，14（10A）：1957-1966.

[33] Nakai K，Kanehisa M. A knowledge base for predicting protein localization sites in eukaryotic cells. Genomics，1992，14（4）：897-911.

[34] Horton P，Nakai K. Better prediction of protein cellular localization sites with the k nearest neighbors classifier. Proceedings/… International Conference on Intelligent Systems for Molecular Biology；ISMB. International Conference on Intelligent Systems for Molecular Biology，1997，5：147-52.

[35] Gardy J L，et al. PSORT-B：improving protein subcellular localization prediction for Gram-negative bacteria. Nucleic Acids Research，2003，31（13）：3613-3617.

[36] Bhasin M，Raghava G P S. ESLpred：SVM-based method for subcellular localization of eukaryotic proteins using dipeptide composition and PSI-BLAST. Nucleic Acids Research，2004，32：W414-W419.

[37] Drawid A，Gerstein M. A Bayesian system integrating expression data with sequence patterns for localizing proteins：Comprehensive application to the yeast genome. Journal of Molecular Biology，2000，301（4）：1059-1075.

[38] Bateman A，et al. The Pfam protein families database. Nucleic Acids Research，2000，28（1）：263-266.

[39] Guda C，Fahy E，Subramaniam S. MITOPRED：a genome-scale method for prediction of nucleus-encoded mitochondrial proteins. Bioinformatics，2004，20（11）：1785-1794.

[40] Hoglund A，et al. MultiLoc：prediction of protein subcellular localization using N-terminal targeting sequences，sequence motifs and amino acid composition. Bioinformatics，2006，22（10）：1158-1165.

[41] Bairoch A，R Apweiler. The SWISS-PROT protein sequence database and its supplement TrEMBL in 2000. Nucleic Acids Research，2000，28（1）：45-48.

[42] Chou K C，Elrod D W. Protein subcellular location prediction. Protein Engineering，1999，12（2）：107-118.

[43] 靳利霞. 蛋白质结构预测研究.2002，大连理工大学出版社：大连.

[44] Aoyama T，Suzuki Y，Ichikawa H. Neural Networks Applied to Pharmaceutical Problems. 3. Neural Networks Applied to Quantitative Structure Activity Relationship Analysis. Journal of Medicinal Chemistry，1990，33（9）：2583-2590.

[45] Chou K C. Progress in protein structural class prediction and its impact to bioinformatics and proteomics. Current Protein & Peptide Science，2005，6（5）：423-436.

[46] Cai Y D，Li Y X，Chou K C. Using neural networks for prediction of domain structural classes. Biochimica Et Biophysica Acta-Protein Structure and Molecular Enzymology，2000，1476（1）：1-2.

[47] Cai Y D，Zhou G P. Prediction of protein structural classes by neural network. Biochimie，2000（82）：783-785.

［48］ Cai Y D，et al. Support vector machines for prediction of protein domain structural class. Journal of Theoretical Biology，2003，221（1）：115-120.

［49］ Jin L X，Fang W W，Tang H W. Prediction of protein structural classes by a new measure of information discrepancy. Computational Biology and Chemistry，2003，27：373-380.

［50］ Feng K Y. Cai Y D，Chou K C. Boosting classifier for predicting protein domain structural class. Biochemical and Biophysical Research Communications，2005，334（1）：213-217.

［51］ Bu W S，et al. Prediction of protein（domain）structural classes based on amino acid index. European Journal of Biochemistry，1999，266：1043-1049.

［52］ Chou K C，Maggiora G M. Domain structural class prediction. Protein Engineering，1998，11（7）：523-538.

［53］ Cai Y D，et al. Prediction of protein structural classes by neural network method. Internet Electronic Journal of Molecular Design，2002，1：332-338.

［54］ Cai Y D，Liu X J，Zhou G P. Support Vector Machines for predicting protein structural class. Bioinformatics，2001，2（3）：1471-2105.

［55］ Shen H B，et al. Using supervised fuzzy clustering to predict protein structural classes. Biochemical and Biophysical Research Communications，2005，334（2）：577-581.

［56］ 杨福愉，张旭家. 生物膜蛋白三维结构研究的现状与展望. 生物化学与生物物理进展，2000，27（6）：965-975.

［57］ 陶慰，孙李惟，姜涌明. 蛋白质分子基础. 1995，高等教育出版社：北京.

［58］ Alberts B，et al. Molecular Biology of the Cell. New York：Garland Publishing. 1994.

［59］ Lodish H，et al. Molecular Cell Biology. New York：Scientific American Books. 1995.

［60］ Chou K C. Prediction of protein cellular attributes using pseudo-amino acid composition Proteins-Structure Function and Genetics，2001，43：246-255.

［61］ Nakashima H，Nishikawa K，Ooi T. The folding type of a protein is relevant to the amino acid composition Journal of Biochemistry，1986，99：152-162.

［62］ Cai Y D，Zhou G P，Chou K C. Support vector machines for predicting membrane protein types by using functional domain composition. Biophysical Journal，2003，84（5）：3257-3263.

［63］ Cai Y D. et al. Application of SVM to predict membrane protein types. Journal of Theoretical Biology，2004，226（4）：373-376.

［64］ Chou K C，Elrod D W. Prediction of membrane protein types and subcellular locations. Proteins-Structure Function and Genetics，1999，34（1）：137-153.

［65］ Mahalanobis P C. On the generalized distance in statistics. Proceedings of the National Institute of Sciences of India，1936，2：49-55.

［66］ Chou K C. A novel approach to predicting protein structural classes in a（20-1）-D amino acid composition space. Proteins-Structure Function and Bioinformatics，1995，21：319-344.

［67］ Cai Y D，Liu X J，Chou K C. Artificial neural network model for predicting membrane protein types. Journal of Biomolecular Structure & Dynamics，2001，18（4）：607-610.

［68］ Zhang C T，Chou K C. An optimization approach to predicting protein structural class from amino acid composition. Protein Sci，1992，1：401-408.

[69] Zhou G F，Zhang C T. A weighting method for predicting protein structural class from amino acid composition. Eur J Biochem, 1992, 210: 747-749.

[70] Zhang C T，Chou K C，Maggiora K. Predicting protein structural classes from amino acid composition: application of fuzzy clustering. Protein Engineering，1995.

[71] Hua S J，Sun Z R. Support vector machine approach for protein subcellular localization prediction. Bioinformatics，2001，17（8）：721-728.

[72] Xiao X，et al. Using complexity measure factor to predict protein subcellular location. Amino Acids, 2005，28（1）：57-61.

[73] Xiao X，et al. Using cellular automata images and pseudo amino acid composition to predict protein subcellular location. Amino Acids，2006，30（1）：49-54.

[74] Chen C，et al. Using pseudo-amino acid composition and support vector machine to predict protein structural class. Journal of Theoretical Biology，2006，243（3）：444-448.

[75] Chen C，et al. Predicting protein structural class with pseudo-amino acid composition and support vector machine fusion network. Analytical Biochemistry，2006，357（1）：116-121.

[76] Chen J，et al. Prediction of linear B-cell epitopes using amino acid pair antigenicity scale. Amino Acids，2007，33（3）：423-428.

[77] Chou K C，Shen H B. Hum-PLoc：A novel ensemble classifier for predicting human protein subcellular localization. Biochemical and Biophysical Research Communications，2006，347（1）：150-157.

[78] Chou K C，Shen H B. Predicting eukaryotic protein subcellular location by fusing optimized evidence-theoretic K-Nearest Neighbor classifiers. Journal of Proteome Research，2006，5（8）：1888-1897.

[79] Chou K C，Shen H B. Euk-mPLoc：A fusion classifier for large-scale eukaryotic protein subcellular location prediction by incorporating multiple sites. Journal of Proteome Research，2007，6（5）：1728-1734.

[80] Chou K C，Shen H B. Large-scale plant protein subcellular location prediction. Journal of Cellular Biochemistry，2007，100（3）：665-678.

[81] Chou K C，Shen H B. MemType-2L：A Web server for predicting membrane proteins and their types by incorporating evolution information through Pse-PSSM. Biochemical and Biophysical Research Communications，2007，360（2）：339-345.

[82] Chou K C，Shen H B. Signal-CF：A subsite-coupled and window-fusing approach for predicting signal peptides. Biochemical and Biophysical Research Communications，2007，357（3）：633-640.

[83] Diao Y，et al. Using pseudo amino acid composition to predict transmembrane regions in protein：cellular automata and Lempel-Ziv complexity. Amino Acids，2008，34：111-117.

[84] Ding Y S，Zhang T L，Chou K C. Prediction of protein structure classes with pseudo amino acid composition and fuzzy support vector machine network. Protein and Peptide Letters，2007，14（8）：811-815.

[85] Du P F，Li Y D. Prediction of protein submitochondria locations by hybridizing pseudo-amino acid composition with various physicochemical features of segmented sequence. Bmc Bioinformatics，2006，7：518.

[86] Fang Y，et al. Predicting DNA-binding proteins：approached from Chou's pseudo amino acid composition and other specific sequence features. Amino Acids，2008，34：103-109.

［87］ Guo Y Z, et al. Classifying G protein-coupled receptors and nuclear receptors on the basis of protein power-er spectrum from fast Fourier transform. Amino Acids, 2006, 30 (4): 397-402.

［88］ Kedarisetti K D, Kurgan L, Dick S. Classifier ensembles for protein structural class prediction with varying homology. Biochemical and Biophysical Research Communications, 2006, 348 (3): 981-988.

［89］ Li F M, Li Q Z. Using pseudo amino acid composition to predict protein subnuclear location with improved hybrid approach. Amino Acids, 2008, 34: 119-125.

［90］ Lin H, Li Q Z. Predicting conotoxin superfamily and family by using pseudo amino acid composition and modified Mahalanobis discriminant. Biochemical and Biophysical Research Communications, 2007, 354 (2): 548-551.

［91］ Lin H, Li Q Z. Using pseudo amino acid composition to predict protein structural class: Approached by incorporating 400 dipeptide components. Journal of Computational Chemistry, 2007, 28 (9): 1463-1466.

［92］ Liu D Q, et al. Predicting secretory protein signal sequence cleavage sites by fusing the marks of global alignments. Amino Acids, 2007, 32 (4): 493-496.

［93］ Mondal S, et al. Pseudo amino acid composition and multi-class support vector machines approach for conotoxin superfamily classification. Journal of Theoretical Biology, 2006, 243 (2): 252-260.

［94］ Niu B, et al. Predicting protein structural class with AdaBoost learner. Protein and Peptide Letters, 2006, 13 (5): 489-492.

［95］ Shen H B, Chou K C. Using ensemble classifier to identify membrane protein types. Amino Acids, 2007, 32 (4): 483-488.

［96］ Shi J Y, et al. Prediction of protein subcellular localization by support vector machines using multi-scale energy and pseudo amino acid composition. Amino Acids, 2007, 33 (1): 69-74.

［97］ Sun X D, Huang R B. Prediction of protein structural classes using support vector machines. Amino Acids, 2006, 30 (4): 469-475.

［98］ Tan F, et al. Prediction of mitochondrial proteins based on genetic algorithm-partial least squares and support vector machine. Amino Acids, 2007, 33: 669-675.

［99］ Wang M, Yang J, Chou K C. Using string kernel to predict signal peptide cleavage site based on subsite coupling model. Amino Acids, 2005, 28 (4): 395-402.

［100］ Wen Z, et al. Delaunay triangulation with partial least squares projection to latent structures: a model for G-protein coupled receptors classification and fast structure recognition. Amino Acids, 2007, 32: 277-283.

［101］ Xiao X, Chou K C. Digital coding of amino acids based on hydrophobic index. Protein Pept Lett, 2007, 14 (9): 871-5.

［102］ Xiao X, et al. Using cellular automata to generate image representation for biological sequences. Amino Acids, 2005, 28 (1): 29-35.

［103］ Zhang S W, et al. Prediction of protein homo-oligomer types by pseudo amino acid composition: Approached with an improved feature extraction and Naive Bayes Feature Fusion. Amino Acids, 2006, 30 (4): 461-468.

[104] Zhang T L, Ding Y S. Using pseudo amino acid composition and binary-tree support vector machines to predict protein structural classes. Amino Acids, 2007, 33: 623-629.

[105] Zhou G P. An intriguing controversy over protein structural class prediction. Journal of Protein Chemistry, 1998, 17 (8): 729-738.

[106] Zhou X B, et al. Using Chou's amphiphilic pseudo-amino acid composition and support vector machine for prediction of enzyme subfamily classes. Journal of Theoretical Biology, 2007, 248: 546-551.

[107] Vapnik V. Statistical learning theory. 1998, New York: Wiley-Interscience.

[108] Cristianini N, Shawe-Taylor J. An introduction to support vector machines. Cambridge, UK: Cambridge University Press. 2000;

[109] Chou G P, Nuria A M. Some Insights into Protein Structural Class Prediction PROTEINS: Structure, Function, And Genetics, 2001, 44: 57-59.

[110] Cai Y D. Is It a Paradox or Misinterpretation? PROTEINS: Structure, Function, And Genetics, 2001, 43: 336-338.

附录1 "HyperMiner数据挖掘软件"下载和应用说明

一、软件简介和下载方法

我们开发的"HyperMiner 数据挖掘软件"（简称 HyperMiner 软件）是化学数据挖掘的有效工具，它包括正交设计、数理统计、模式识别、人工神经网络、支持向量机等方法，特别适合于处理受多因子影响、有非线性关系和强噪声的复杂数据，可望在工业故障诊断和产品优化、新产品和新材料研制、环保监测、医疗诊断、金融财务分析以及构效关系等科学研究中得到广泛应用。HyperMiner 软件能方便地将各种数据挖掘方法结合起来使用，不同方法互相取长补短，力图形成一个合理可靠的信息处理流程。因此，HYPERMiner 软件特别适用于处理复杂数据，既可作定量分析，又可做半定量和定性分析。

HyperMiner 软件的安装程序可从网址 http：//chemdata. shu. edu. cn/Lab/download. jsp 上下载。当用户安装完 HyperMiner 程序后，在程序文件夹 Example 下有示例数据文件；在程序文件夹 Help 下有软件的使用说明书。本软件可试用 30 天，需要长期使用的用户请与上海大学计算机化学研究室联系。联系人：陆文聪；电话：66132663；邮箱：wclu@shu.edu.cn

二、应用案例：V-PTC 材料最佳配方及最佳工艺条件的探索

V-PTC 材料是一种双功能半导体陶瓷，性能要求是在保证其电阻率变化范围的前提下，尽量提高其 0℃的电阻率 ρ_0 与最小电阻率 ρ_{min} 之比。上海大学材料系试制了 31 个样品，ρ_0/ρ_{min} 最高做到了 20。附表 1 列出了作为训练样本集的数据。

附表 1　VPTC 材料优化前的实验数据

试样编号	$w(Yb_2O_3)$ /%	$w(过剩 TiO_2)$ /%	烧结温度 /℃	保温时间 /h	相对冷却速度	产品性能 ρ_0/ρ_{min}
1	0.4	1	1360	4	0.5	20
2	0.4	0	1360	4	0.5	15
3	0.3	1	1360	4	0.5	14.5
4	0.4	0	1340	0.25	0.5	14.4
5	0.3	0	1360	0.25	0.5	13.1

续表

试样编号	$w(Yb_2O_3)$ /%	$w(过剩\ TiO_2)$ /%	烧结温度 /℃	保温时间 /h	相对冷却速度	产品性能 ρ_0/ρ_{min}
6	0.4	0	1360	0.25	0.5	13
7	0.4	1	1340	0.25	0.5	12.2
8	0.4	1	1360	0.25	0.5	12.1
9	0.3	0	1360	1	0.5	11.3
10	0.3	1	1360	0.25	0.5	9.6
11	0.3	1	1280	0.25	0.5	9.1
12	0.3	1	1340	0.25	0.5	8.5
13	0.14	0	1360	0.25	0.1	8.1
14	0.11	0	1360	1	0.5	6.9
15	0.3	0	1340	0.25	0.5	6.4
16	0.15	0	1360	1	0.5	6.1
17	0.15	1	1360	1	0.5	5.8
18	0.15	0	1380	0.25	0.5	5.6
19	0.13	1	1340	0.25	0.5	5.3
20	0.15	1	1340	0.25	0.5	5.1
21	0.15	0	1360	0.25	0.5	4.7
22	0.11	1	1340	0.25	0.5	4.2
23	0.14	1	1340	0.25	0.5	3.9
24	0.15	1	1300	0.25	0.5	3.6
25	0.09	0	1320	0.25	0.5	3.4
26	0.15	1	1360	0.25	0.5	3.1
27	0.13	1	1360	0.25	0.9	2.8
28	0.15	0	1360	0.25	0.9	2.6
29	0.15	1	1360	0.25	0.5	2.5
30	0.11	1	1360	0.25	0.9	2.4
31	0.3	0	1360	0.4	0.5	12.7

我们根据这 31 个样品的实验数据（电子表格见 HyperMiner 软件的 Example

文件夹中的"vptc.txt"），运用数据挖掘方法总结规律，得到 V-PTC 材料 ρ_0/ρ_{min}
性能的 PCA 投影图（附图 1），在此基础上，用模式识别逆投影方法设计了两个新
配方并预报了相应的最佳工艺条件（附图 1 中标出了预报点）。按照我们的预报结
果做实验验证，制得的两个新样品的 ρ_0/ρ_{min} 分别达到了 27.3 和 25.5（见附表 2），
结果优于原样本集中性能最好的样本。

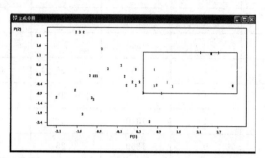

附图 1　V-PTC 材料 ρ_0/ρ_{min} 的 PCA 投影图

1—优类样本；2—劣类样本；0—预报点

附表 2　用软件设计的两个样本的实验结果

试样号	$w(Yb_2O_3)$ /%	$w(过剩\ TiO_2)$ /%	烧结温度 /℃	保温时间 /h	相对冷却速度	产品性能 ρ_0/ρ_{min}
A	0.45	0.59	1377	2.49	0.50	25.5
B	0.33	0.48	1362	4.14	0.12	27.3

附录2 第6章所用的数据集

一、大脑胶质瘤数据集

大脑胶质瘤是一种较为罕见且危险程度很高的疾病，其恶性程度的手术前判别对制定病人的治疗方案有很大的影响。如果能在术前较可靠地根据病人症状判断出恶性程度的高与低就可能避免不必要的手术风险和开支。做到这一点需要医生学习大量病例，这在实际环境中很难做到。经过整理，希望通过特征选择算法提高学习的效果，并验证算法在真实数据下的有效性，这里使用的分类器是 SVM。

在所积累的大脑胶质瘤数据集中，包括了 15 项病人的信息，包括性别、年龄、胶质瘤形态、轮廓、包膜、水肿、占位效应、增强后强化、血供、坏死、出血、钙化、T_1 加权、T_2 加权和病理诊断结果等。为了利用支持向量机对胶质瘤的良恶性程度进行预报，所有上述信息都进行了量化，如附表 3 所示。这样，总共 280 个病例分两类：低度恶性（包括 1，2 级）和高度恶性（包括 3，4 级），其中低度恶性有 169 例，高度恶性有 111 例，由于费用原因，126 例缺少增强后强化的信息，在其余的 154 个完整病例中，85 个是低度恶性，69 个是高度恶性。

附表 3　大脑胶质瘤数据集属性信息描述

属性信息	描述及其量化			
性别	0—女		1—男	
年龄	除以 100			
胶质瘤形态	1—圆	2—椭圆	3—不规则	
轮廓	1—清晰	2—部分清晰	3—不规则	
包膜	1—有	2—部分	3—无	
水肿	0—无	1—轻	2—中	3—重
占位效应	1—轻	2—中	3—重	
增强后强化	—1—未知	0—无	1—均匀	2—不均匀
血供	1—一般	2—中等	3—丰富	
坏死	0—无	1—有		
出血	0—无	1—急性	2—慢性	
钙化	0—无	1—有		

续表

属性信息	描述及其量化		
T_1 加权	1—低	2—低+等	3—低+等+高
T_2 加权	1—高	2—高+等	3—高+等+低
病理诊断结果	1—低度恶性		—1—高度恶性

二、多元校正数据集

标准溶解苯丙氨酸（1012μg/mL）、酪氨酸（256μg/mL）、色氨酸（250μg/mL）的方法是将它们连续地加入测容积的长颈瓶，加入 4mL 磷酸盐缓冲溶液将 pH 调整到 7.4。再加倍地加入蒸馏水直到最终容量调整到 25mL。激光的长波通常是 216.6nm。利用 Hitachi850 型荧光光谱仪器扫描，得到多元校正测度在被选择的 13 种波长下的 23 个样本的荧光强度。该仪器的详细参数可以参照附表 4。23 个样本的成分详细地列在附表 5 中，而相应的荧光强度则在附图 2 中显示出来。

附表 4 仪器参数

参数	数值	参数	数值
EX 带宽	2nm	扫描速度	480nm/min
EM 带宽	20nm	响应时间	2s

附表 5 样本的组成

序号	Tyr.	Try.	Phe.	序号	Tyr.	Try.	Phe.
1	2.0040	0.0512	4.0480	13	4.0080	0.1536	2.0240
2	1.5030	0.1024	3.5420	14	3.0060	0.2048	2.0240
3	1.0020	0.2560	3.0360	15	0.1002	2.0480	4.0480
4	0.5010	0.5120	2.5300	16	0.3006	2.0480	4.0480
5	0.2505	1.0240	2.0240	17	0.2004	1.5360	3.0360
6	0.1002	1.5360	1.5180	18	0.5010	1.0480	2.5300
7	0.0501	2.0480	1.0120	19	1.0020	0.5120	2.0240
8	0.1002	1.5360	4.0480	20	1.5030	0.3072	4.5540
9	0.2004	2.0480	0.5060	21	2.0040	0.2048	3.0360
10	2.0040	0.0205	0.5060	22	2.5050	0.1024	1.0120
11	0.4008	2.0480	6.0720	23	2.0040	0.1048	2.0240
12	1.0020	1.0240	5.0600				

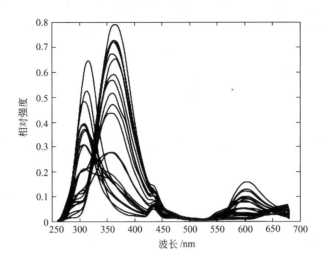

附图 2　23 个样本的质谱荧光反应

三、基因芯片数据集

本书采用了 6 个实际的基因芯片数据集，基本信息如附表 6 所示。

附表 6　基因芯片实验数据集

数据集	样本数	类别比	特征数
CNS	60	21/39	7129
Colon	62	22/40	2000
DLBCL	47	23/24	4026
Leukemia	72	25/47	7129
Ovarian	253	91/162	15154
Prostate	136	59/77	12600
Lung	181	31/150	12533

CNS[1,2] 的数据来自中枢神经系统（Central Nervous System，CNS）的胚胎癌症样本。数据集包括 60 个病人样本，其中有 21 个存活样本和 39 个失败样本，基因数有 7129 个。

Colon[3] 是采用 Affymetrix 核苷酸序列，对 40 个结肠癌（Colon）患者和 22 个正常人的 6500 个基因进行观测得到的。采集到的 62 个样本上的 2000 个基因的数据在实验中采用。

DLBCL[4] 是使用基因分析不同类型的扩散的大 B-cell 淋巴瘤（Diffuse Large

B-Cell Lymphoma，DLBCL）得到。数据集中共有 47 个样本，其中 24 个是萌芽状态的，另外 23 个是激活状态的。共有 4026 个基因。数据的缺失值由对应列的平均值代替。

Leukemia[5]包括 72 个骨髓样本，其中有 47 个 ALL 和 25 个 AML。7129 个基因的实验数据来自 Affymetrix 高密度核苷酸序列。

Ovarian[6]使用血清中的蛋白质模式对卵巢癌（Ovarian）患者进行区分。这些蛋白质样本包括 91 个正常人和 162 个卵巢癌患者。基因数总共有 15154 个。

Prostate[7]包括 77 个前列腺癌症（Prostate）患者和 59 个正常人的样本。每一个样本都由 12600 个基因进行表达。

Lung[2]是关于肺癌中恶性胸膜间皮（MPM）和腺癌（ADCA）的分类样本，数据集包含 181 个样本（31 个 MPM，150ADCA），每一个样本包含 12533 个基因。

参 考 文 献

［1］ Duda R O，Hart P E，Stork D G. Pattern Classification. 2nd Edition. Wiley Interscience. 2000.

［2］ Pomeroy S L，et al. Prediction of central nervous system embryonal tumour outcome based on geneexpression. Nature，2002，415（6870）：436-442.

［3］ Alon U. Broad Patterns of Gene Expression Revealed by Clustering Analysis of Tumor and Normal Colon Tissues Probed by Oligonucleotide Arrays. in Proceedings of the National Academy of Sciences of the United States of America. 1999.

［4］ Alizadeh A A，et al. Distinct types of diffuse large B-cell lymphoma identified by gene expression profiling. Nature，2000，403：503-511.

［5］ Golub T R，et al. Molecular Classification of Cancer：Class Discovery and Class Prediction by Gene Expression. Bioinformatics & Computational Biology，1999，286（5439）：531-537.

［6］ Petricoin E F，et al. Use of proteomic patterns in serum to identify ovarian cancer. The Lancet，2002，359（9306）：572-577.

［7］ Singh D，et al. Gene expression correlates of clinical prostate cancer behavior. Cancer Cell，2002，1（2）：203-209.